"十三五"国家重点出版物出版规划项目

先进制造理论研究与工程技术系列

AutoCAD 2020 *INSTRUCTION AND APPLICATIONS*

AutoCAD 实用教程(2020中文版)

胡景姝　赵敏海　主　编

孟　悦　佟　欣　副主编

哈尔滨工业大学出版社
HARBIN INSTITUTE OF TECHNOLOGY PRESS

内 容 简 介

本书由浅入深、循序渐进地介绍了 Autodesk 公司开发的计算机辅助绘图软件 AutoCAD 2020 中文版的基本绘图功能和使用技巧。全书共 10 章,介绍了 AutoCAD 2020 的新增功能和特点,绘图的基本操作,线型、颜色、图层等辅助工具的使用,图案填充的创建与编辑,绘图命令的使用,图形的显示控制,文字和表格的创建与编辑,块、块属性及 AutoCAD 设计中心的使用,图形对象的尺寸、尺寸公差、形位公差的标注,二维图形的绘制和编辑,三维实体的创建和编辑,文件管理、共享、输出与打印功能。

本书内容丰富、结构清晰、语言简练,介绍了大量工程实例,具有很强的实用性。本书可以作为高等院校机械工程、机电工程、车辆工程、工业设计、测控技术与仪器、电气、自动化、材料等专业本科生教材,也可供从事工程制造、建筑设计、装潢设计等行业的专业技术人员参考。

图书在版编目(CIP)数据

AutoCAD 实用教程(2020 中文版)/胡景姝,赵敏海
主编.—哈尔滨:哈尔滨工业大学出版社,2021.10(2024.1 重印)
ISBN 978－7－5603－9329－2

Ⅰ.①A… Ⅱ.①胡… ②赵… Ⅲ.①AutoCAD 软件—
教材 Ⅳ.①TP391.72

中国版本图书馆 CIP 数据核字(2021)第 015506 号

策划编辑	许雅莹
责任编辑	王 娇 谢晓彤
封面设计	刘长友
出版发行	哈尔滨工业大学出版社
社 址	哈尔滨市南岗区复华四道街 10 号 邮编 150006
传 真	0451－86414749
网 址	http://hitpress.hit.edu.cn
印 刷	哈尔滨市颉升高印刷有限公司
开 本	787mm×1092mm 1/16 印张 23.25 字数 548 千字
版 次	2021 年 10 月第 1 版 2024 年 1 月第 2 次印刷
书 号	ISBN 978－7－5603－9329－2
定 价	42.00 元

(如因印装质量问题影响阅读,我社负责调换)

前　言

AutoCAD(Autodesk Computer Aided Design)是由美国 Autodesk 公司开发的通用计算机辅助设计软件,它具有易于掌握、使用方便、体系结构开放、网络功能强大等优点,能绘制二维和三维图形、标注尺寸、渲染图形、打印输出图纸,被广泛应用于机械、建筑、电子、石油化工、土木工程等领域。

最新版本 AutoCAD 2020 中文版在界面、操作以及性能方面有了较大的改进和增强,更易于操作,绘图更加方便快捷,体现了科技以人为本。

本书教学目的明确,以提高学生的计算机应用能力和绘图实践能力为目标,按照软件学习的特点,分步骤、按绘图顺序编写。本书设有操作步骤讲解、工程实例分析和上机训练等内容版块,方便教学和自学。

本书具有实战特性,与工程制图紧密结合,采用技术制图最新国家标准,系统地、有步骤地完成零件图和装配图的绘制。书中突出绘图技巧和方法的运用,有助于学生和工程技术人员提高绘图速度和绘图质量。

本书的编写工作由多位教师共同合作完成,其中第 1、3、4 章由哈尔滨理工大学胡景姝编写;第 2、5、7 章由哈尔滨理工大学赵敏海编写;第 6、8 章由哈尔滨理工大学孟悦编写;第 9、10 章由哈尔滨理工大学佟欣编写。全书由胡景姝统稿。

由于作者水平所限,书中难免有疏漏和不妥之处,敬请广大读者批评指正。

编　者
2021 年 5 月

目　　录

第 1 章

// AutoCAD 2020 中文版基础知识

1.1　AutoCAD 2020 简介

AutoCAD(Autodesk Computer Aided Design)是由美国 Autodesk 公司开发的通用计算机辅助设计软件包,自 1982 年问世以来已经进行多次升级,其功能逐渐强大,日趋完善。AutoCAD 具有使用方便、交互式绘图、用户界面友好、体系结构开放、网络功能强大等优点。它多用于机械、电子、建筑等各行业的设计工作,是工程设计中应用最广泛的 CAD 软件之一。

AutoCAD 2020 中文版是 AutoCAD 系列软件中的最新版本,它贯彻了 Autodesk 公司为广大用户考虑的绘图方便性和高效性,完全遵守 Windows 界面标准,方便广大用户掌握和学习。

1.1.1　AutoCAD 2020 的主要功能

1.二维绘图功能

AutoCAD 具有完善的图形绘制功能。用户可以通过创建直线、圆、椭圆、多边形、样条曲线等基本图形对象绘制图形,还可以利用正交、对象捕捉、极轴追踪、捕捉追踪、动态输入等绘图辅助工具快速精确绘图。

2.编辑图形功能

AutoCAD 具有强大的编辑功能,可以移动、复制、旋转、阵列、拉伸、延长、修剪、缩放对象,也可以利用夹点编辑对象。

3.标注尺寸

AutoCAD 可以创建多种类型尺寸,标注外观可以自行设定。

4.书写文字、绘制表格、插入块等功能

AutoCAD 能轻易在图形的任何位置、沿任何方向书写文字,可设定文字字体、倾斜角度及宽度缩放比例等属性。表格是包含按行和列排列的信息的复合对象,用户可以用夹点对行和列进行调整,可以给表格和选定单元指定样式,表格的绘制和编辑方便快捷。用户可以创建块或将图形作为块插入,块定义中的所有块信息(包括几何图形、图层、颜色、线型和块属性对象)均作为非图形信息存储在图形文件中。块可以提高绘图速度,减少图形存储空间。

5.图层管理功能

AutoCAD 图形对象都位于某一图层上,可设定图层的颜色、线型、线宽等特性。通过

图层管理不同的对象,方便绘图。

6. 三维绘图功能

AutoCAD 可创建 3D 实体及表面模型,能对实体本身进行编辑。

7. 网络功能

AutoCAD 可将图形在网络上发布,或是通过网络访问 AutoCAD 资源。

8. 数据交换

AutoCAD 提供了多种图形图像数据交换格式及相应命令。

9. 二次开发

AutoCAD 允许用户定制菜单和工具栏,并能利用内嵌语言 Autolisp、Visual Lisp、VBA、ADS、ARX 等进行二次开发。

1. 1. 2   AutoCAD 2020 的新增功能

(1)AutoCAD 2020 更新了用户界面背景颜色,提高了深色主题的清晰度。当某个上下文选项卡处于活动状态时(如编辑图案填充或文字时),功能区上下文选项卡的亮显也得到了改善。

(2)新的块选项板改进了插入块的方式,该选项板包含块的缩略图,便于从当前图形或其他图形插入块,用户通过拖放操作放置块或通过单击相应块将它放置于图形中,以提高精度。

(3)比较和更改两个图形变得更简单,用户从比较图形中选择对象,然后将它们实时输入到当前图形中进行比较、编辑和修改。

(4)重新设计"清理"对话框,其中含有用于预览和查找无法清理项目的新选项。用户可以更轻松地进行图形清理,并有助于了解特定项目无法清理的原因。

(5)在图形上方移动光标时,快速测量选项会动态显示标注和角度测量。

1. 2   AutoCAD 2020 启动与退出

1. 2. 1   启动软件

双击桌面应用程序按钮 **A** 或单击"开始"菜单→"所有程序"→"AutoCAD 2020"。

"开始"选项卡默认在启动时显示,用户可以轻松进行各种初始操作,包括访问图形样板文件、最近打开的图形和图纸集以及联机和了解选项。"开始"选项卡包含"创建"页面和"了解"页面,如图 1.1、图 1.2 所示。

(1)"了解"页面提供了对学习资源(例如视频、提示和其他可用的相关联机内容或服务)的访问。每当有新内容更新时,在页面的底部会显示通知标记。

(2)"创建"页面可以实现启动新图形、列出所有可用的图形样板文件、基于默认的图形样板文件创建新图形、打开文件、打开图纸集、联机获取更多样板、查看最近使用的文件等功能。

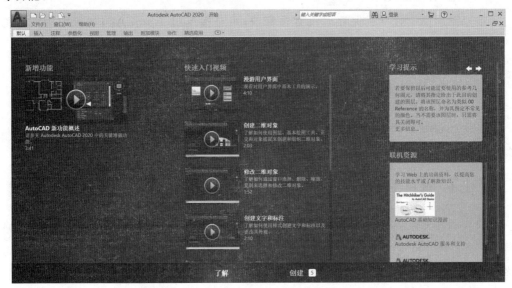

图 1.1 "了解"页面

图 1.2 "创建"页面

1.2.2 退出系统

【执行方式】

①应用程序按钮：在弹出的菜单中单击退出 AutoCAD 按钮

②菜单栏："文件"→"退出"

③命令行：QUIT

④标题栏：单击关闭按钮

如果图形自最后一次保存后没有再修改，可直接退出 AutoCAD；如果图形已经修改，则退出前系统会提示保存或放弃所做的修改。

1.3 AutoCAD 2020 工作空间

AutoCAD 2020 提供了"草图与注释""三维基础""三维建模"三种工作空间，其中，"草图与注释"工作空间是系统默认的工作空间。

1.3.1 选择工作空间

要在三种工作空间中进行切换，可以采用如下两种方式：一是在快速访问工具栏中选择 按钮，打开自定义快速访问工具栏，如图 1.3 所示，在菜单中选择"显示菜单栏"命令，在弹出的菜单栏中选择"工具"→"工作空间"，"工作空间"菜单如图 1.4 所示。二是在状态栏中单击切换工作空间按钮，在弹出的菜单中选择工作空间，如图 1.5 所示，用户还可以使用菜单中的"工作空间设置"命令，设置工作空间的菜单显示及顺序，"工作空间设置"对话框如图 1.6 所示。

图 1.3 自定义快速访问工具栏

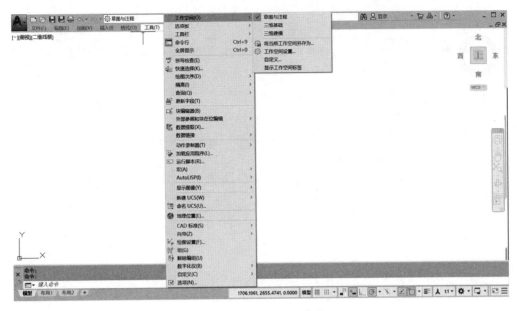

图 1.4 "工作空间"菜单

图 1.5 切换工作空间按钮菜单

图 1.6 "工作空间设置"对话框

1.3.2 "三维基础"工作空间

"三维基础"工作空间如图 1.7 所示。

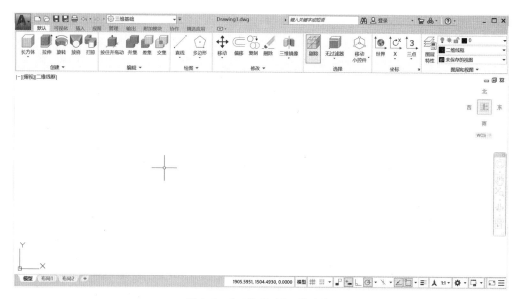

图 1.7　"三维基础"工作空间

1.3.3 "三维建模"工作空间

AutoCAD 2020 中，在菜单栏中选择"工具"→"工作空间"或在切换工作空间按钮菜单中选择"三维建模"选项都可以打开"三维建模"工作空间，如图 1.8 所示。用户可以在"三维建模"工作空间中创建和修改三维模型。具体的建模方法将在后面的章节中介绍。

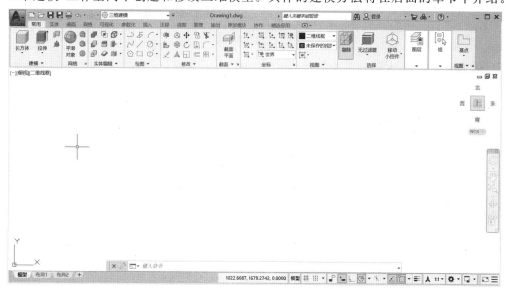

图 1.8　"三维建模"工作空间

1.3.4 "草图与注释"工作空间

"草图与注释"工作空间是系统默认的工作空间，如图 1.9 所示。工作界面主要由应用程序按钮、功能区选项板、快速访问工具栏、标题栏、绘图窗口、文本窗口与命令行和状态栏等组成。

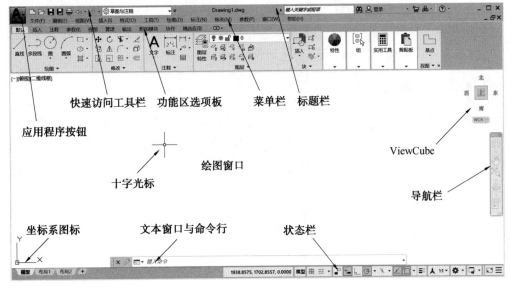

图 1.9　"草图与注释"工作空间

1.4　AutoCAD 2020 工作界面

1.4.1　应用程序按钮

　　应用程序按钮■位于程序窗口的左上角,单击应用程序按钮可以快速访问;应用程序按钮菜单中的常用工具以执行新建、打开或保存文件,打印或发布文件等命令;可以打开"选项"对话框;可以搜索命令,也可以通过双击应用程序按钮关闭 AutoCAD。应用程序按钮菜单如图 1.10 所示。

1.4.2　快速访问工具栏

　　AutoCAD 2020 的快速访问工具栏包含最常用操作的快捷按钮,方便用户使用。在默认状态中,快速访问工具栏中包含 6 个快捷按钮和自定义快速访问工具栏按钮。其中,快捷按钮分别为新建、打开、保存、打印、放弃和重做按钮,如果用户想在快速访问工具栏中添加或删除按钮,可以通过单击自定义快速访问工具栏按钮在弹出的菜单中进行设置。

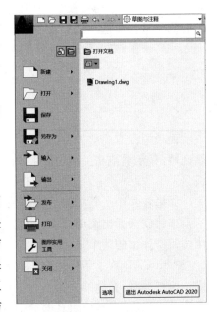

图 1.10　应用程序按钮菜单

用户可以通过该菜单向快速访问工具栏中添加自定义的工具。超出工具栏最大长度范围的工具会以弹出按钮的形式显示。也可以选择将快速访问工具栏放置在功能区选项板的上方或下方，还可以显示或隐藏菜单栏。

快速访问工具栏显示对文件所做更改进行放弃和重做的选项。若要放弃或重做之前的更改，请单击放弃或重做按钮右侧的下拉按钮。

1.4.3　标 题 栏

标题栏位于工作界面的最上方，用于显示当前正在运行的程序名及文件名等信息，如果是 AutoCAD 的图形文件，其名称为 DrawingN.dwg（N 是数字），dwg 是 AutoCAD 图形文件的文件扩展名。单击标题栏右端的按钮 ▬□✕ 可以最小化、最大化或关闭工作界面。

标题栏中的信息中心提供了多种信息来源。在文本框中输入要查询的问题或需要帮助的内容，单击 按钮可以获得相关的帮助；单击 按钮可以访问 AutoCAD 的主页和产品中心；单击 ？ 按钮可以访问 AutoCAD 2020 的帮助文件。

1.4.4　功能区选项板

功能区选项板位于绘图窗口的上方，如图 1.11 所示。用于显示基于任务的工作空间关联的按钮和控件。默认状态下，在"草图和注释"工作空间中，功能区选项板有 10 个选项卡："默认""插入""注释""参数化""视图""管理""输出""附加模块""协作"和"精选应用"。每个选项卡包含若干个面板，每个面板又包含许多由图标表示的命令按钮。用户可以通过"工具"→"选项板"→"功能区（B）"打开和关闭功能区选项板，也可以通过选项卡最右侧▼按钮将选项板设置最小化为选项卡、面板标题或面板铵钮。

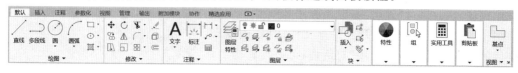

图 1.11　功能区选项板

面板中没有足够的空间显示所有的工具按钮，单击面板下方的三角按钮，可以打开折叠区域，显示其他相关的命令按钮，单击展开面板左下角的图钉按钮可以始终打开该面板。

如果在某个工具按钮后面有三角按钮，则表明该按钮下面还有其他的命令按钮，单击三角按钮就会弹出菜单，显示其他的命令按钮。图 1.12 所示为单击圆命令按钮后面的三角按钮所弹出的菜单。

AutoCAD 为了帮助用户了解每个工具的用途，当用户用光标指着某个工具按钮并停留一两秒钟时，光标的下面就会显示出该工具的提示信息，它会告诉用户此工具的功能和用法，同时显示出对该工具的简短说明及与该工具等价的命令行的命令名。"圆心，半径"命令按钮的提示信息如图 1.12 所示。

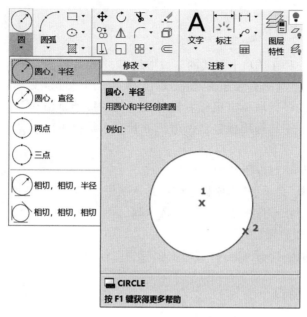

图 1.12　"圆心，半径"命令按钮的提示信息

1.4.5　菜 单 栏

AutoCAD 2020 中文版的菜单栏由"文件""编辑""视图""插入""格式"等项组成，几乎包括了 AutoCAD 中全部的功能和命令。

菜单栏后面带 ▶ 、...、Ctrl＋0、(W)之类的符号或组合键，用户在使用它们时应遵守以下约定：

(1)命令后带有 ▶ 符号，表示该命令下还有子命令。

(2)命令后带有快捷键如(W)，表示打开该菜单时，按下快捷键即可执行相应的命令。

(3)命令后带有组合键如 Ctrl＋0，表示直接按组合键即可执行相应的命令。

(4)命令后带有...符号，表示执行该命令可打开一个对话框，以提供进一步的选择和设置。

(5)命令呈现灰色，表示该命令在当前状态下不可以使用。

1.4.6　快捷菜单

快捷菜单又称为上下文关联菜单。在绘图窗口、工具栏、命令行、状态栏、模型与布局选项卡及一些对话框上单击鼠标右键将会弹出不同的快捷菜单，该菜单中的命令与 AutoCAD当前的状态有关。它可以在不必启动菜单栏的情况下快速、高效地完成某些操作，使用也很方便。

1.4.7 工具选项板

工具选项板是一种在选项卡形式的窗口中组织、共享和放置块、图案填充及其他工具的有效方法,如图 1.13 所示。用户可以通过在工具选项板的各区域单击鼠标右键时显示的快捷菜单访问各种选项和设置。工具选项板包含由第三方开发人员提供的自定义工具。

工具选项板可以通过以下几种方式显示:

(1)菜单栏"工具"菜单→"选项板"→"工具选项板"。

(2)"视图"选项卡→"选项板"→"工具选项板"。

(3)按 Ctrl+3 组合键。

(4)在命令行输入 ToolPalettes 或单击工具栏图标 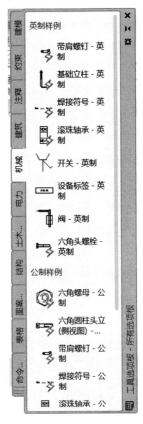。

1.4.8 绘图窗口

绘图窗口是用户绘图的工作区域,所有的绘图结果都反映在这个窗口中。用户可以根据需要关闭其周围和里面的各个工具栏,以增大绘图空间。如果图纸比较大,需要查看未显示部分时,可以单击绘图窗口右边与下边滚动条上的箭头,或拖动滚动条上的滑块来移动图样。绘图窗口中除了显示当前的绘图结果外,还显示当前使用的坐标系类型及坐标原点,X、Y、Z 轴的方向等。默认情况下,坐标系为世界坐标系(WCS)。

图 1.13 工具选项板

1.4.9 文本窗口与命令行

(1)命令行位于绘图窗口的底部,用于接收用户输入的命令,并显示提示信息。在AutoCAD 2020 中,可以将命令行拖放为浮动窗口,命令行窗口如图 1.14 所示。用户可以使用命令行上的自动隐藏按钮和特性按钮对命令行窗口进行设置。

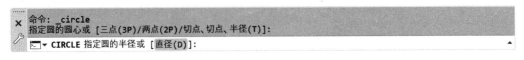

图 1.14 命令行窗口

通过按 Ctrl+9 组合键即可隐藏和重新显示命令行窗口,也可以从功能区操作:"视图"选项卡 → "选项板"→"命令行" 查找。

(2)文本窗口是记录 AutoCAD 命令的窗口,是放大的命令行窗口。它记录了用户已执行的命令,也可以用来输入新命令。在 AutoCAD 2020 中,用户可以按 F2 键来打开它,如图 1.15 所示,再次按下 F2 键可以关闭文本窗口。

```
按 Esc 或 Enter 键退出, 或单击右键显示快捷菜单。
命令: '_limits
重新设置模型空间界限:
指定左下角点或 [开(ON)/关(OFF)] <0.0000,0.0000>:
指定右上角点 <420.0000,297.0000>:
命令:
命令:
命令: _rectang
指定第一个角点或 [倒角(C)/标高(E)/圆角(F)/厚度(T)/宽度(W)]: 0,0
指定另一个角点或 [面积(A)/尺寸(D)/旋转(R)]: @420,297
命令: ZOOM
指定窗口的角点, 输入比例因子 (nX 或 nXP), 或者
[全部(A)/中心(C)/动态(D)/范围(E)/上一个(P)/比例(S)/窗口(W)/对象(O)] <实时>: a
正在重生成模型。
命令: *取消*
命令: *取消*
```

图 1.15　文本窗口

1.4.10　状 态 栏

状态栏如图 1.16 所示,它用来显示 AutoCAD 当前的状态,如当前的坐标、状态和功能按钮的帮助说明等。

图 1.16　状态栏

1.坐标

用户在绘图窗口中移动光标时,在状态栏的坐标区将动态地显示当前坐标值。在 AutoCAD 中,坐标显示取决于所选择的模式和程序中运行的命令,有"相对""绝对"和"无"三种模式。

2."模型空间"按钮

3.功能按钮

状态栏常用的 10 个功能按钮为栅格、捕捉模式、推断约束、动态输入、正交模式、极轴追踪、等轴测草图、对象捕捉追踪、二维对象捕捉、线宽按钮,它们的功能如下。

(1)栅格按钮。单击该按钮打开栅格显示。此时,屏幕上将布满小点。其中,栅格的 X 轴和 Y 轴间距可由用户根据需要自行设置。

(2)捕捉模式按钮。单击该按钮打开捕捉设置。此时,光标只能在 X 轴、Y 轴或极轴方向移动固定的距离。

(3)推断约束按钮。单击该按钮启用推断约束。在创建或编辑几何图形时自动应用设置的几何约束。在按钮上单击鼠标右键,可以访问推断约束的设置。

(4)动态输入按钮。单击该按钮,可以允许或禁止动态 UCS(用户坐标系)。按钮打开时,将在绘制图形时自动显示动态输入文本框,方便用户在绘图时设置精确数值。

(5)正交模式按钮。单击该按钮打开正交模式,此时用户只能绘制垂直直线或水平直线。

(6)极轴追踪按钮。单击该按钮打开极轴追踪模式。在绘制图形时,系统将根据设置显示一条追踪线,用户可在该追踪线上根据提示精确移动光标,从而进行精确的绘图。

(7)等轴测草图按钮。单击该按钮打开等轴测草图模式。通过沿三个主要的等轴测轴对齐对象,模拟三维对象的等轴测视图。

(8)对象捕捉追踪按钮。单击该按钮打开对象捕捉追踪模式。用户可以通过捕捉对

象上的关键点并沿正交方向或极轴方向拖动光标,此时,可以显示光标当前位置与捕捉点之间的相对关系。

(9)二维对象捕捉按钮。单击该按钮打开二维对象捕捉模式。因为所有几何对象都有一些决定其形状和方位的关键点,所以在绘图时用户可以利用对象捕捉功能自动捕捉这些关键点进行精确的绘图。

(10)线宽按钮。单击该按钮打开线宽显示。在绘图时如果图层和所绘图形设置了不同的线宽,打开该开关则可以在屏幕上显示线宽,以标识各种具有不同线宽的对象。

4.状态栏菜单

在状态栏上单击最右端的自定义按钮 ☰ 将打开状态栏菜单,如图 1.17 所示。用户可以通过选择或取消选择这些命令项来控制状态栏中坐标或功能按钮的显示。

图 1.17   状态栏菜单

5.注释比例

单击注释比例按钮可以更改可注解对象的注释比例。注释比例是与模型空间、布局视口和模型视图一起保存的设置。

创建注释性对象后,它们将根据当前注释比例设置进行缩放并自动以正确的大小显示。单击注释可见性按钮可以用来设置仅显示当前比例的可注解对象或显示所有比例的可注解对象。单击自动缩放按钮可以用来设置注释比例更改时自动将比例添加至可注解对象。

6. 锁定用户界面

单击锁定用户界面按钮 ⬚ 将弹出一个快捷菜单,可以设置工具栏/面板和窗口是处于固定状态还是浮动状态,如图 1.18 所示。

1.4.11 ViewCube

ViewCube 是一种可单击、可拖动的常驻界面,用户可以用它在模型的标准视图和等轴测视图之间进行切换。当 ViewCube 处于不活动状态时,默认情况下它显示为半透明状态,这样不会遮挡模型的视图;当 ViewCube 处于活动状态时,它显示为不透明状态,用户可以切换至其中一个可用的预设视图,滚动当前视图或更改至模型的主视图。

浮动工具栏/面板
固定工具栏/面板
浮动窗口
固定窗口

图 1.18 锁定用户界面按钮对应的快捷菜单

"ViewCube 设置"对话框如图 1.19 所示。用户可以控制 ViewCube 在不活动时的不透明度级别,还可以控制 ViewCube 的大小、位置、UCS 菜单的显示、默认方向、指南针显示等特性。指南针显示在 ViewCube 的下方并指示模型的北向。可以单击指南针上的基本方向字母以旋转模型,也可以单击并拖动其中一个基本方向字母或指南针圆环绕视图中心旋转模型。

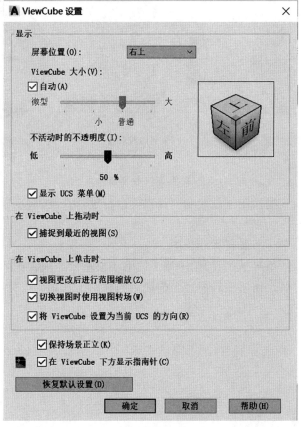

图 1.19 "ViewCube 设置"对话框

【执行方式】

① "视图"选项卡 →"视图"面板 →"ViewCube"

②"视图(V)"→"显示(L)"→ "ViewCube(V)"→ "开(O)"

③命令行:navvcube

1.4.12 导航栏

导航栏是一种用户界面元素,如图 1.20 所示。导航栏在当前绘图区域的一个边上方沿该边浮动。通过单击导航栏上的按钮可以启动相应的导航工具。

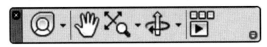

图 1.20 导航栏

导航栏上的各按钮功能如下:

(1)Steering Wheels 也称为控制盘,将多个常用导航工具结合到一个单一界面中,从而为用户节省了时间。控制盘特定于查看模型时所处的上下文。图 1.21 显示了各种可用的控制盘。

(a) 二维导航控制盘

(b) 全导航控制盘

(c) 查看对象控制盘
（基本控制盘）

图 1.21 控制盘

(2)Show Motion 提供用于创建和回放以便进行设计查看、演示和书签样式导航的屏幕显示。

(3)平移工具。平行于屏幕移动视图。

(4)缩放工具。一组导航工具,用于增大或缩小模型的当前视图的比例。

(5)动态观察工具。用于旋转模型当前视图的导航工具集。

第 2 章

// AutoCAD 2020 中文版基本操作

2.1 设置绘图环境

通常情况下,安装好 AutoCAD 2020 后就可以在其默认设置下绘制图形,但为了规范绘图,提高绘图效率,在使用 AutoCAD 2020 绘图前,需要对参数选项、图形单位和图形界限等参数进行设置。

2.1.1 设置参数选项

单击应用程序按钮,在弹出的菜单中单击"选项"按钮,打开"选项"对话框,如图 2.1 所示。在该对话框中包含"文件""显示""打开和保存""打印和发布""系统""用户系统配置""绘图""三维建模""选择集"和"配置"10 个选项卡。

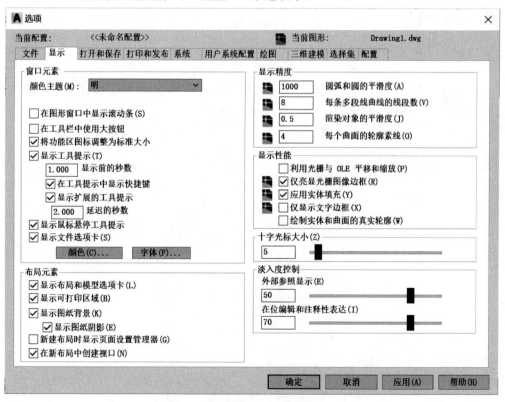

图 2.1 "选项"对话框

(1)"文件"选项卡。用于 AutoCAD 搜索支持文件、驱动程序文件、菜单文件和其他文件时的路径以及用户定义的一些设置。

(2)"显示"选项卡。用于设置窗口元素、布局元素、显示精度、显示性能、十字光标大小和淡入度控制等显示属性。

(3)"打开和保存"选项卡。用于设置是否自动保存文件，自动保存文件的时间间隔，是否维护日志以及是否加载外部参照等。

(4)"打印和发布"选项卡。用于设置 AutoCAD 的输出设备。

(5)"系统"选项卡。用于设置当前三维图形的显示特性，设置定点设备、是否显示 OLE 特性对话框、是否显示所有警告信息、是否检查网络连接、是否显示启动对话框、是否允许长符号名等。

(6)"用户系统配置"选项卡。用于设置是否使用快捷菜单和对象的排序方式。

(7)"绘图"选项卡。用于设置自动捕捉、自动追踪、自动捕捉标记框颜色和大小、靶框大小。

(8)"三维建模"选项卡。用于对三维绘图模式下的三维十字光标、USC 图标、动态输入、三维对象、三维导航等选项进行设置。

(9)"选择集"选项卡。用于设置选择集模式、拾取框大小和夹点大小等。

(10)"配置"选项卡。用于实现新建系统配置文件、重命名系统配置文件以及删除系统配置文件等操作。

2.1.2 设置图形单位

在 AutoCAD 中，用户可以采用 1：1 的比例绘制图形，即所有的对象都按照实际尺寸绘制，在需要打印时再将图形按图纸大小进行缩放。

在快速访问工具栏中选择"显示菜单栏"命令，在弹出的菜单中选择"格式"→"单位"命令，在打开的"图形单位"对话框中设置绘图时使用的长度单位、角度单位以及单位的显示格式和精度等参数，如图 2.2 所示。

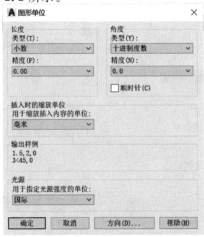

图 2.2 "图形单位"对话框

在"图形单位"对话框中,单击"方向"按钮,可以打开"方向控制"对话框,如图 2.3 所示。在该对话框中用户可以设置基准角度的方向,默认情况下,角度的基准方向指向 X 轴正向(即正东方向),逆时针方向为角度增加的正方向。

图 2.3 "方向控制"对话框

2.1.3 设置图形界限

在 AutoCAD 2020 快速访问工具栏中选择"显示菜单栏"命令,在弹出的菜单中选择"格式"→"图形界限"命令,通过"图形界限"命令可以设置绘图的区域大小,即图形界限。图形界限由一对二维点确定,在发出命令后命令行将提示输入左下角点和右上角点确定绘图区域大小,同时也是设置并控制栅格显示的界限。用户还可以通过选择"开(on)"或"关(off)"选项决定能否在图形界限之外指定一点。选择"开(on)"选项可以打开图形界限检查,此时用户不能在图形界限之外选择点或结束一个对象,也不能使用移动或复制命令将图形移到图形界限之外,但允许圆心在界限内,圆的一部分在界限之外。选择"关(off)"选项则禁止图形界限检查,可以在图形界限之外指定点。

2.2 控制视图显示

在绘图过程中,常常需要把图形以任何比例放大、缩小,或需要在视口中重点显示图形的某一部位,以便更清晰、更容易地读图或编辑图样。AutoCAD 控制视图显示功能在工程设计和绘图领域的应用极其广泛。它可以控制图形在屏幕上的显示方式,即放大和缩小某一个区域,但是实体对象的真实尺寸并不改变。灵活掌握和使用这些命令,对于提高绘图效率、绘图质量是非常必要的。

2.2.1 视图重画和重生成

1. 重画

在图形编辑的过程中,删除一个图形对象时,其他与之相交或重合的图形对象从表面上看也会受到影响,或留下对象的拾取标记,或者在作图过程中可能会出现光标痕迹。用重画命令刷新可达到图纸干净的效果,清除这些临时标记。

【执行方式】

①菜单栏:"视图"→"重画"

②命令行:REDRAW

这个命令是透明命令,并且可以同时更新多个视口。

2. 重生成

为了提高显示速度,图形系统采用虚拟屏幕技术保存了当前最大显示窗口的图形矢量信息。由于曲线和圆在显示时分别是用折线和正多边形矢量代替的,相对于屏幕较小的圆,多边形的边数也较少,因此放大之后就显得很不光滑。重生成即按当前的显示窗口对图形重新进行裁剪、变换运算,并刷新帧缓冲器,因此不但图纸干净,而且曲线也比较光滑。

重生成与重画在本质上是不同的,利用重生成命令可以重新生成屏幕,此时系统从磁盘中调用当前图形的数据,与重画命令相比,执行的速度慢,更新屏幕花费的时间长。

2.2.2　视图缩放

缩放命令用来改变视图的显示比例,以便用户在不同的比例下观察图形,缩放命令菜单如图 2.4 所示。

【执行方式】

①菜单栏:"视图"→"缩放"

②导航栏:缩放按钮

③命令行:ZOOM

激活缩放命令,命令行提示:

命令:_zoom

指定窗口的角点,输入比例因子（nX 或 nXP）,或者

[全部(A)/中心(C)/动态(D)/范围(E)/上一个(P)/比例(S)/窗口(W)/对象(O)]＜实时＞:

命令行中各选项的功能如下:

(1)全部(A)。用于在当前视口中显示整个图形,大小取决于图形界限的设置或有效绘图区域的大小。在平面视图

图 2.4　缩放命令菜单

中,将图形缩放到栅格界限或当前范围两者中较大的区域中。在三维视图中,ZOOM 的"全部"选项与它的"范围"选项等价,即使图形超出了栅格界限也能显示所有对象。

(2)中心(C)。缩放以显示由中心点和比例值(或高度)所定义的视图。高度值较小时增加放大比例,高度值较大时减小放大比例,该选项要求确定中心点和放大比例。

命令行继续提示:

指定中心点:　　　　　　　　　　(指定点)

输入比例或高度 ＜当前值＞:　　　　(输入值或按 Enter 键默认当前值)

(3)动态(D)。动态缩放是通过定义一个视图框,显示选定的图形区域,而且用户可以移动视图框和改变视图框的大小。进入动态缩放模式时,屏幕中将显示一个带╳的矩形方框,该矩形方框表示新的窗口,移动鼠标可以确定矩形方框的大小。单击鼠标左键,

此时选择窗口中心的╳消失,显示一个位于右边框的方向箭头,拖动鼠标可改变选择窗口的大小,以确定选择区域大小,最后按下 Enter 键,即可缩放图形。

(4)范围(E)。该选项将图形在视口内最大限度地显示出来,由于它总是引起视图重生,所以不能透明执行。

(5)上一个(P)。缩放显示上一个视图。最多可恢复此前的 10 个视图。

(6)比例(S)。以指定的比例因子缩放显示。系统提示:输入比例因子(nX 或 nXP)。输入值并后跟 x,根据当前视图指定比例。例如,输入 .5x 使屏幕上的每个对象显示为原大小的二分之一。输入值并后跟 xp,指定相对于图纸空间单位的比例。例如,输入 .5xp 以图纸空间单位的二分之一显示模型空间。创建多个视口以不同的比例显示对象的布局。

(7)窗口(W)。缩放显示由两个角点定义的矩形窗口框定的区域。

(8)对象(O)。缩放以便尽可能大地显示一个或多个选定的对象并使其位于绘图区域的中心。可以在启动 ZOOM 命令之前或之后选择对象。

(9)实时(R)。该选项用于交互缩放当前图形窗口。选择该项后,光标变为带有加号(＋)和减号(－)的放大镜,按住光标向上移动将放大视图,按住光标向下移动将缩小视图。

2.2.3 视图平移

平移视图命令不改变显示窗口的大小、图形中对象的相对位置和比例,只是重新定位图形的位置。就像一张图纸放在面前,你可以来回移动图纸,把要观察的部分移到眼前一样。使图中的特定部分位于当前的视区中,以便查看图形的不同部分。用户除了可以左、右、上、下平移视图外,还可以使用实时平移和定点平移两种模式。

1.实时平移

【执行方式】

①菜单栏:"视图"→"平移"→"实时"

②状态栏:平移按钮

③命令行:PAN

启动实时平移命令后光标变为手形光标,按住鼠标上的拾取键可以锁定光标于相对视口坐标系的当前位置,图形显示随光标向同一方向移动。当显示到所需要的部位释放拾取键则停止平移,用户可根据需要调整鼠标,以便继续平移图形;当到达逻辑范围(图纸空间的边缘)时,将在此边缘上的手形光标上显示边界栏,即逻辑范围处于图形顶部、底部还是两侧,将相应地显示出水平(顶部或底部)或垂直(左侧或右侧)边界栏,逻辑边界处的光标显示如图 2.5 所示。

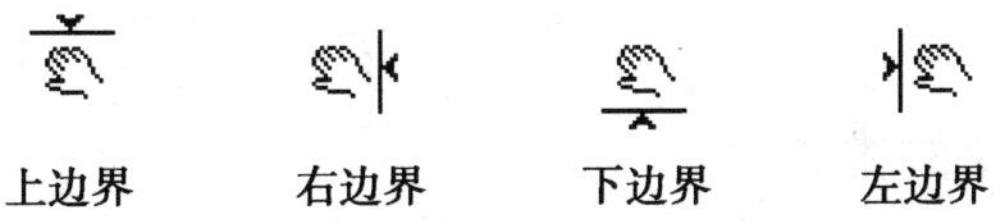

上边界   右边界   下边界   左边界

图 2.5 逻辑边界处的光标显示

任何时候要停止平移则按 Esc 键或 Enter 键结束操作。

2.定点平移

【执行方式】

菜单栏:"视图"→"平移"→"定点"

该模式可通过指定基点和位移值来移动视图。按命令行的提示,给定两个点的坐标或在屏幕上拾取两个点,AutoCAD 会计算出这两个点之间的距离和移动方向,相应地把图形移到指定的位置。如果以回车响应第二个点,则系统认为是相对于坐标原点的位移,命令行提示:

命令:_pan

指定基点或位移:

指定第二点:

2.2.4 视图管理

对于一个复杂的图形,用户往往希望能在屏幕上同时比较清楚地观察图形的不同部分。AutoCAD 可以在屏幕上同时建立多个窗口,即视口。视口可以被单独地进行缩放、平移。对应于不同的空间,视口分成模型空间视口(模型空间)和布局视口(图纸空间)。

(1)模型空间视口是指把绘图区域分成一个或多个相邻的矩形视图,其中每一个区域都可用来查看图形的不同部分。在一个视口中做出修改后,其他视口也会立即更新。模型空间视口有以下特点:

①每个视口都可以平移和缩放,设置捕捉、栅格和用户坐标系等,且每个视口都可以有独立的坐标系统,控制图形显示的范围和大小,并不影响其他视口。

②在命令执行期间,可以切换视口以便在不同的视口中绘图。

③可以命名视口的配置,以便在模型空间中恢复视口或者应用到布局。

④只能在当前视口里操作。要将某个视口设置为当前视口,只需单击视口的任意位置,此时当前视口的边框将加粗显示。

⑤当在模型空间视口中工作时,可全局控制所有视口中的图层的可见性。如果在某一个视口中关闭了某一图层,系统将关闭所有视口中的相应图层。

⑥对每个视口而言,可以最多分成 4 个子视口,每个子视口又可以继续分下去。

(2)在"布局"选项卡上创建的视口称为布局视口,用户可以在图纸上排列图形的视图,也可以移动和调整布局视口的大小。通过使用布局视口,可以对显示进行更多控制,例如,可以冻结一个布局视口中的特定图层,而不影响其他视口。有关布局和布局视口的详细信息,详见第 8 章。

2.3 命令输入的方式

2.3.1 激活命令的方式

在 AutoCAD 中,菜单栏、工具栏按钮、功能区选项板按钮、命令行、快捷菜单和系统

变量大多是相互对应的,用户可以选择以下任何一种方式激活命令:

(1)菜单栏。

(2)单击某个工具栏按钮执行命令。

(3)单击功能区选项板按钮执行命令。

(4)使用命令行输入命令。

(5)使用快捷菜单执行命令。

(6)使用系统变量执行命令。

系统接收命令后会在命令行中显示命令选项以及每一条指令的所选项,用户可根据提示信息按步骤完成命令。

2.3.2 使用命令行

在 AutoCAD 2020 中,用户可以在当前命令行提示下输入命令、对象参数等内容。其基本格式如下:

命令:_circle 指定圆的圆心或 [三点(3P)/两点(2P)/切点、切点、半径(T)]:

指定圆的半径或 [直径(D)] <50.0000>:100

用户在使用时应遵守以下约定:

(1)"[ ]"中是系统提供的选项,用"/"隔开。

(2)"( )"中是执行该选项的快捷键。

(3)"< >"中是系统提供的缺省值,缺省值是上一次使用该命令时的输入值,缺省值如满足要求,用户直接回车即可。

在命令行中单击鼠标右键,AutoCAD 将弹出一个快捷菜单,如图 2.6 所示。用户可以通过它来选择最近使用过的 6 个命令、复制选定的文字或全部命令历史、粘贴文字以及打开"选项"对话框。

在命令行中,用户还可以使用 Backspace 键或 Delete键删除命令行中的文字,也可以选中命令历史,并执行"粘贴到命令行"命令,将其粘贴到命令行中。

最近使用的命令 ▶

输入设置 ▶

提示历史记录行

输入搜索选项…

剪切

复制

复制历史记录

粘贴

粘贴到命令行

透明度…

选项…

2.3.3 使用鼠标执行命令

在绘图窗口,光标通常显示为 ┼ 形式。当光标移至菜单选项、工具与对话框内时,它会变成一个箭头。

图 2.6 命令行快捷菜单

无论光标是 ┼ 形式还是箭头形式,当单击或者按动鼠标键时,都会执行相应的命令或动作。在 AutoCAD 中,鼠标键是按照下述规则定义的:

(1)拾取键。通常指鼠标左键,用于指定屏幕上的点,也可以用来选择 Windows 对象、AutoCAD 对象、工具栏按钮和菜单栏等。单击、双击都是对拾取键而言的。

(2)回车键。指鼠标右键,相当于 Enter 键,用于结束当前使用的命令,也常用于单击鼠标右键弹出快捷菜单的操作。

(3)弹出菜单。当使用 Shift 键和鼠标右键的组合时,系统会弹出一个设置捕捉点的快捷菜单。

2.3.4　使用键盘输入命令

在 AutoCAD 中,大部分的绘图、编辑功能都需要通过键盘输入来完成。用户通过键盘输入命令和系统变量。此外,键盘还是输入文本对象、数值参数、点的坐标和进行参数选择的唯一方法。

2.3.5　使用透明命令

在 AutoCAD 中,透明命令是指在执行其他命令的过程中可以执行的命令。例如,用户在画圆时,希望缩放视图,这时,用户可以透明地激活 ZOOM 命令,即在输入的透明命令前输入单引号,或单击工具栏命令图标,完成透明命令后,将继续执行画圆命令。

许多命令和系统变量都可以穿插使用透明命令,这对编辑和修改大图形特别方便。常使用的透明命令多为修改图形设置的命令和绘图辅助工具命令,例如 PAN、SNAP、GRID、ZOOM 等命令。命令行中透明命令的提示前有">>"作为标记。

【例 2.1】在执行画圆命令时透明地使用缩放命令。

命令:_circle 指定圆的圆心或 [三点(3P)/两点(2P)/切点、切点、半径(T)]:
　　　　　　　　　　　　　　　　　　　　　　(指定圆心)
指定圆的半径或[直径(D)]<42.4264>:'zoom　　(执行透明命令缩放视图)
>>指定窗口的角点,输入比例因子(nX 或 nXP),或者[全部(A)/中心(C)/动态(D)/范围(E)/上一个(P)/比例(S)/窗口(W)/对象(O)]<实时>:W
>>指定第一个角点:>>指定对角点:　　　　(选择窗口方式缩放视图)
正在恢复执行 CIRCLE 命令。
指定圆的半径或 [直径(D)]<42.4264>:50　　(输入圆的半径,完成画圆命令)

2.3.6　使用系统变量

系统变量用于控制 AutoCAD 的某些功能和设计环境、命令的工作方式,它可以打开或关闭捕捉、栅格或正交等绘图模式,设置默认的填充图案,或存储当前图形和 AutoCAD 配置的有关信息。

系统变量通常有 6~10 个字符长的缩写名称。许多系统变量都有简单的开关设置。用户可以在对话框中修改系统变量,也可以直接在命令行中修改系统变量。例如 GRIDMODE 系统变量用来显示或关闭栅格,当在"输入 GRIDMODE 的新值〈1〉:"提示下,输入 0 时可以关闭栅格显示,输入 1 时可以打开栅格显示。它实际上与 GRID 命令等价。有些系统变量则用来存储数值或文字,例如 DATE 系统变量用来存储当前日期。

【例 2.2】关闭栅格显示。
命令:GRIDMODE
输入 GRIDMODE 的新值 <1>:0

2.4 命令的重复、撤销与重做

在 AutoCAD 中,用户可以方便地重复执行同一条命令,或撤销前面执行的一条或多条命令。此外,撤销前面执行的命令后,还可以通过重做来恢复前面执行的命令。

2.4.1 重复命令

在 AutoCAD 中,用户可以使用多种方法来重复执行 AutoCAD 命令。

(1)要重复执行上一个命令,可以按 Enter 键或空格键,也可以在绘图区域中单击鼠标右键,从弹出的快捷菜单中选择重复命令。

(2)要重复执行最近使用的 6 个命令中的某一个命令,可以在命令行和文本窗口中单击右键,从弹出的快捷菜单中选择"最近使用的命令"子菜单中最近使用过的 6 个命令之一。

(3)多次重复执行同一个命令,可以在命令提示下输入 MULTIPLE 命令,然后在"输入要重复的命令名:"提示下输入需要重复执行的命令。这样,AutoCAD 将重复执行该命令,直到用户按 Esc 键为止。

2.4.2 终止命令

在命令执行的过程中,用户可以随时按 Esc 键终止执行任何命令。因为 Esc 键是 Windows 程序用于取消操作的标准键。

2.4.3 撤销前面所进行的操作

(1)在 AutoCAD 中用户可以使用 UNDO 命令按顺序放弃最近一个或撤销前面进行的多步操作。在命令提示行中输入 UNDO 命令,或单击快速访问工具栏按钮 ⤺▪ 执行命令,这时命令行提示:

命令: UNDO

输入要放弃的操作数目或

［自动(A)/控制(C)/开始(BE)/结束(E)/标记(M)/后退(B)］<1>:

命令行中主要选项的功能如下:

①在命令行中输入要放弃的操作数目。例如,要放弃最近的 5 个操作,应输入 5。AutoCAD 将显示放弃的命令或系统变量设置。

②用户可以使用"标记(M)"选项来标记一个操作,然后用"后退(B)"选项放弃在标记的操作之后执行的所有操作。

③可以使用"开始(BE)"选项和"结束(E)"选项来放弃一组预先定义的操作。

(2)如果要重做使用 UNDO 命令放弃的一步或几步操作,可以使用 REDO 命令来进行。用户可以在命令提示行中输入 REDO 命令,或单击快速访问工具栏按钮 ⤼▪ 执行命令。

2.5 数据输入的方式

2.5.1 使用坐标系

在绘图过程中要对某个对象定位时,必须以某个坐标系作为参照,以便精确拾取点的位置。AutoCAD中坐标系包括世界坐标系(WCS)和用户坐标系(UCS)。

1. 世界坐标系

WCS是固定的坐标系,是AutoCAD默认的坐标系,它的坐标系图标如图2.7(a)所示,包括 X 轴、Y 轴和 Z 轴。WCS坐标轴的交汇处显示口形标记,但坐标原点并不在坐标系的交汇点,而位于图形窗口的左下角,所有的位移都是相对于该原点计算的,并且沿 X 轴正向及 Y 轴正向的位移被规定为正方向,Z 轴由屏幕向外为其正方向。

2. 用户坐标系

在AutoCAD中,为了能够更好地辅助绘图,用户经常需要修改坐标系的原点和方向,这时世界坐标系将变为用户坐标系(UCS),如图2.7(b)所示。UCS的原点以及 X、Y、Z 轴方向都可以移动及旋转,甚至可以依赖于图形中某个特定的对象。尽管用户坐标系中三个轴之间仍然互相垂直,但是在方向及位置上却有更大的灵活性。用户坐标系具体的使用方法将在后面的章节中介绍。

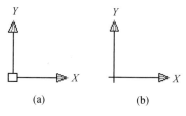

图 2.7 坐标系图标

2.5.2 坐标的表示方法

在AutoCAD 2020中,点的坐标可以使用笛卡儿坐标、极坐标、相对坐标和相对极坐标4种方法表示。

1. 笛卡儿坐标

笛卡儿坐标是从坐标原点开始,定位所有的点。可以使用分数、小数或科学计数等形式表示点的 X、Y、Z 坐标值,坐标间用逗号隔开,如图2.8中 $A(2,2)$ 点所示。

2. 极坐标

极坐标使用距离和角度来定位点。按逆时针方向定义角度,规定 X 轴的正向为 $0°$,逆时针方向为正,顺时针方向为负。表示方法为输入距离和角度用"<"分开,如图2.9中 $C(40<40)$ 点所示。

3. 相对坐标

相对坐标用于确定某点相对于前一点(而不是原点)的位置,它的表示方法是在笛卡儿坐标表达方式前加上"@"号。例如,如果前一点的笛卡儿坐标是(10,15),输入@5,8后,所得到的点的笛卡儿坐标为(15,23)。图2.8中 B 点相对于 A 点的坐标为@4,4。

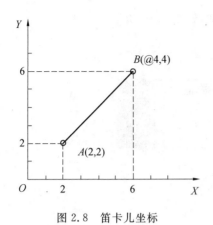

图 2.8 笛卡儿坐标

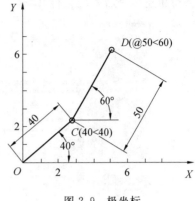

图 2.9 极坐标

4. 相对极坐标

相对极坐标是指相对于某一点的距离和角度,它的表示方法是在极坐标表达方式前加上"@"号,如(@12<45)、(@70<−105),其中的角度是新点和前一点的连线与 X 轴的夹角。如图 2.9 中 D 点相对于 C 点的坐标为@50<60。

2.5.3 控制坐标的显示

在绘图窗口中移动光标时,状态栏上将动态地显示当前位置的坐标。在 AutoCAD 2020 中,坐标显示取决于所选择的模式和程序中运行的命令,用户可以在状态栏坐标显示处单击右键,在弹出的快捷菜单中选择坐标显示的方式,共有 4 种方式。

(1)关。此模式显示上一个拾取点的绝对坐标,坐标不能动态更新,再拾取一个新点时,显示才会更新。但从键盘输入新点坐标时,状态栏的显示不会更新。

(2)绝对。此模式显示光标的绝对坐标,坐标值动态更新,是 AutoCAD 的默认方式。

(3)相对。此模式显示光标的相对极坐标。当处在拾取点状态时,系统将显示光标所在位置相对于上一个点的距离和角度;当离开拾取点状态时,系统将恢复到绝对的模式下。

(4)地理。光标显示地理位置的纬度和经度值。

2.6 图形文件管理

2.6.1 创建新图形文件

【执行方式】

①应用程序按钮▲:在弹出的菜单中选择"新建"→"图形"

②快速访问工具栏:新建按钮▯

③菜单栏:"文件"→"新建"

④命令行:NEW

启动新建命令后系统会打开"选择样板"对话框,如图 2.10 所示。

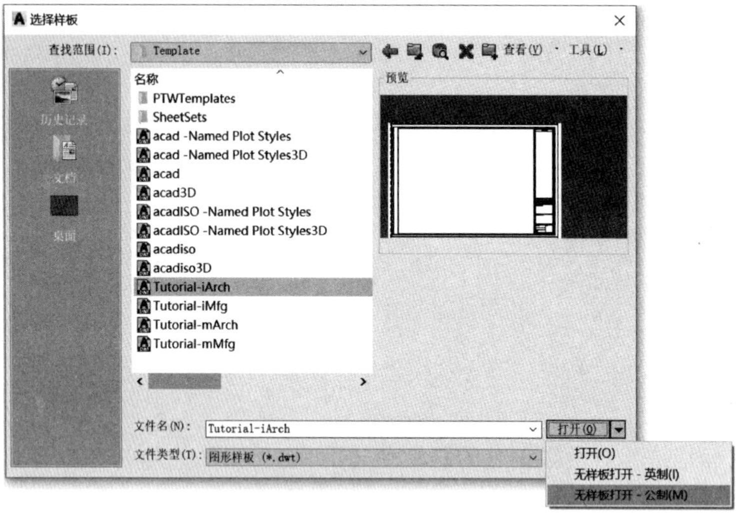

图 2.10   "选择样板"对话框

(1)在"选择样板"对话框的文件类型中选择"图形(* .dwg)",在打开方式中选择"无样板打开-公制"创建新图形。用户利用这种方式可以根据需要对绘图环境进行设置,创建自己的模板,并可将其保存为 * .dwt 文件,在绘图时调用。建议初学者用这种方式开始绘制一幅新图。

(2)在"选择样板"对话框的文件类型中选择"图形样板(* .dwt)",在样板列表框中选中某一样板文件,这时在对话框右侧的"预览"区中将显示出该样板的预览图像。单击"打开"按钮,以选中的样板文件为样板,创建新图形。

样板文件中通常包含一些与绘图相关的通用设置,如图层、线型、文字样式、尺寸标注样式等设置。此外还可以包括一些通用图形对象,如标题栏、图幅框等。利用样板文件创建新图形可以避免每次绘制新图形时都要进行的有关绘图设置、绘制相同图形对象等重复操作,从而提高了绘图效率,而且还保证了图形的一致性。

根据 AutoCAD 提供的样板文件创建新图形文件后,AutoCAD 一般情况下要显示出布局。例如,以样板文件 Tutorial-mArch 创建新图形文件后,可以得到如图 2.11 所示的结果。

通过绘图窗口的选项卡可以看出,图 2.11 显示的布局的名称为"ISO A1 布局",AutoCAD的布局主要用于打印图形时确定图形相对于图纸的位置,但在绘图过程中,还需要切换到模型空间,这时只需要单击"模型"选项卡。

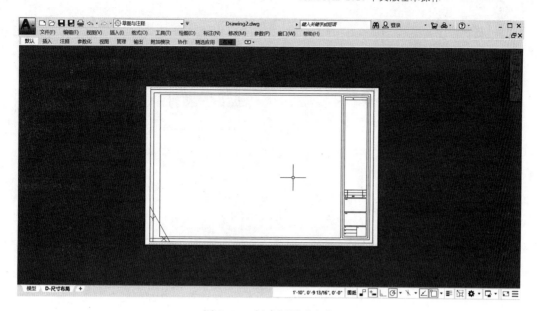

图 2.11 创建新图形文件

2.6.2 打开图形文件

【执行方式】

①应用程序按钮 :在弹出的菜单中选择"打开"→"图形"

②快速访问工具栏:打开按钮

③菜单栏:"文件"→"打开"

④命令行:OPEN

启动打开命令后,系统会打开"选择文件"对话框,如图 2.12 所示。在"选择文件"对话框的文件列表框中选择需要打开的图形文件,在右侧的"预览"区中将显示出该图形的预览图像。默认情况下,打开的图形文件的格式为 *.dwg 格式。

在 AutoCAD 中,用户可以以"打开""以只读方式打开""局部打开"和"以只读方式局部打开"4 种方式打开图形文件。当以"打开""局部打开"方式打开图形文件时,用户可以对打开的图形进行编辑;如果以"以只读方式打开""以只读方式局部打开"方式打开图形文件时,用户则无法对打开的图形进行编辑。

如果用户选择以"局部打开""以只读方式局部打开"打开图形,这时将打开"局部打开"对话框,如图 2.13 所示。用户可以在"要加载几何图形的视图"选项区中选择要打开的视图,在"要加载几何图形的图层"选项区中选择要打开的图层,然后单击"打开"按钮,即可在选定视图中打开选中图层上的对象。

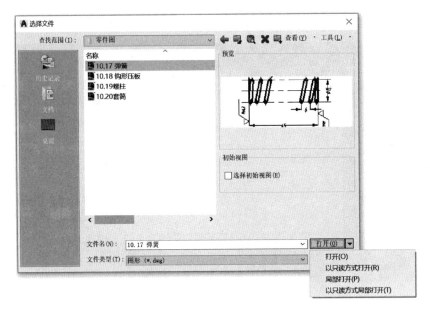

图 2.12 "选择文件"对话框

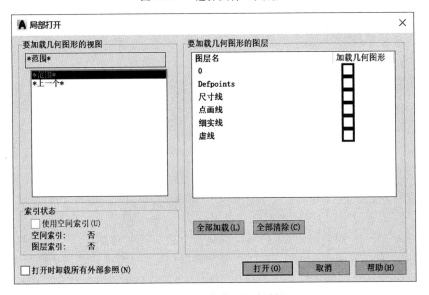

图 2.13 "局部打开"对话框

2.6.3 打开多个图形文件

【执行方式】

菜单栏:"窗口"→"层叠/水平平铺/垂直平铺/排列图标"

当用户需要快速参照其他图形、在图形之间复制和粘贴或者使用定点设备右键将所选对象从一个图形拖动到另一个图形中时,可以在单个 AutoCAD 任务中打开多个图形文件,如图 2.14 所示,即为以垂直平铺的方式打开多个图形文件。

如果打开了多个图形文件,只要在该图形的任意位置单击便可激活它。使用

Ctrl+F6组合键或 Ctrl+Tab 组合键可以在打开的图形文件之间来回切换。但是,在某些时间较长的操作(例如重生成图形)期间,不能切换图形文件。

使用"窗口"菜单可以控制在 AutoCAD 任务中显示多个图形的方式,既可以使打开的图形层叠显示,也可以将它们垂直平铺或水平平铺显示。如果有多个最小化图形,可以使用"排列图标"选项,使 AutoCAD 窗口中最小化图形的图标整齐排列。

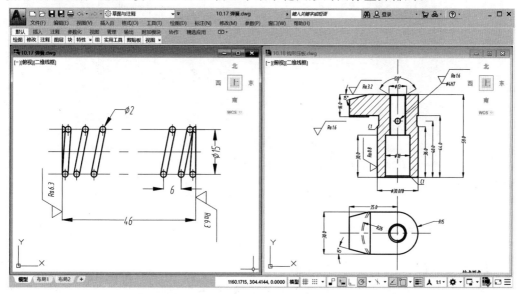

图 2.14　打开多个图形文件

2.6.4　保存图形文件

【执行方式】

①应用程序按钮 ![icon] :在弹出的菜单中选择"保存"

②快速访问工具栏:保存按钮 ![icon]

③菜单栏:"文件"→"保存"

④命令行:QSAVE

如果图形已命名,QSAVE 保存图形时就不显示"图形另存为"对话框,如图 2.15 所示;如果图形未命名,则显示"图形另存为"对话框,输入文件名并保存图形。也可以选择另存为命令,将当前图形以新的名字保存。SAVE 命令只能在命令行中使用。

【执行方式】

①应用程序按钮 ![icon] :在弹出的菜单中选择"另存为"

②菜单栏:"文件"→"另存为"

③命令行:SAVEAS

默认情况下,文件以"AutoCAD 2018 图形(* .dwg)"格式保存,用户也可以在"文件类型"下拉列表框中选择其他格式,如"AutoCAD 2010/LT2010 图形(* .dwg)""Auto-CAD 图形标准(* .dws)"等格式。

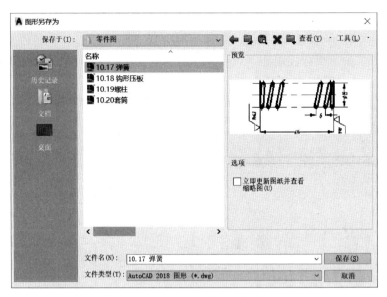

图 2.15 "图形另存为"对话框

2.6.5 关闭图形文件

【执行方式】

①应用程序按钮 ：在弹出的菜单中选择"关闭"→"当前图形"

②菜单栏："文件"→"关闭"

③命令行：CLOSE

在绘图窗口中单击关闭按钮 也可以关闭当前的图形文件。

启动关闭命令后，如果当前图形没有保存，系统会打开 AutoCAD 信息提示框，如图 2.16 所示，询问是否保存文件。此时，单击"是"按钮或直接回车可以保存当前图形并将其关闭；单击"否"按钮可以关闭当前图形但不保存；单击"取消"按钮则取消关闭当前图形文件操作，文件既不保存也不关闭。

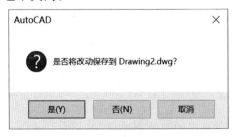

图 2.16 信息提示框

如果当前图形文件没有命名，单击"是"按钮后，AutoCAD 将打开"图形另存为"对话框，要求用户确定图形文件存放的位置和名称。

2.7　帮助信息

单击信息中心工具栏上的"帮助"按钮或按 F1 键访问帮助。AutoCAD 帮助系统中包含了有关如何使用此程序的完整信息。帮助界面如图 2.17 所示。

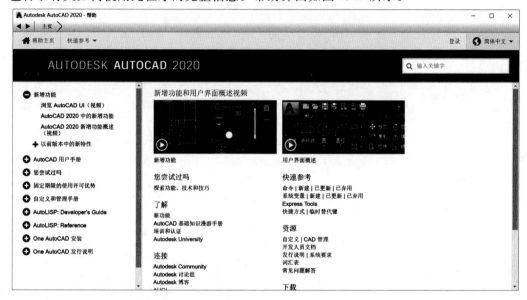

图 2.17　帮助界面

【本章训练】

1. 命令有哪几种输入方式？如何调用？

2. 什么是透明命令？常用的透明命令有哪些？

3. 在 AutoCAD 2020 中，用户可以使用哪几种方法来重复执行命令？要撤销前面所执行的命令又该如何操作？

4. 在 AutoCAD 2020 中，坐标有几种表示方法？怎样使用？

5. 如何控制坐标的显示？有哪几种方式？

6. 如何打开、关闭和保存图形文件？

第3章

二维绘图命令

二维图形绘制是 AutoCAD 的核心功能,本章重点讲解"绘图"菜单中的命令,Auto-CAD 不仅可以绘制点、直线、圆、圆弧、多边形、圆环等基本二维图形,还可以绘制多线、多段线、样条曲线和图案填充等高级图形对象。学习使用这些二维绘图命令是绘制和编辑工程图样的基础。

3.1 二维绘图命令的调用

【执行方式】

①功能区选项板:"默认"选项卡→绘图面板

②菜单栏:"绘图"

绘图面板如图 3.1 所示,"绘图"菜单如图 3.2 所示。

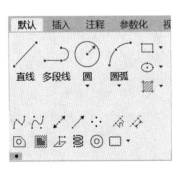

图 3.1 绘图面板

图 3.2 "绘图"菜单

3.2 绘制直线、射线和构造线

3.2.1 绘制直线

【执行方式】

①图面板:直线按钮 ✏

②菜单栏:"绘图"→"直线"

③命令行:LINE

　　直线命令用于绘制两点之间的线段,用户可以通过鼠标或键盘来确定线段的起点和终点。当绘制完一条线段后,可以以该线段的终点为起点,指定另一终点来绘制另一条线段。这样一直做下去,直到按 Enter 键或 Esc 键终止命令。

【例 3.1】绘制如图 3.3 所示图形。

命令:LINE　　　　　　　　　　　　(执行直线命令)

指定第一点:点取 A 点　　　　　　　(指定直线第一点 A)

指定下一点或[放弃(U)]:点取 B 点　　(指定直线第二点 B)

指定下一点或[退出(E)/放弃(U)]:点取 C 点　(指定直线外一点 C)

指定下一点或[关闭(C)/退出(X)/放弃(U)]:C　(键入 C,闭合图形并结束直线命令)

命令行中名选项的功能如下:

(1)放弃(U)。删除直线序列中最近绘制的线段。

(2)关闭(C)。如果绘制多条线段,最后要形成一个封闭图形时,应在命令行键入 C,则最后一个端点与第一条线段的起点形成封闭图形。

图 3.3　三角形

3.2.2 绘制射线

【执行方式】

①绘图面板:射线按钮 ✏

②菜单栏:"绘图"→"射线"

③命令行:RAY

　　射线为一端固定,另一端无限延伸的直线,射线主要用于绘制辅助线。激活该命令,指定射线的起点和通过点,即可绘制一条射线。

　　当射线的起点指定后,可在"指定通过点:"提示下指定多个通过点来绘制以起点为端点的多条射线,直到按 Esc 键或 Enter 键退出为止。

3.2.3　绘制构造线

【执行方式】

①绘图面板:构造线按钮

②菜单栏:"绘图"→"构造线"

③命令行: XLINE

构造线为两端可以无限延伸的直线,它没有起点和终点,可以放置在三维空间的任何地方,在 AutoCAD 中构造线也主要用于绘制辅助线。

激活该命令,命令行提示:

xline 指定点或[水平(H)/垂直(V)/角度(A)/二等分(B)/偏移(O)]:

命令行中各选项的功能如下:

(1)水平(H)或垂直(V)。用于创建经过指定点(中点)且平行于 X 轴或 Y 轴的构造线。

(2)角度(A)。用于先选择一条参考线,再指定直线与构造线的角度;或者先指定构造线的角度,再设置必经的点,从而创建与 X 轴成指定角度的构造线。指定角度或参照绘制的构造线如图 3.4 所示。

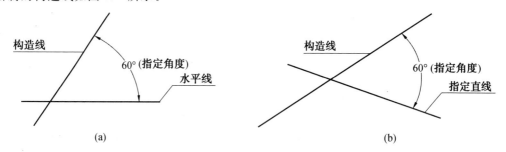

图 3.4　指定角度或参照绘制的构造线

(3)二等分(B)。用于创建二等分指定角的构造线。这时需要指定等分角的顶点、起点和端点。"二等分"选项创建的角平分线如图 3.5 所示。

(4)偏移(O)。用于创建平行于指定基线的构造线,这时需要指定偏移距离,选择基线,然后指明构造线位于基线的哪一侧。"偏移"选项创建的构造线如图 3.6 所示。

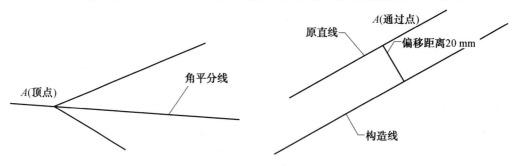

图 3.5　"二等分"选项创建的角平分线　　　图 3.6　"偏移"选项创建的构造线

3.3 绘制矩形、正多边形

3.3.1 绘制矩形

【执行方式】

①绘图面板:矩形按钮□

②菜单栏:"绘图"→"矩形"

③命令行:RECTANG

矩形命令通过指定两个角点的方式绘制矩形,也可以通过选项控制绘制带有倒角和倒圆的矩形。

【例 3.2】绘制如图 3.7 所示的圆角矩形。

命令:RECTANG   (执行矩形命令)

指定第一个角点或[倒角(C)/标高(E)/圆角(F)/厚度(T)/宽度(W)]:F

      (选择圆角)

指定矩形的圆角半径<0.0000>:3   (指定矩形圆角半径)

指定第一个角点或[倒角(C)/标高(E)/圆角(F)/厚度(T)/宽度(W)]:点取 A 点

      (指定圆角矩形的第一点)

指定另一个角点或[尺寸(D)]:点取 B 点   (指定圆角矩形的另一点)

命令行中主要选项的功能如下:

(1)倒角(C)。设定矩形四角为倒角及大小。

(2)标高(E)。用于指定矩形所在的平面高度,默认情况下矩形在 XY 平面内,该选项一般用于绘制三维图形。

(3)圆角(F)。设定矩形四角为圆角及大小。

(4)厚度(T)。用于绘制具有厚度的矩形,即 Z 轴方向的高度,该选项一般用于绘制三维图形。

(5)宽度(W)。设置线条的宽度。

图 3.7 圆角矩形

3.3.2 绘制正多边形

【执行方式】

①绘图面板:正多边形按钮⬠

②菜单栏:"绘图"→"正多边形"

③命令行:POLYGON

【例 3.3】绘制如图 3.8 所示正六边形。

命令:POLYGON   (执行正多边形命令)

输入边的数目<4>:6   (输入正多边形的边数目)

指定正多边形的中心点或[边(E)]:点取 C 点   (指定正多边形的中心点)

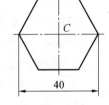

图 3.8 正六边形

输入选项［内接于圆(I)/外切于圆(C)］<I>: ↙   （选择默认选项 I，内接于圆的方式）
指定圆的半径:20   （指定圆的半径，回车）
命令行中主要选项的功能如下:
(1)边(E)。通过指定多边形的边的方式来绘制正多边形，它由边数和边长确定。
(2)外切于圆(C)。用于切圆方式来定义多边形。

3.4 绘制圆和圆弧

3.4.1 绘制圆

【执行方式】
①绘图面板:圆按钮
②菜单栏:"绘图"→"圆"
③命令行: CIRCLE
用户可以用图 3.9 所示的"圆"命令菜单中的 6 种方式绘制圆。图 3.10 给出对应的画圆示例。

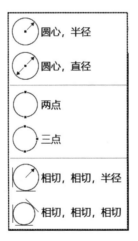

图 3.9 "圆"命令菜单

"绘图"→"圆"命令中各子命令的功能如下:
(1)圆心，半径(R)。可通过指定圆的圆心和半径绘制圆。
(2)圆心，直径(D)。可通过指定圆的圆心和直径绘制圆。
(3)两点(2)。可通过指定两个点，并以两个点之间的距离为直径来绘制圆。
(4)三点(3)。可通过指定的三个点来绘制圆。
(5)相切，相切，半径(T)。可以指定的值为半径，绘制一个与两个对象相切的圆。在绘制时，需要先指定与圆相切的两个对象，然后指定圆的半径。
(6)相切，相切，相切(A)。可通过依次指定与圆相切的 3 个对象来绘制圆。

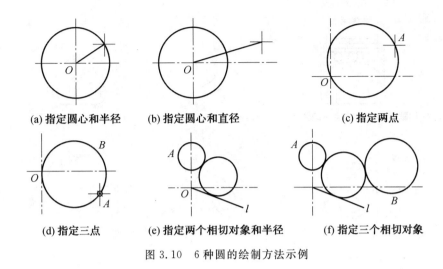

(a) 指定圆心和半径　　(b) 指定圆心和直径　　　　(c) 指定两点

(d) 指定三点　　(e) 指定两个相切对象和半径　　(f) 指定三个相切对象

图 3.10　6 种圆的绘制方法示例

3.4.2　绘制圆弧

【执行方式】

①绘图面板:圆弧按钮

②菜单栏:"绘图"→"圆弧"

③命令行:ARC

AutoCAD 2020 中文版给定了绘制圆弧的不同方式,这些方式都是根据起点、方向、圆心、角度、端点、长度等参数来确定的。用户选择圆弧命令的子命令,"圆弧"命令菜单如图 3.11 所示,图 3.12 给出相应圆弧的示例。

"绘图"→"圆弧"命令中各子命令的功能如下:

(1)三点。通过给定的三个点绘制一段圆弧。

(2)起点,圆心,端点。指定圆弧的起点、圆心和端点绘制圆弧。

(3)起点,圆心,角度。指定圆弧的起点、圆心和角度绘制圆弧。

设置逆时针为角度方向,并输入正的角度值,则所绘制的圆弧是从起点绕圆心沿逆时针方向绘制;如果输入负角度值,则沿顺时针方向绘制圆弧。

(4)起点,圆心,长度。指定圆弧的起点、圆心和弦长绘制圆弧。

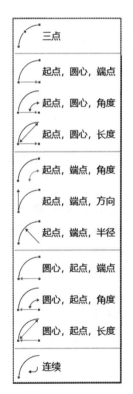

图 3.11　"圆弧"命令菜单

(5)起点,端点,角度。指定圆弧的起点、端点和角度绘制圆弧。

(6)起点,端点,方向。指定圆弧的起点、端点和方向绘制圆弧。

(7)起点,端点,半径。指定圆弧的起点、端点和半径绘制圆弧。

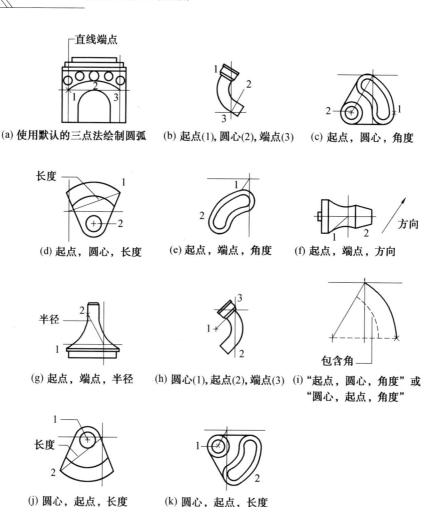

图 3.12 圆弧绘制方法的示例

(8)圆心,起点,端点。指定圆弧的圆心、起点和端点绘制圆弧。

(9)圆心,起点,角度。指定圆弧的圆心、起点和角度绘制圆弧。

(10)圆心,起点,长度。指定圆弧的圆心、起点和长度绘制圆弧。

(11)连续。选择该命令,并在命令行的"指定圆弧的起点或圆心〔(C)〕:"提示下直接按 Enter 键,系统将以最后一次绘制的线段或圆弧过程中确定的最后一点作为新圆弧的起点,以最后所绘线段的方向或圆弧终止点处的切线方向为新圆弧在起始点处的切线方向,然后再指定一点,就可以绘制出一个圆弧。

3.5　绘制椭圆和椭圆弧

3.5.1　绘制椭圆

【执行方式】

①绘图面板:椭圆按钮⊙

②菜单栏:"绘图"→"椭圆"

③命令行:ELLIPSE

"椭圆"命令菜单如图 3.13 所示,用户可通过轴端点、轴距离、绕轴线、旋转的角度或中心点几种不同的组合绘制。

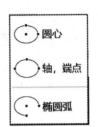

图 3.13　"椭圆"命令菜单

【例 3.4】绘制如图 3.14 所示椭圆。

命令:ELLIPSE　　　　　　　　　　　　　　(执行椭圆命令)

指定椭圆轴的端点或[圆弧(A)/中心点(C)]:点取 A 点 (指定椭圆轴的一个端点)

指定轴的另一个端点:点取 B 点　　　　　(指定椭圆轴的另一个端点)

指定另一条半轴长度或[旋转(R)]:点取 C 点 (指定椭圆第二轴长或指定第二轴端点)

命令行中的各选项的功能如下:

(1)圆弧(A)。画椭圆弧。

(2)中心点(C)。指定一个圆心来绘制椭圆。

(3)旋转(R)。通过第一条轴旋转圆绘制椭圆。

3.5.2　绘制椭圆弧

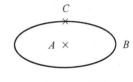

图 3.14　椭圆

【执行方式】

①绘图面板:椭圆弧按钮⊙

②菜单栏:"绘图"→"椭圆"→"椭圆弧"

③命令行:ELLIPSE

在 AutoCAD 2020 中文版中,椭圆弧的命令和椭圆的命令相同,都是 ELLIPSE,但命令行的提示不同。从"指定椭圆弧轴的端点或[圆弧(A)/中心点(C)]:"提示开始操作就是确定椭圆弧形状的过程,与前面介绍的绘制椭圆的过程完全相同。

【例 3.5】绘制如图 3.15 所示椭圆弧。

命令:ELLIPSE　　　　　　　　　　　　　(执行椭圆命令)

指定椭圆轴的端点或[圆弧(A)/中心点(C)]:A (指定椭圆弧轴的端点)

指定椭圆弧轴的端点或[中心点(C)]:点取 D 点 (指定椭圆弧轴的一个端点)

指定轴的另一个端点:点取 E 点　　　　　(指定椭圆弧轴的另一个端点)

指定另一条半轴长度或[旋转(R)]:点取 F 点 (指定椭圆第二轴的长度或指定第

二轴的端点)

指定起点角度或[参数(P)]:30　　　　　(键入椭圆弧的起始角)

指定端点角度或[参数(P)/夹角(I)]:200　　(键入椭圆弧的终止角)

命令行中主要选项的功能如下：

(1)参数(P)。通过指定的参数来确定椭圆弧起始角。AutoCAD 2020 中文版通过一个矢量方程来计算椭圆弧的角度。

(2)夹角(I)。指定椭圆弧的包含角来确定椭圆弧。

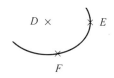

图 3.15　椭圆弧

3.6　创建点对象

3.6.1　点样式的设置

如果在绘制点之前用户没有对点的样式及大小进行设置,绘制出来的点将太小,不可见。设置点样式的操作方法如下：

【执行方式】

菜单栏："格式"→"点样式"

打开"点样式"对话框,如图 3.16 所示。在该对话框中选择点样式类型,设置点大小,单击"确定"按钮,对话框关闭,退出。

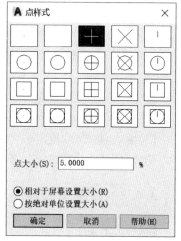

图 3.16　"点样式"对话框

3.6.2　点的绘制

【执行方式】

①绘图面板:点按钮

②菜单栏："绘图"→"点"→"单点/多点"

③命令行：POINT

在 AutoCAD 2020 中,点对象可用作捕捉和偏移对象的节点或参考点。"点"命令菜单如图 3.17 所示,用户可以通过"单点""多点""定数等分"和"定距等分"4 种方法创建点对象。

1.定数等分对象

【执行方式】

①绘图面板:定数等分按钮

②菜单栏："绘图"→"点"→"定数等分"

③命令行：DIVIDE

图 3.17　"点"命令菜单

定数等分以等分长度放置点或图块,一般用于辅助绘制图形。

【例 3.6】用图 3.16 所示设置的点将线段 AB5 等分,定数等分线段如图 3.18 所示。

命令:DIVIDE　　　　　　　　　　（执行等分命令）

选择要等分的对象:　　　　　　　（拾取要等分的线段）

输入线段数目或[块(B)]:5　　　　（输入要等分的线段数目）

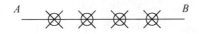

图 3.18　定数等分线段

2.定距等分对象

【执行方式】

①绘图面板:定距等分按钮

②菜单栏:"绘图"→"点"→"定距等分"

③命令行:MEASURE

定距等分对象可以沿对象的长度或周长按指定间隔创建点或图块。

线段的定距等分沿选定对象按指定间隔放置点对象,从最靠近用于选择对象的点的端点处开始放置。

闭合多段线的定距等分从它们的初始顶点(绘制的第一个点)处开始。

圆的定距等分从设置为当前捕捉旋转角的自圆心的角度开始。如果捕捉旋转角为零,则从圆心右侧的圆周点开始定距等分圆。

【例 3.7】每 20 mm 插入一用图 3.16 所示设置的点,将线段 AB 定距等分,定距等分线段如图 3.19 所示。

命令:MEASURE　　　　　　　　　（执行定距等分命令）

选择要定距等分的对象:　　　　　（拾取要等分的线段 AB）

指定线段长度或[块(B)]:20　　　　（输入定距距离）

图 3.19　定距等分线段

3.7　绘制与编辑多线

多线是一种由多条平行线组成的组合对象,可绘制 1～16 条平行线。这些直线的线型、线宽、偏移、比例、样式和端头交接等都可以调整。多线常用于绘制建筑图中的墙体、电子图等平行线对象。

3.7.1　绘制多线

【执行方式】

①菜单栏:"绘图"→"多线"

②命令行：MLINE

该命令中其他选项的功能如下：

(1)对正(J)。指定多线的对正方式。

①上(T)。多线上最顶端的线将随着光标移动。

②无(Z)。多线的中心线将随着光标移动。

③下(B)。多线上最底端的线将随着光标移动。

(2)比例(S)。比例用来控制多线的全局宽度,该比例不影响多线的线型比例。

(3)样式(ST)。指定绘制多线的样式,默认样式为标准(Standard)样式。

3.7.2　创建多线样式

【执行方式】

①菜单栏:"格式"→"多线样式"

②命令行:MLSTYLE

打开如图 3.20 所示"多线样式"对话框,用户可以根据需要创建多线样式,设置其线条数目和线的拐角方式。

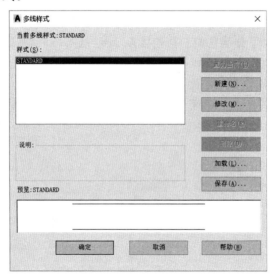

图 3.20　"多线样式"对话框

在"多线样式"对话框的中各选项功能如下：

(1)置为当前。在"样式"列表中选择需要使用的多线样式后,单击该按钮,可以将其设置为当前样式。

(2)新建。单击该按钮,打开"创建新的多线样式"对话框,如图 3.21 所示,可以创建新的多线样式。

(3)修改。单击该按钮,打开"修改多线样式"对话框,可以修改创建的多线样式。

(4)重命名。可以修改当前多线样式的名称。

(5)删除。删除"样式"列表中选中的多线样式。

(6)说明。用于说明当前所定义的多线样式的特征等描述。

(7)加载。打开"加载多线样式"对话框,如图 3.22 所示。用户可以从中选取多线样式将其加载到当前图形中。

(8)保存。打开"保存多线样式"对话框,可以将当前的多线样式保存为一个多线文件(* .mln)。

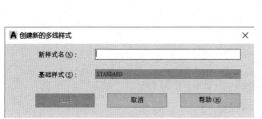

图 3.21 "创建新的多线样式"对话框   图 3.22 "加载多线样式"对话框

3.7.3 创建和修改多线样式

在"创建新的多线样式"对话框中,单击"继续"按钮,将打开"新建多线样式"对话框,可以创建新多线样式的封口、填充、图元等内容,如图 3.23 所示。

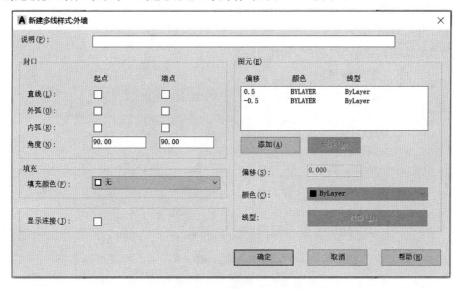

图 3.23 "新建多线样式"对话框

1.说明区

"新建多线样式"对话框的"说明"文本框用于输入多线样式的说明信息。当在"多线样式"对话框列表中选中多线时,说明信息将显示在"说明"区中。

2.封口区

"新建多线样式"对话框的"封口"选项区用于控制多线起点和端点处的样式,可以为多线的每个端点选择一条直线或弧线,并输入角度。其中,"直线"穿过整个多线的端点,"外弧"连接最外层元素的端点,"内弧"连接成对元素,如果有奇数个元素,则中心线不相连。

如果选中"新建多线样式"对话框中的"显示连接"复选框,可以在多线的拐角处显示连接线,否则不显示。

3.填充区

"填充"选项区用于设置是否填充多线的背景。

4.图元区

(1)添加。增加多线中线条的数目。

(2)删除。删除"图元"列表中选中的线条。

(3)偏移。设置线条偏移距离,正数向上偏移,负数向下偏移。

(4)颜色。在下拉列表中设置当前线条的颜色。

(5)线型。打开的"线型"对话框设置线元素的线型。

各项设置好后,单击"确定"按钮,完成新建多线样式的设置。

3.7.4 编辑多线

【执行方式】

①菜单栏:"修改"→"对象"→"多线"

②命令行:MLEDIT

打开"多线编辑工具"对话框,如图 3.24 所示。

图 3.24 "多线编辑工具"对话框

由图 3.24 可知,多线编辑为用户提供了 12 种编辑工具,它们可分为 4 类,即十字形、T 字形、角点以及剪切工具。

(1)十字形工具。3 个十字形工具用于消除各种交线。当用户选择十字形的某工具后,还需要选取两条多线,AutoCAD 总是切断所选的第一条多线,并根据所选工具切断第二条多线。图 3.25 显示了运用这些工具后的效果。

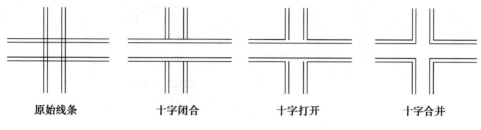

|原始线条　　　　　十字闭合　　　　　十字打开　　　　　十字合并|

图 3.25　多线的十字形编辑效果

(2)T 字形工具。用于消除交线,其编辑效果如图 3.26 所示。

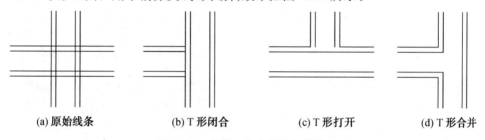

(a)原始线条　　　　　(b)T 形闭合　　　　　(c)T 形打开　　　　　(d)T 形合并

图 3.26　多线的 T 字形编辑效果

(3)角点结合工具。用于消除交线,还可消除多线一侧的延伸线,从而形成直角。

(4)添加顶点工具和删除顶点工具。可以为多线增加若干顶点,使用删除顶点工具则可以从包含 3 个或更多顶点的多线上删除顶点。

(5)剪切工具。可以切断多线。

(6)全部接合工具。可以重新显示所选两点间的任何剪切部分。

【例 3.8】绘制如图 3.27 所示的房屋平面图的墙体结构。

命令:MLINE　　　　　　　　　　　　　　　　　　　(执行多线命令)

当前设置:对正=上,比例=10.00,样式=STANDARD　　(显示当前设置信息)

(1)绘制水平直线 a、b、c 和 d,其间距分别为 1 300、2 350 和 2 950;绘制垂直直线 e、f、g、h、i 和 j,其间距分别为 2 000、3 200、2 000、4 200 和 1 500,可以通过偏移命令绘制这些辅助线,结果如图 3.28 所示。

(2)单击"绘图"→"多线"命令,并在命令行输入 J,再输入 Z,将对正方式设置为"无"。

(3)在命令行输入 S,再输入 240,将多线比例设置为 240,然后单击直线的起点和端点绘制多线,如图 3.29 所示。

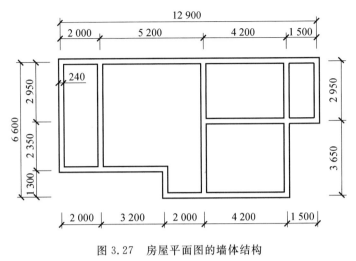

图 3.27　房屋平面图的墙体结构

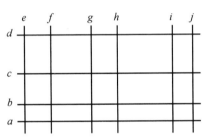

图 3.28　绘制辅助线

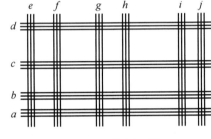

图 3.29　绘制多线

(4)单击"修改"→"对象"→"多线"命令,打开"多线编辑工具"对话框,单击该对话框中的角点结合工具🗗,然后单击"确定"按钮。

(5)参照图 3.30 所示对多线修直角。

(6)在"多线编辑工具"对话框中单击 T 形打开工具🗗,参照图 3.31 所示对多线修 T 形。

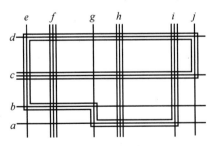

图 3.30　对多线修直角

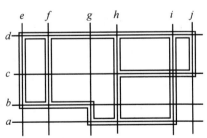

图 3.31　对多线修 T 形

(7)在"多线编辑工具"对话框中单击十字合并工具🗗,参照图 3.32 所示对 i 和 c 处的多线进行十字合并。

(8)选择绘制的所有辅助线,按 Delete 键删除即可得到如图 3.27 所示的图形。

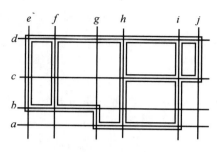

图 3.32　对多线进行十字合并

3.8　绘制与编辑多段线

在 AutoCAD 中多段线是一种非常有用的线段对象,它是由多段直线段或圆弧段组成的一个组合体。它们既可以一起编辑,也可以分别编辑,还可以具有不同的宽度。

3.8.1　绘制多段线

【执行方式】

①绘图面板:多段线按钮

②菜单栏:"绘图"→"多段线"

③命令行:POLYLINE

【例 3.9】绘制如图 3.33 所示多段线。

图 3.33　多段线

命令:POLYLINE	(执行多段线命令)
指定起点:点取 A 点	(指定多段线起点)
当前线宽为 0	(显示当前线宽设置)

指定下一个点或[圆弧(A)/半宽(H)/长度(L)/放弃(U)/宽度(W)]:W

　　　　　　　　　　　　　　　　(键入 W,改变线宽)

指定起点宽度<0.0000>:20　　　(键入起点线宽)

指定端点宽度<20.0000>:↙　　(回车确定端点线宽值为 20)

指定下一个点或[圆弧(A)/半宽(H)/长度(L)/放弃(U)/宽度(W)]:点取 B 点

　　　　　　　　　　　　　　　　(确定直线的端点)

指定下一个点或[圆弧(A)/半宽(H)/长度(L)/放弃(U)/宽度(W)]:A

　　　　　　　　　　　　　　　　(键入 A,转化为绘制圆弧方式)

[角度(A)/圆心(CE)/闭合(CL)/方向(D)/半宽(H)/直线(L)/半径(R)/第二个点(S)/放弃(U)/宽度(W)]:H　　　　(键入 H,改变半宽)

指定起点半宽<10.0000>:↙　　(回车确定端点线宽值为 20)

指定端点宽度<10.0000>:5　　　(键入起点线宽)

指定圆弧端点或:点取 C 点　　　(确定圆弧的端点)

[角度(A)/圆心(CE)/闭合(CL)/方向(D)/半宽(H)/直线(L)/半径(R)/第二个点

(S)/放弃(U)/宽度(W)]:L　　　　　　　　(键入 L,转化为绘制直线方式)

　　指定下一个点或[圆弧(A)/半宽(H)/长度(L)/放弃(U)/宽度(W)]:W

　　　　　　　　　　　　　　　　　　(键入 W,改变线宽)

　　指定起点线宽<10.0000>:↙　　　　(回车确定端点线宽值为 20)

　　指定端点线宽<10.0000>:0　　　　(键入起点线宽为 0)

　　指定下一个点或[圆弧(A)/半宽(H)/长度(L)/放弃(U)/宽度(W)]:点取 D 点

　　　　　　　　　　　　　　　　　　(确定直线的端点)

　　指定下一个点或[圆弧(A)/半宽(H)/长度(L)/放弃(U)/宽度(W)]:↙

　　　　　　　　　　　　　　　　　　(回车结束该命令)

　　命令中主要选项的功能如下:

　　(1)圆弧(A)。可从绘制直线方式切换到绘制圆弧方式。

　　(2)半宽(H)。设置多段线的半宽度。

　　(3)长度(L)。指定绘制的直线段的长度。此时,AutoCAD 将以该长度沿着上一段直线的方向来绘制直线段。如果前一段线对象是圆弧,则该段直线的方向为上一圆弧端点的切线方向。

　　(4)放弃(U)。删除多段线上的上一段多线段。

　　(5)宽度(W)。用于设置多段线的宽度,其默认值为 0,且多线段初始宽度和结束宽度可以不同。

　　(6)闭合(CL)。用于封闭多段线并结束命令。此时,系统将以当前点为起点,以多段线的起点为端点,以当前宽度和绘图方式(直线方式或者圆弧方式)绘制一段线段来封闭该多段线,然后结束命令。

　　如果在"指定下一个点或[圆弧(A)/半宽(H)/长度(L)/放弃(U)/宽度(W)]:"命令提示下输入 A,则可以切换到圆弧绘制方式,此时命令行提示:

　　指定圆弧的端点或[角度(A)/圆心(CE)/闭合(CL)/方向(D)/半宽(H)/直线(L)/半径(R)/第二个点(S)/放弃(U)/宽度(W)]:

　　命令行中各选项的功能如下:

　　(1)角度(A)。提示用户给定夹角(顺时针为负)。

　　(2)圆心(CE)。指定圆弧的圆心。

　　(3)闭合(CL)。以最后点和多段线的起点为圆弧的两个端点,绘制一个圆弧,以封闭多段线。闭合后,将结束多段线绘制命令。

　　(4)方向(D)。根据起始点处的切线方向来绘制圆弧。

　　(5)半宽(H)。设置圆弧起点的半宽度和终点的半宽度。

　　(6)直线(L)。由绘制圆弧方式切换到绘制直线方式。

　　(7)半径(R)。根据半径来绘制圆弧。

　　(8)第二个点(S)。可根据三点来绘制一个圆弧。

　　(9)放弃(U)。取消上一次选项的操作。

3.8.2　编辑多段线

【执行方式】

①菜单栏："修改"→"对象"→"多段线"

②命令行：PEDIT

激活编辑多段线命令，选择多段线，命令行提示：

输入选项[闭合(C)/合并(J)/宽度(W)/编辑顶点(E)/拟合(F)/样条曲线(S)/非曲线化(D)/线型生成(L)/放弃(U)]：

编辑多段线时，命令行中主要选项的功能如下：

(1)闭合(C)。封闭所编辑的多段线，即自动以最后一段的绘图方式(直线或者圆弧)连接原多段线的起点和终点。

(2)合并(J)。将与多段线连接的直线段、圆弧或多段线连接到指定的非闭合多段线上，使之成为一个对象。

(3)宽度(W)。为多段线统一设置宽度。

(4)编辑顶点(E)。编辑多段线的顶点，该选项只能对单个的多段线进行操作。

(5)拟合(F)。将多段线转换为拟合曲线，如图 3.34(b)所示。

(6)样条曲线(S)。将多段线转换为样条曲线，且拟合时以多段线的各顶点作为样条曲线的控制点，如图 3.34(c)所示。

(a) 原始多段线　　　(b) 转换为拟合曲线　　　(c) 转换为样条曲线

图 3.34　将多段线转换为拟合曲线与样条曲线

(7)非曲线化(D)。删除在执行"拟合"或者"样条曲线"选项操作时插入的额外顶点，并拉直多段线中的所有线段，同时保留多段线顶点的所有切线信息。

(8)线型生成(L)。设置非连续线型多段线在各顶点处的绘制方式。

(9)放弃(U)。取消编辑命令的上一次操作。

3.9　绘制与编辑样条曲线

样条曲线主要用于绘制机械图形的断面线、地形外貌轮廓线等。样条曲线的形状主要由数据点、拟合点与控制点控制。其中，数据点在绘制样条时确定，拟合点和控制点由系统自动产生，它们主要用于编辑样条。

3.9.1 绘制样条曲线

【执行方式】

①绘图面板:样条曲线按钮 $\sim$

②菜单栏:"绘图"→"样条曲线"

③命令行: SPLINE

激活绘制样条曲线命令,命令行提示:

指定第一个点或[对象(O)]:

命令行中各选项的功能如下:

(1)指定第一个点。该默认选项提示用户确定样条曲线起始点。确定起始点后,系统提示用户确定第二个点,样条曲线至少包括三个点。

(2)对象(O)。可以将多段线编辑得到的二次或者三次拟合样条曲线转换成等价的样条曲线。

指定样条曲线上的另一个点后,命令行提示:

指定下一个点或[闭合(C)/拟合公差(F)]<起点切向>:

命令行中各选项的功能如下:

(1)指定下一个点。默认时继续确定其他数据点,如果此时按回车,系统提示用户确定始末点的切矢,然后结束该命令;如果按 U 键,则取消上一个选取点。

(2)闭合(C)。使得样条曲线起始点、结束点重合和共享相同的顶点和切矢。封闭样条曲线时,系统只提示一次,让用户确定切矢。

(3)拟合公差(F)。设置样条曲线的拟合公差。所谓拟合公差,是指实际样条曲线与输入的控制点之间所允许偏移距离的最大值。公差值越小,样条曲线就越接近拟合点,默认值为 0。

3.9.2 编辑样条曲线

【执行方式】

①菜单栏:"修改"→"对象"→"样条曲线"

②命令行: SPLINEDIT

样条曲线编辑命令是一个单对象编辑命令,用户一次只能编辑一个样条曲线对象。执行该命令并选择需要编辑的样条曲线后,在曲线周围将显示控制点,样条曲线的控制点如图 3.35 所示,同时命令行提示:

输入选项[拟合数据(F)/闭合(C)/移动顶点(M)/精度(R)/反转(E)/放弃(U)]:

命令行中主要选项的功能如下:

(1)拟合数据(F)。编辑样条曲线所通过的某些拟合点。选择该选项后,样条曲线上各拟合点的位置均会出现一小方格,样条曲线的拟合点如图 3.36 所示,且命令行提示:

输入拟合数据选项[添加(A)/闭合(C)/删除(D)/移动(M)/清理(P)/切线(T)/公差(L)/退出(X)]<退出>:

命令行中主要选项的功能如下：

①添加(A)。增加拟合点,此时将改变样条曲线形状,且增加拟合点符合当前公差。

②删除(D)。删除样条曲线拟合点集中的一些拟合点。

③移动(M)。移动拟合点。

④清理(P)。从图形数据库中清除样条曲线的拟合数据信息。

⑤切线(T)。修改样条曲线在起点和终点的切线方向。

⑥公差(L)。重新设置拟合公差的值。

⑦退出(X)。退出当前的拟合数据操作,返回到上一级提示。

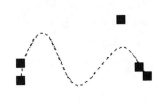 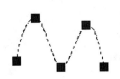

图 3.35　样条曲线的控制点　　　　图 3.36　样条曲线的拟合点

(2)移动顶点(M)。移动样条曲线上的当前拟合点。与拟合数据选项中的移动子选项的含义相同。

(3)精度(R)。对样条曲线的控制点进行细化操作。此时,命令行提示:

输入精度选项[添加控制点(A)/提高阶数(E)/权值(W)/退出(X)]<退出>:

命令行中各选项的功能如下：

①添加控制点(A)。增加样条曲线的控制点。但此时并不改变样条曲线的形状。

②提高阶数(E)。控制样条曲线的阶数,阶数越高控制点越多,这时样条曲线越光滑。

③权值(W)。控制样条曲线接近或远离控制点,它将修改样条曲线的形状。

④退出(X)。退出当前的 Refine 操作,返回到上一级提示项。

(4)反转(E)。改变样条曲线的方向,始末点交换。

(5)放弃(U)。用于取消上一次的修改操作。

3.10　图案填充

在工程图样中要画出剖视图、断面图,就得在剖视图和断面图上填充剖面图案,AutoCAD 2020提供了图案填充的功能,可以方便灵活、快速地完成填充操作。

【执行方式】

①功能区选项板:"默认"选项卡→绘图面板→图案填充按钮

②菜单栏:"绘图"→"图案填充"

③命令行:BHATCH

进入图案填充创建选项卡,如图 3.37 所示。

用户也可单击特性匹配右下方↘打开"图案填充和渐变色"对话框,如图 3.38 所示。"图案填充和渐变色"对话框中包含了"图案填充"和"渐变色"两个选项卡。

图 3.37　图案填充创建选项卡

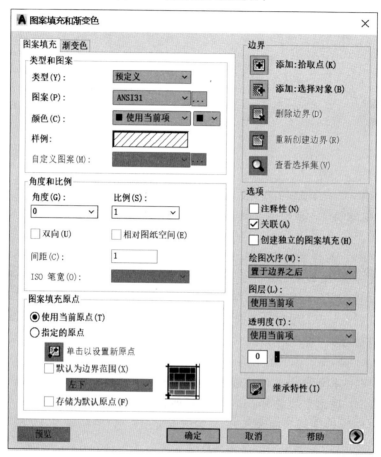

图 3.38　"图案填充和渐变色"对话框

3.10.1　"图案填充"选项卡

1."类型和图案"选项区

(1)类型。设置填充的图案类型,下拉列表中包含"预定义""用户定义""自定义"3 个项目。"预定义"选项提供了几种常用的填充图案。"用户定义"是使用当前线型定义的图案。"自定义"是定义在 AutoCAD 填充图案以外的其他文件中的图案。

(2)图案。下拉列表中列出了可用的预定义图案。只有选择了"预定义"类型,该项才能使用。单击按钮 ⬛️ 打开"填充图案选项板"对话框,如图 3.39 所示,有"ANSI""ISO"
"其他预定义""自定义"4 个选项卡。在这些图案中,比较常用的有用于绘制剖面线的
ANSI31 样式和其他预定义样式等。

AutoCAD 提供实体填充以及 50 多种行业标准填充图案,可以使用它们区分对象的
部件或表现对象的材质。还提供 14 种符合 ISO(国际标准化组织)标准的填充图案。当
选择 ISO 图案时,可以指定笔宽。笔宽确定图案中的线宽。

(3)样例。显示选中的图案样式。单击显示的图案样式,同样会打开"填充图案选项
板"对话框。

(4)自定义图案。只有在类型中选择了自定义后才是可选的,其他同预定义。

图 3.39 "填充图案选项板"对话框

2."角度和比例"选项区

(1)角度。设置填充图案的角度。可以通过下拉列表选择,也可以直接输入。

(2)比例。设置填充图案的比例大小。只有选择了"预定义"或"自定义"类型,该项才
能启用。可以通过下拉列表选择,也可以直接输入。

(3)双向。在"类型"下拉列表中选择"用户定义"选项时,选中该复选框,可以使用相
互垂直的两组平行线填充图案,否则为一组平行线。

3."图案填充原点"选项区

可以设置图案填充原点的位置,因为许多图案填充需要对齐填充边界上的某一个点。

(1)使用当前原点。可以使用当前 UCS 的原点(0,0)作为图案填充原点。

(2)指定的原点。可以指定点作为图案填充原点。

其中,单击"单击以设置新原点"按钮,可以从绘图窗口中选择某一点作为图案填充原
点;选择"默认为边界范围"复选框,可以以填充边界的左下角、右下角、右上角、左上角或
圆心作为图案填充原点;选择"存储为默认原点"复选框,可以将指定的点存储为默认的图
案填充原点。

4."边界"选项区

(1)添加:拾取点 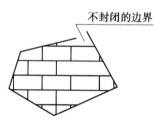。通过拾取点的方式来自动产生一个围绕该拾取点的边界。单击该按钮,对话框关闭。在绘图区中每一个需要填充的区域内单击,回车,需要填充的区域已经确定。

(2)添加:选择对象 。通过选择对象的方式来产生一个封闭的填充边界。图案填充边界可以是形成封闭区域的任意对象的组合,例如直线、圆弧、圆和多段线。单击该按钮,对话框关闭。在绘图区中选择组成填充区域边界,回车,需要填充的区域已经确定。

(3)删除边界。单击该按钮可以取消系统自动计算或用户指定的孤岛。

(4)重新创建边界。重新创建图案填充边界。

(5)查看选择集。查看已定义的填充边界。单击该按钮,切换到绘图窗口,已定义的填充边界将亮显。

注意:用拾取点确定填充边界,要求其边界必须是封闭的。否则 AutoCAD 将提示出错信息,显示未找到有效的图案填充边界。通过选择边界的方法确定填充区域,不要求边界完全封闭。不封闭区域的填充如图 3.40 所示。

不封闭的边界

图 3.40　不封闭区域的填充

5."选项"选项区

(1)"关联"复选框。用于创建其边界时随之更新的图案和填充。

关联:一旦区域填充边界被修改,该填充图案也随之被更新。不关联:填充图案将独立于它的边界,不会随着边界的改变而更新。关联和不关联图案填充实例如图 3.41 所示。

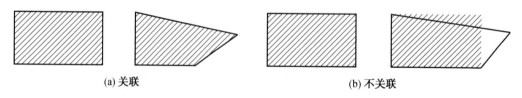

(a)关联　　　　　　　　　　　　　(b)不关联

图 3.41　关联和不关联图案填充实例

(2)"创建独立的图案填充"复选框。用于创建独立的图案填充。

3.10.2　设置孤岛

单击"图案填充和渐变色"对话框右下角的 按钮,将显示更多选项,如孤岛和边界保留等信息。展开的"图案填充和渐变色"对话框如图 3.42 所示。

孤岛即位于选择范围之内的封闭区域。

(1)选中"孤岛检测"复选框,有 3 种样式供选择。孤岛检测样式实例如图 3.43 所示。

①普通。由外部边界向内填充。如遇到岛边界,则断开填充直到碰到内部的另一个岛边界为止。对于嵌套的岛,采用填充与不填充的方式交替进行,该项为默认项。

②外部。仅填充最外部的区域,而内部的所有岛都不填充。

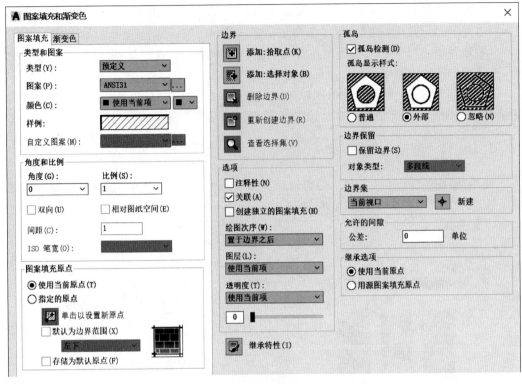

图 3.42　展开的"图案填充和渐变色"对话框

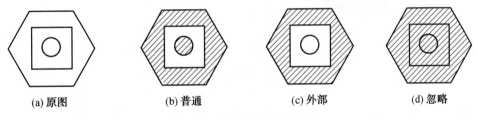

(a) 原图　　　　(b) 普通　　　　(c) 外部　　　　(d) 忽略

图 3.43　孤岛检测样式实例

③忽略。忽略所有边界的对象,直接进行填充。

对于文本、尺寸标注等特殊对象,在确定填充边界时也选择了它们,可以将它们作为填充边界的一部分。AutoCAD 在填充时,就会把这些对象作为孤岛而断开。填充区域有尺寸标注的实例如图 3.44 所示。

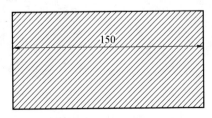

图 3.44　填充区域有尺寸标注的实例

(2)"保留边界"复选框。控制是否将图案填充时检测到的边界保留。

（3）对象类型。设置是否将边界保留为对象，以及保留的类型。该项只有在选中了"保留边界"的复选框后才能有效。类型包括多段线和面域。

（4）边界集。用于定义填充边界的对象集。如果定义了边界集，可以加快填充的执行，在复杂的图形中可以反映出速度的差异。

（5）允许的间隙。设置允许的间隙大小。在该参数范围内，可以将一个几乎封闭的区域看作一个闭合的填充边界。默认值为0，这时对象是完全封闭的区域。

3.10.3 "渐变色"选项卡

使用"渐变色"选项卡(图 3.45)可以设置渐变填充的外观，分单色、双色两种填充方式。实体填充效果和渐变填充效果，如图 3.46 所示。

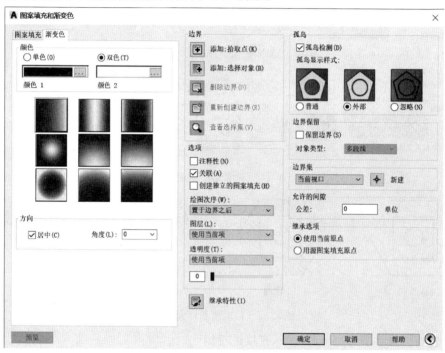

图 3.45 "渐变色"选项卡

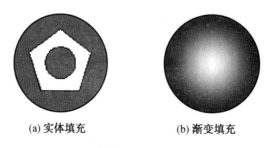

(a) 实体填充　　　　(b) 渐变填充

图 3.46 实体填充和渐变填充效果

3.10.4 图案填充分解

图案填充不论多么复杂,通常情况下都是一个整体,不能对其中的图线进行单独的编辑。如果需要编辑,采用分解命令,将图案填充分解成各自独立的对象,才能进行相关的操作。如有些图案重叠,必须将部分图案打断或修剪,以便更清晰地显示,就采用该命令。图案填充分解效果如图 3.47 所示。

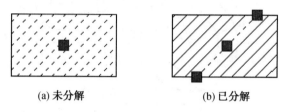

(a) 未分解   (b) 已分解

图 3.47 图案填充分解效果

【例 3.10】在外圆和五边形之间填充图案,采用普通形式,填充材料为钢。

(1)功能区选项板:"默认"选项卡→绘图面板→图案填充按钮 ⬚。打开"图案填充和渐变色"对话框,如图 3.38 所示。

(2)类型:选择"预定义"。

(3)图案:在下拉列表中选择"ANSI31"。

(4)比例:在文本框中输入"10",比例可以根据绘图的大小而定。

(5)单击"添加:拾取点"按钮,回到绘图区域,在需要填充的区域内点取后,回车。

(6)回到"图案填充和渐变色"对话框,单击"确定"按钮,完成填充操作。

填充图案实例如图 3.48 所示。

(a) 开始   (b) 拾取点   (c) 填充结果

图 3.48 填充图案实例

【本章训练】

请用本章所学二维绘图命令,绘制图 3.49～3.52 所示图形。

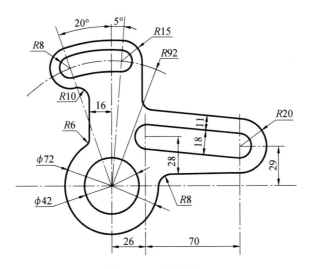

图 3.49　绘图练习

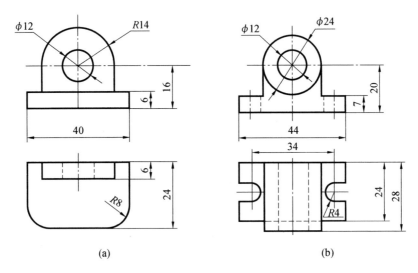

(a)　　　　　　　　　　　　　　　(b)

图 3.50　组合体绘图练习

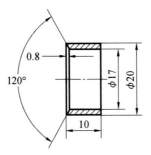

图 3.51　衬套练习

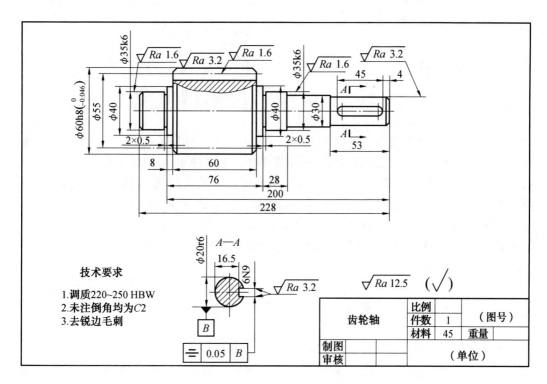

技术要求

1.调质220~250 HBW
2.未注倒角均为$C2$
3.去锐边毛刺

图 3.52　齿轮轴零件图练习

第4章

二维图形编辑命令

本章将介绍基本的图形编辑命令及主要辅助工具的使用,AutoCAD 2020 提供了强大的图形编辑修改功能,通过对二维图形编辑命令的配合使用,可以进一步完成复杂图形的绘图工作,通过合理安排和组织图形,不仅保证了绘图的精准性,还能减少重复,极大地提高了绘图效率。本章的主要内容包括"修改"菜单介绍、选择删除与恢复命令、复制类命令、位置修改类命令、几何特征修改类命令。二维图形绘制与编辑是整个 AutoCAD 绘图的基础,因此要熟练地掌握二维图形的编辑绘制命令和使用方法,为更好绘制复杂图形及轴测图做好准备。

4.1 "修改"菜单介绍

为了实现对二维图形及其他图形的编辑,同时体现操作的灵活性和方便,AutoCAD 2020 提供了多种方法来实现其相同的功能。常用的方法有功能区选项板中的"修改"选项卡、"修改"菜单、修改面板、屏幕菜单和修改命令等方法。

4.1.1 "修改"菜单

"修改"菜单是编辑图形最基本、最常采用的方法,它包含了 AutoCAD 2020 绝大部分图形编辑命令,用户可以通过选择"修改"菜单中的命令及子命令来编辑完成相应的二维图形。"修改"菜单如图 4.1 所示。每一项命令都可执行相应操作与编辑,或实现子菜单选项。

图 4.1 "修改"菜单

在使用 AutoCAD 2020 编辑二维图形时,也可以利用修改命令来编辑图形。这时,可在命令行中输入修改命令,按 Enter 键,然后根据命令行提示进行相应的编辑操作,如 MOVE(移动)、ERASE(删除)、COPY(复制)等。使用这种方法比较快捷,但要求熟练掌握图形编辑命令的使用及选项功能,是 AutoCAD 图形编辑常用的一种方法,后面章节会详细介绍。

4.1.2　修改面板

打开"常用"选项卡修改面板,如图 4.2 所示,面板上的每个工具按钮,其功用都与"修改"菜单中的修改命令相对应,单击工具按钮即可执行相应的修改命令。

图 4.2　修改面板

通过以上介绍,了解了 AutoCAD 2020 编辑图形的方法,但在实际绘图时,经常采用的是工具栏按钮或命令操作,实现用户与系统的信息交互,利用不同的方法来掌握不同的调用编辑命令,从而达到方便快捷地修改图形的目的。

在 AutoCAD 中,常用的二维图形编辑命令有选择、删除与恢复命令,复制类命令,位置修改类命令,几何特征修改类命令等多项编辑功能。

4.2　选择、删除与恢复命令

4.2.1　确定对象选择模式和方法

在 AutoCAD 2020 中,通过单击应用程序按钮A,在弹出的菜单中单击"选项"按钮,打开"选项"对话框,利用选项卡来确定模式、拾取框的大小。

选择对象的方法有单击对象逐个选取、利用矩形窗口或交叉窗口选择。可以选择新创建的对象,也可以选择以前的图形对象,还可以添加或删除对象。

命令行:SELECT

输入选择命令后,命令行提示:

命令:select

选择对象:?

＊无效选择＊

需要点或[窗口(W)/上一个(L)/窗交(C)/框(BOX)/全部(ALL)/栏选(F)/圈围(WP)/圈交(CP)/编组(G)/添加(A)/删除(R)/多个(M)/前一个(P)/放弃(U)/自动(AU)/单个(SI)/子对象(SU)/对象(O)]:

根据提示信息,输入其中的大写字母即可以指定对象选择模式,命令行中各选项的功能如下:

(1)默认时可直接选择拾取对象,但此法精度不高,且每次只能选取一个对象,当选取大量对象时,就显得麻烦。

(2)窗口(W)。选择矩形(由两点定义)内的所有对象。通过从左到右的顺序指定角点创建窗口来选择对象(图 4.3 中从 A 点到 B 点),所有位于矩形区域内的对象都被选中,区域外或只有部分在区域内的对象则不被选中。"窗口"选择结果如图 4.4 所示。

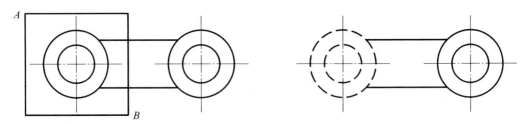

图 4.3 使用"窗口"选择对象   图 4.4 "窗口"选择结果

(3)上一个(L)。选择最近一次创建的可见对象。对象必须在当前空间(模型空间或图纸空间)中,并且一定不能将对象的图层设定为冻结或关闭状态。无论使用几次该选项,都只有一个对象被选中。

(4)窗交(C)。选择区域(由两点确定)内部或与之相交的所有对象。与用"窗口"选择对象类似,但使用此选项会使全部位于窗口之内或与窗口边界相交的对象全被选中(图 4.5 中从 A 点到 B 点),并以虚线或高亮度显示矩形窗口,以此区别窗口选择,"窗交"选择结果如图 4.6 所示。

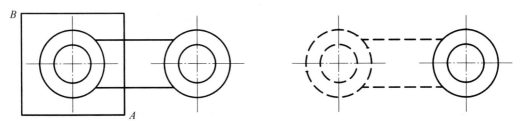

图 4.5 使用"窗交"选择对象   图 4.6 "窗交"选择结果

(5)框(BOX)。是由"窗口"和"窗交"组合的一个选项,选择矩形(由两点确定)内部或与之相交的所有对象。如果矩形的点是从右至左指定,则效果与"窗交"相同,否则效果与"窗口"相同。

(6)全部(ALL)。选择模型空间或当前布局中除冻结图层或锁定图层上的对象之外的所有对象。

(7)栏选(F)。选择与栅栏相交的所有对象。"栏选"方法与"圈交"方法相似,只是"栏选"不闭合且"栏选"可以自交。图 4.7 所示为使用"栏选"选择对象,图 4.8 所示为"栏选"选择结果。

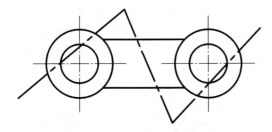 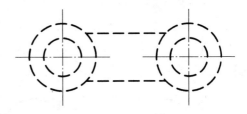

图 4.7　使用"栏选"选择对象　　　　　　图 4.8　"栏选"选择结果

(8)圈围(WP)。选择多边形(通过待选对象周围的点定义)中的所有对象。该多边形可以为任意形状,但不能与自身相交或相切,需保证该多边形在任何时候都是闭合的(图 4.9 所示的步骤)。图 4.10 所示为"圈围"选择结果。

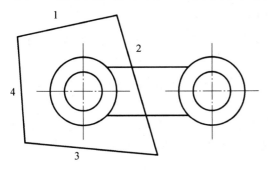 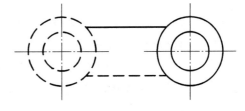

图 4.9　使用"圈围"选择对象　　　　　　图 4.10　"圈围"选择结果

(9)圈交(CP)。选择多边形(通过在待选对象周围指定点来定义)内部或与之相交的所有对象。该多边形也可以以一个不规则的封闭多边形作为交叉式窗口来选取对象(图4.11 所示的步骤)。注意该多边形不能与自身相交或相切。"圈交"选择结果如图 4.12所示。

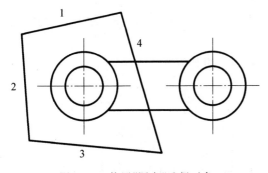 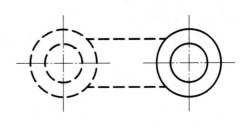

图 4.11　使用"圈交"选择对象　　　　　　图 4.12　"圈交"选择结果

①编组(G)。在一个或多个命名以及未命名的编组中选择所有对象。指定未命名编组时,应在编号前输入星号(＊),如输入 ＊a3。使用 LIST 命令可以显示编组的名称。

②添加(A)。切换到添加模式,可以使用任何对象选择方法将选定对象添加到选择集。自动和添加为默认模式。

(10)删除(R)。切换到删除模式,可从选择对象中(不是图中)移出已选取的对象,只需单击要移出的对象即可。删除模式的替换模式是在选择单个对象时按下 Shift 键,或者是使用"自动"选项。

(11)多个(M)。可以在对象选择的过程中单独选择对象而不醒目显示对象,这样可加速对复杂对象的选取。使用"多个"选择对象如图 4.13 所示,选中图 4.13(a)两圆及下横线,结果为图 4.13(b)。

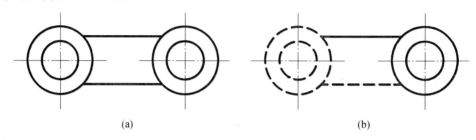

(a)   (b)

图 4.13　使用"多个"选择对象

(12)前一个(P)。将最近的选择设置为当前选择。从图形中删除对象将清除"上一个"选项设置。

(13)放弃(U)。取消最近的对象选择操作,如最后一次选取的对象超过一个,将删除最后一次选取的所有对象。

(14)自动(AU)。切换到自动选择,指向一个对象即可选择该对象。指向对象内部或外部的空白区,将形成"框选"方法定义的选择框的第一个角点。自动和添加为默认模式。

(15)单个(SI)。切换到单选模式,选择指定的第一个或第一组对象而不继续提示进一步选择。可与其他选项配合使用,但提前使用"单个"选项,对象选取自动结束,而不用回车键。

(16)子对象(SU)。使用户可以逐个选择原始形状,这些形状是复合实体的一部分或三维实体上的顶点、棱和面。可以选择这些子对象的其中之一,也可以创建多个子对象的选择集。选择集可以包含多种类型的子对象。按住 Ctrl 键操作与选择 SELECT 命令的子对象选项相同。

(17)对象(O)。结束选择子对象的功能。可以使用其他选择方法。

4.2.2　其他选择方法

除上述选择对象的方法外,还有快速选择、对象编组和过滤选择等。

1.快速选择

在 AutoCAD 2020 中,需要选择具有某些共同特点的对象时,可利用"快速选择"对话框,根据所选择的对象的图层、线型、颜色、图案填充等项要求和特征来进行选择。

执行快速选择命令有两种方法:一是依次单击"默认"选项卡 →实用工具面板 →快速选择按钮 (在 CAD 经典界面中,依次单击菜单栏中"工具"→"快速选择");二是在绘图窗口中单击右键,在弹出的快捷菜单中选择"快速选择"。

选择"快速选择"后会弹出如图 4.14 所示的"快速选择"对话框,对话框各功能如下:

(1)应用到。选择过滤条件的应用范围,可以用于整个图形,也可用到当前选择。

(2)选择对象按钮 ✛ 。单击该按钮将切换到绘图窗口中,并根据当前所指定的过滤条件来选择对象,选完后回车结束选择回到"快速选择"对话框中。

(3)对象类型。指定要过滤的对象类型。

(4)特性。指定作为过滤条件的对象特性。

(5)运算符。指定控制过滤范围,运算符包括＝、＜＞、＜,＞、﹡、全部选择等。＜和＞运算符对某些对象特性是不可用的,﹡ 运算符仅对可编辑的文本起作用。

(6)值。设置过滤的特性值。

(7)如何应用。选择"包括在新选择集中"单选按钮,由满足过滤条件的对象构成选择集;选择"排除在新选择集之外"单选按钮,则由不满足过滤条件的对象构成选择集。

(8)附加到当前选择集。指定由 QSELECT 命令所创建的选择集是附加到当前选择集,还是替代当前选择集。

2.对象编组

对象编组是已命名的对象选择集,一个对象可以是多个编组成员,并与图形一起保存。对象编组的操作步骤为:"常用"选项卡→组面板→组面板的扩展箭头→块编组管理器按钮 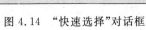,会出现如图 4.15 所示的"对象编组"对话框,将图形对象进行编组来创建一种选择集,以使编辑对象变得更为灵活。也可以使用"修改编组"选项区中的选项修改编组中的单个对象或对象编组本身。

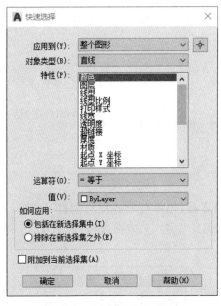

图 4.14　"快速选择"对话框　　　　图 4.15　"对象编组"对话框

在命令行输入 CLASSICGROUP 也可以打开"对象编组"对话框。

"对象编组"对话框中各选项的功能如下:

(1)编组名。显示当前图形中已有的对象编组名字,"可选择的"列表示对象编组是否可选。

（2）编组标识。设置编组的名称和说明等。

（3）创建编组。创建一个有名或无名的新编组等。

（4）修改编组。修改对象编组中单个成员或对象编组本身,只有在"编组名"下拉列表中选择了一个对象编组时,"修改编组"选项区中的功能才可以使用。

【例 4.1】绘制如图 4.16 所示图形,大圆由 ByBlock 构成,小圆由 ByLayer 构成,利用快速选择法选择大圆。

首先绘制两个同心圆,圆的直径分别为 $D=30$ 和 $D=17$,圆心为点(0,0)。

命令：_circle

指定圆的圆心或 [三点(3P)/两点(2P)/切点、切点、半径(T)]：0,0

指定圆的半径或 [直径(D)] <17.0000>：D

指定圆的直径 <34.0000>：30

将圆的颜色设置为"ByBlock"。

命令：_circle

指定圆的圆心或 [三点(3P)/两点(2P)/切点、切点、半径(T)]：0,0

指定圆的半径或 [直径(D)] <15.0000>：D

指定圆的直径 <30.0000>：17

将圆的颜色设置为"ByLayer"。

以同样的方法绘制另外两个同心圆,圆心为点(60,0)。

命令：_circle

指定圆心圆的或 [三点(3P)/两点(2P)/切点、切点、半径(T)]：60,0

指定圆的半径或 [直径(D)] <17.0000>：D

指定圆的直径 <34.0000>：30

将圆的颜色设置为"ByBlock"。

命令：_circle

指定圆的圆心或 [三点(3P)/两点(2P)/切点、切点、半径(T)]：60,0

指定圆的半径或 [直径(D)] <15.0000>：D

指定圆的直径 <30.0000>：17

将圆的颜色设置为"ByLayer"。

利用直线将两个图形连接起来,在绘制直线之前,先将对象捕捉功能打开(图 4.17),再将极轴追踪功能打开(按快捷键 F10),在极轴追踪中选 45°捕捉选项,如图 4.18 所示。

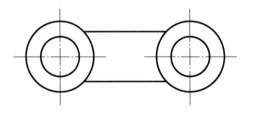

图 4.16　原图

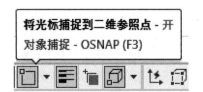

图 4.17　对象捕捉图标

命令:LINE

指定第一个点: (通过对象捕捉功能选择直线的起点)

指定下一点或[放弃(U)]:   (通过对象捕捉功能选择直线的终点)

重复一次直线命令,绘制圆的中心线,线型为 CENTER,颜色为红色,结果如图 4.16 所示。

通过快速选择命令进行选择:

(1)选择"默认"选项卡→实用工具面板→快速选择按钮(打开"快速选择"对话框)。

(2)在"应用到"下拉列表框中,选择"整个图形"。

(3)在"对象类型"下拉列表框中,选择"圆"。

(4)在"特性"列表框中,选择"线型"。

(5)在"运算符"下拉列表框中,选择"=等于"。

(6)在"值"下拉列表框中,选择"ByBlock"。

(7)在"如何应用"选项区中,选择"包括在新选择集中",按设定条件创建新选择集。

(8)单击"确定"按钮选中对象。选择结果如图 4.19 所示。

图 4.18　极轴追踪选项框

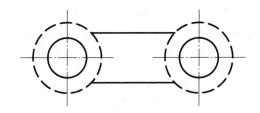

图 4.19　选择结果

【例 4.2】将图 4.20 创建为一个对象组。

命令行:CLASSICGROUP

(1)输入命令:CLASSICGROUP(打开"对象编组"对话框)。

(2)在"编组标识"选项区中的"编组名"文本框中输入组名 Zu1。

(3)单击"新建"按钮切换到绘图窗口,选择图 4.16 中的图形,得图 4.20 所示图形。

(4)按 Enter 键结束对象选择并返回"对象编组"对话框,单击"确定"完成对象编组。

这时,单击编组中的一个对象,所有对象都将被选中,选择结果如图 4.21 所示。

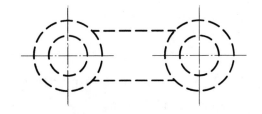

图 4.20　对象选择

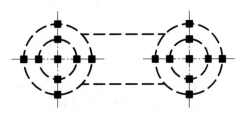

图 4.21　选择结果

3.过滤选择

过滤选择是以所选对象的类型(直线、圆、圆弧)、图层、颜色、线型、线宽等特征为条件,来过滤选择符合条件的对象。其操作是:

(1)在"选择对象"提示下,输入 FILTER。此操作将透明启动 FILTER 命令。

(2)在"对象选择过滤器"对话框中"选择过滤器"选项区中选择一个过滤器,然后单击"添加到列表"。如需进行多个条件过滤,可向下滚动选择其他运算符将其添加到过滤器中。

(3)指定表示要选择的对象类别的对象,单击"添加选定对象"。

(4)如若保存过滤器,需在"另存为"右侧文本框中输入过滤器的名称,然后单击"另存为"。

注:在输入名称后必须单击"另存为"才能保存该过滤器以供将来使用。

(5)单击"应用"。(该过滤器现在处于活动状态,可以使用任何对象选择方法。例如,可以使用"窗交""窗口",但将仅选定与过滤器条件匹配的对象)

打开图 4.22 所示"对象选择过滤器"对话框,"对象选择过滤器"对话框上面的列表框中显示了当前设置的过滤条件,各选项的功能如下:

(1)选择过滤器。设置选择过滤器,包括"类型选择""对象特性""关系运算"。

(2)"添加到列表""替换""添加选定对象"等。

(3)编辑项目。选中该项,能编辑过滤器列表框中选中的项目。

(4)删除。选中该项,能删除过滤器列表框中选中的项目。

(5)清除列表。选中该项,能删除过滤器列表框中选中的所有项目。

(6)命名过滤器。选择已命名的过滤器,包括"当前""另存为""删除当前过滤器列表"等。

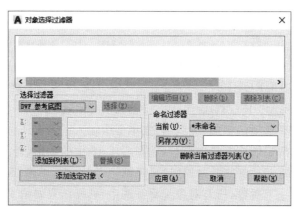

图 4.22   "对象选择过滤器"对话框

【例 4.3】利用过滤选择法选择图 4.16 所示的所有的圆弧。

命令行:FILTER

(1)在"选择过滤器"选项区的下拉列表框中,选择"＊ ＊ 开始 OR",单击"添加到列表"按钮,将其添加到过滤器列表框中,表示以下各项目为逻辑"或"关系。

(2)在"选择过滤器"选项区的下拉列表框中,选择"圆",单击"添加到列表"按钮,将其添加到过滤器列表框中,将显示"对象＝圆"。

(3)在"选择过滤器"选项区的下拉列表框中,选择" ＊ ＊ 结束 OR ",单击"添加到列表"按钮,将其添加到过滤器列表框中,表示结束逻辑"或"关系。此时"对象选择过滤器"窗口中显示的命令如图 4.23 所示。

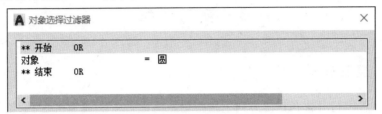

图 4.23 "对象选择过滤器"窗口中显示的命令

(4)单击"应用"按钮,用"窗口"选择法选择所有图形,系统将过滤出满足条件的对象并选中,过滤选择结果如图 4.24 所示。

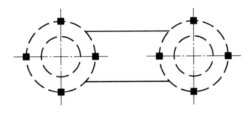

图 4.24 过滤选择结果

4.2.3 删除命令

删除命令用以删除图形中选中的对象。

【执行方式】

①修改面板:删除按钮

②菜单栏:"修改"→"删除"

③命令行:ERASE

命令行提示:

命令:erase↙

选择对象:

选择对象:找到 1 个

选择对象:↙　　　　　　　　　　　(结束对象选择,同时删除已选对象)

4.2.4 恢复命令

恢复命令能恢复最近一次由 ERASE、BLOCK、WBLOCK 命令从图形中删除的对象。

【执行方式】

①快速访问工具栏:放弃按钮或 Ctrl＋Z 组合键

②菜单栏:"编辑"→"放弃"

③命令行:UNDO

根据提示进行操作,可执行一次取消多个步骤,也可逐个进行取消。

4.3　复制类命令

4.3.1　复制命令

复制命令可以将对象在指定方向上按指定距离进行一次或多次复制,复制的源对象仍保留且复制生成的每个对象都是独立的。

【执行方式】

①修改面板:复制按钮

②菜单栏:"修改"→"复制"

③命令行:COPY

命令行提示:

命令:_copy↙

选择对象:找到 1 个

选择对象:

当前设置:复制模式 = 多个

指定基点或［位移(D)/模式(O)］＜位移＞:

指定第二个点或［阵列(A)］＜使用第一个点作为位移＞:

指定第二个点或［阵列(A)/退出(E)/放弃(U)］＜退出＞:

命令行中主要选项的功能如下:

(1)位移(D)。使用坐标指定相对距离和方向,即指定的两点定义一个矢量,指示复制对象的位置离原位置有多远以及以哪个方向放置。

(2)模式(O)。控制命令是否自动重复,默认为自动重复。

(3)阵列(A)。指定在线性阵列中排列的副本数量。

【例 4.4】绘制图 4.25 所示图形,并利用复制命令将图像绘制成图 4.26 的形式。

首先绘制一个圆心点为(0,0),直径 $D=10$ 的圆。

命令:_circle

指定圆的圆心或［三点(3P)/两点(2P)/切点、切点、半径(T)］:0,0

指定圆的半径或［直径(D)］＜8.5000＞:D

指定圆的直径 ＜17.0000＞:10

其次绘制一个六边形。

命令:_polygon 输入侧面数 ＜4＞:6

指定正多边形的中心点或［边(E)］:

输入选项［内接于圆(I)/外切于圆(C)］＜I＞:C

指定圆的半径：20

完成图 4.25 的绘制,利用复制命令复制圆形至六边形的每个顶点。

命令：copy ↙

选择对象：　　　　　　　（选择圆形）

选择对象：找到 1 个

选择对象：↙

指定基点或位移：指定位移的第二点或＜用第一点作位移＞:

指定位移的第二点：　（可重复进行）

指定位移的第二点：↙

复制结果如图 4.26 所示。

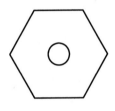
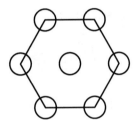

图 4.25　复制圆　　　　图 4.26　复制结果

4.3.2　镜像命令

镜像能将目标对象按指定的镜像线做对称复制,原目标对象可保留也可删除。

【执行方式】

①修改面板：镜像按钮 ⚠

②菜单栏："修改"→"镜像"

③命令行：MIRROR

命令行提示：

命令：mirror

选择对象：

选择对象：找到 1 个 总计 2 个

指定镜像线的第一点：指定镜像线的第二点：

是否删除源对象？［是(Y)/否(N)］＜N＞：↙

命令行中主要选项的功能如下：

(1)是(Y)。镜像复制对象的同时删除源对象。

(2)否(N)。镜像复制对象的同时保留源对象。

系统变量 MIRRTEXT 控制 MIRROR 镜像文字的方式,默认值为 0 时,镜像图形结果如图 4.27 所示,即保持原文字方向;值为 1 时,如图 4.28 所示。

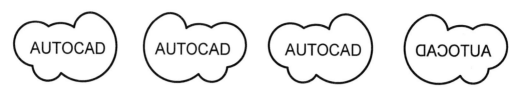

图 4.27　默认值为 0 时　　　　　　　　　图 4.28　值为 1 时

【例 4.5】对图 4.29 中的吊钩使用镜像命令。

命令：_mirror 找到 15 个

指定镜像线的第一点：

指定镜像线的第二点：

是否删除源对象？［是(Y)/否(N)］＜N＞：Y

镜像对象后结果如图 4.30 所示。

图 4.29　镜像对象前　　　　　　图 4.30　镜像对象后

4.3.3　偏移命令

偏移可以使指定的直线、圆、圆弧等对象做同心偏移复制。偏移对象后，可以使用修剪和延伸这种有效的方式来创建包含多条平行线和曲线的图形。

【执行方式】

①修改面板：偏移按钮⊏

②菜单栏："修改"→"偏移"

③命令行：OFFSET

命令行提示：

命令：offset ↙

当前设置：删除源＝否图层＝源　OFFSETGAPTYPE＝0

指定偏移距离或［通过(T)/删除(E)/图层(L)］＜通过＞：

指定通过点或［退出(E)/多个(M)/放弃(U)］＜退出＞：

命令行中主要选项的功能：

(1)通过(T)。生成通过某一点的偏移对象，可重复提示，以便偏移多个对象。

(2)删除(E)。偏移对象后将源对象删除。

(3)图层(L)。确定将偏移对象创建在当前图层上还是源对象所在的图层上。

(4)退出(E)。退出 OFFSET 命令。

(5)多个(M)。使用当前偏移距离重复进行偏移操作。

(6)放弃(U)。恢复前一个偏移。

需要注意的是：

(1)如指定偏移距离，则选择要偏移复制的对象，然后指定偏移方向，以复制出对象，指定距离值必须大于 0。

(2)只能以直接方式拾取对象，一次选择一个对象。

(3)点、图块属性和文本对象不能被偏移。

(4)使用偏移命令复制对象时，复制结果不一定与源对象相同，直线是平行复制，圆及圆弧是同心复制。

【例 4.6】使用偏移命令将图 4.31 中的图形偏移以达到图 4.32 的形式。

命令：_offset

当前设置：删除源=否 图层=源　OFFSETGAPTYPE=0

指定偏移距离或［通过(T)/删除(E)/图层(L)］：　35　（输入待偏移的距离）

选择要偏移的对象，或［退出(E)/放弃(U)］＜退出＞：（依次选择图形，并设定偏移方向）

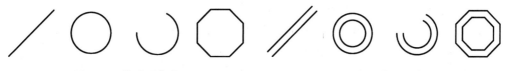

图 4.31　偏移对象前　　　　　　　　　图 4.32　偏移对象后

4.3.4　阵列命令

阵列命令能按矩形、路径或环形方式多重复制对象，矩形阵列是将对象按行和列复制，路径阵列是将对象按路径排列，环形阵列是将对象围绕某个中心点等角度的复制。

【执行方式】

①修改面板：阵列命令的扩展箭头 ⊞ ▾（可以看到弹出的三种阵列方式，分别为矩形阵列 ⊞、路径阵列 ⚬⚬⚬ 与环形阵列 ⚬⚬⚬）

②菜单栏："修改"→"阵列"→选择"矩形阵列""路径阵列"或"环形阵列"

③命令行：ARRAY

命令行提示：

命令：ARRAY

选择对象：

输入阵列类型［矩形(R)/路径(PA)/极轴(PO)］＜矩形＞：PA

类型 = 路径　关联 = 是

选择路径曲线：

选择夹点以编辑阵列或［关联(AS)/方法(M)/基点(B)/切向(T)/项目(I)/行(R)/层(L)/对齐项目(A)/Z 方向(Z)/退出(X)］＜退出＞：I

指定沿路径的项目之间的距离或［表达式(E)］＜601.68＞：

最大项目数 = 5

指定项目数或［填写完整路径(F)/表达式(E)］＜5＞：

选择夹点以编辑阵列或［关联(AS)/方法(M)/基点(B)/切向(T)/项目(I)/行(R)/层(L)/对齐项目(A)/Z方向(Z)/退出(X)］＜退出＞：B

指定基点或［关键点(K)］＜路径曲线的终点＞：

选择夹点以编辑阵列或［关联(AS)/方法(M)/基点(B)/切向(T)/项目(I)/行(R)/层(L)/对齐项目(A)/Z方向(Z)/退出(X)］＜退出＞：R

输入行数数或［表达式(E)］＜1＞：2

指定行数之间的距离或［总计(T)/表达式(E)］＜762.7624＞：

指定行数之间的标高增量或［表达式(E)］＜0＞：

选择夹点以编辑阵列或［关联(AS)/方法(M)/基点(B)/切向(T)/项目(I)/行(R)/层(L)/对齐项目(A)/Z方向(Z)/退出(X)］＜退出＞：M

输入路径方法［定数等分(D)/定距等分(M)］＜定距等分＞：

命令行中主要选项的功能如下：

(1)矩形(R)。选择对象并进行阵列,可对阵列的行、列、层数进行随意组合,选择该命令后命令行提示：

选择夹点以编辑阵列或［关联(AS)/基点(B)/计数(COU)/间距(S)/列数(COL)/行数(R)/层数(L)/退出(X)］＜退出＞：

(2)路径(PA)。沿指定的路径均匀分布所选择的对象,选择该命令后命令行提示：

选择夹点以编辑阵列或［关联(AS)/方法(M)/基点(B)/切向(T)/项目(I)/行(R)/层(L)/对齐项目(A)/Z方向(Z)/退出(X)］＜退出＞：

(3)极轴(PO)。选择环绕中心点或旋转轴后进行环形阵列,选择该命令后命令行提示：

指定阵列的中心点或［基点(B)/旋转轴(A)］：

选择夹点以编辑阵列或［关联(AS)/基点(B)/项目(I)/项目间角度(A)/填充角度(F)/行(ROW)/层(L)/旋转项目(ROT)/退出(X)］＜退出＞：

(4)关联(AS)。指定是否在阵列中创建项目作为关联阵列对象,或作为独立对象。

(5)基点(B)。指定阵列的基点。

(6)切向(T)。指定阵列中的项目如何相对于路径的起始方向对齐。

(7)项目(I)。编辑阵列中的项目数。

(8)行(R)。指定阵列中需要的行数和行间距。

(9)层(L)。指定阵列中需要的层数及层间距。

(10)对齐项目(A)。指定是否对齐每个项目并与路径的方向相切。

(11)Z方向(Z)。控制是否保持项目的Z方向或沿三维路径自然倾斜项目。

(12)退出(X)。退出此命令。

【例4.7】绘制图4.33所示图形。

绘图步骤：

绘制一个半径为5的圆和一个半径为3的圆。

命令：circle ✓

指定圆的圆心或[三点(3P)/两点(2P)/相切、相切、半径(T)]:0,0

指定圆的半径或[直径(D)]:5

命令：circle

指定圆的圆心或[三点(3P)/两点(2P)/相切、相切、半径(T)]:0,15

指定圆的半径或[直径(D)]:3✓

绘制源对象结果结果如图4.34所示。

环形阵列复制半径为3的圆。

命令：_array✓

选择对象：　　　　　　　　　　　　　　　　　(选中半径为3的圆)✓

输入阵列类型[矩形(R)/路径(PA)/极轴(PO)]＜极轴＞:PO

指定阵列的中心点或[基点(B)/旋转轴(A)]:(选择(0,0)点)

选择夹点以编辑阵列或[关联(AS)/基点(B)/项目(I)/项目间角度(A)/填充角度(F)/行(ROW)/层(L)/旋转项目(ROT)/退出(X)]＜退出＞:I

输入阵列中的项目数或[表达式(E)]＜6＞:8

选择夹点以编辑阵列或[关联(AS)/基点(B)/项目(I)/项目间角度(A)/填充角度(F)/行(ROW)/层(L)/旋转项目(ROT)/退出(X)]＜退出＞:

环形阵列图如图4.35所示。

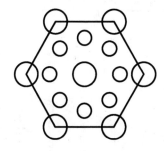

图4.33　例图　　　　　　图4.34　绘制源对象结果　　　图4.35　环形阵列图

绘制正六边形。

命令：polygon✓

输入边的数目＜4＞:6

指定正多边形的中心点或[边(E)]:0,0

输入选项[内接于圆(I)/外切于圆(C)]＜I＞:I

指定圆的半径:25✓

绘制正六边形如图4.36所示。

在正六边形角点上绘制半径为5的圆。

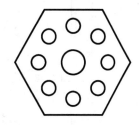

图4.36　绘制正六边形

命令：circle✓

指定圆的圆心或[三点(3P)/两点(2P)/相切、相切、半径(T)]:(捕捉左上角角点的圆心)

指定圆的半径或[直径(D)]＜3.0000＞:5✓

绘制左上角圆如图4.37所示。

环形阵列复制半径为 5 的圆。

命令：array ↙

选择对象：   （选中左上角的圆）

选择对象：找到 1 个

输入阵列类型 ［矩形(R)/路径(PA)/极轴(PO)］＜极轴＞：PO

指定阵列的中心点或 ［基点(B)/旋转轴(A)］:(选择(0,0)点)

选择夹点以编辑阵列或 ［关联(AS)/基点(B)/项目(I)/项目间角度(A)/填充角度(F)/行(ROW)/层(L)/旋转项目(ROT)/退出(X)］＜退出＞：I

输入阵列中的项目数或 ［表达式(E)］＜6＞：6

选择夹点以编辑阵列或 ［关联(AS)/基点(B)/项目(I)/项目间角度(A)/填充角度(F)/行(ROW)/层(L)/旋转项目(ROT)/退出(X)］＜退出＞:↙

环形阵列复制对象如图 4.38 所示。

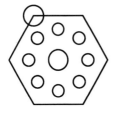 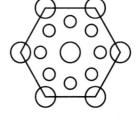

图 4.37   绘制左上角圆   图 4.38   环形阵列复制对象

【例 4.8】用阵列命令将图 4.39 绘制成为图 4.40 的形式。

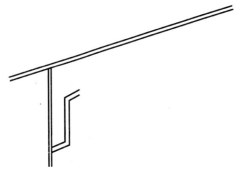 

图 4.39   阵列对象前   图 4.40   阵列对象后

命令：_array ↙

选择对象：   （选择需要阵列的对象）

输入阵列类型 ［矩形(R)/路径(PA)/极轴(PO)］＜极轴＞：PA

选择路径曲线：(选择上方斜线)

选择夹点以编辑阵列或 ［关联(AS)/方法(M)/基点(B)/切向(T)/项目(I)/行(R)/层(L)/对齐项目(A)/Z 方向(Z)/退出(X)］＜退出＞：M

输入路径方法 ［定数等分(D)/定距等分(M)］＜定距等分＞：M

选择夹点以编辑阵列或 ［关联(AS)/方法(M)/基点(B)/切向(T)/项目(I)/行(R)/

层(L)/对齐项目(A)/Z 方向(Z)/退出(X)]＜退出＞：I

指定沿路径的项目之间的距离或［表达式(E)]＜2042.6287＞：1450

指定项目数或［填写完整路径(F)/表达式(E)]＜8＞：6

选择夹点以编辑阵列或［关联(AS)/方法(M)/基点(B)/切向(T)/项目(I)/行(R)/层(L)/对齐项目(A)/Z 方向(Z)/退出(X)]＜退出＞：↙

完成作图,阵列对象后如图 4.40 所示。

【例 4.9】使用环形阵列命令将图 4.41 绘制成图 4.42 的形式。

图 4.41　环形阵列前　　　　　　　图 4.42　环形阵列后

命令：_array ↙

选择对象：　　　　　　　　　　　　　(选择阵列对象)

输入阵列类型［矩形(R)/路径(PA)/极轴(PO)]＜路径＞：PO

指定阵列的中心点或［基点(B)/旋转轴(A)]：(捕捉 A 点作为阵列中心)

选择夹点以编辑阵列或［关联(AS)/基点(B)/项目(I)/项目间角度(A)/填充角度(F)/行(ROW)/层(L)/旋转项目(ROT)/退出(X)]＜退出＞：I

输入阵列中的项目数或［表达式(E)]＜6＞:6

选择夹点以编辑阵列或［关联(AS)/基点(B)/项目(I)/项目间角度(A)/填充角度(F)/行(ROW)/层(L)/旋转项目(ROT)/退出(X)]＜退出＞：F

指定填充角度(＋＝逆时针、－＝顺时针)或［表达式(EX)]＜360＞：147

选择夹点以编辑阵列或［关联(AS)/基点(B)/项目(I)/项目间角度(A)/填充角度(F)/行(ROW)/层(L)/旋转项目(ROT)/退出(X)]＜退出＞：↙

完成作图,环形阵列后如图 4.42 所示。

注意:填充角度为负值时,为顺时针阵列。

4.4　位置修改类命令

4.4.1　移动命令

在指定方向上按指定距离移动对象,对象的大小和方向不会被改变。使用坐标、栅格捕捉、对象捕捉和其他工具可以精确移动对象。

【执行方式】

①修改面板:移动按钮✥

②菜单栏:"修改"→"移动"

③命令行:MOVE

命令行提示:

命令：_move↙　　　　　　　　　　　　　　　(快捷命令:M)

选择对象：　　　　　　　　　　　　　　　　(选择待移动对象)

指定基点或［位移(D)］＜位移＞：　　　　　(选择移动的初始位置)

指定第二个点或 ＜使用第一个点作为位移＞：(选择目标位置)

指定拉伸点或［基点(B)/复制(C)/放弃(U)/退出(X)］：↙

通过输入点的坐标或拾取点的方式指定平移对象的目的点后,即可以基点为平移起点,以目的点为终点将所选对象平移到新的位置。

【例 4.10】用移动命令将椅子从桌子左侧移动到右侧,将图 4.43 绘制成图 4.44 的形式。

图 4.43　移动对象前　　　　　　　　　　　　图 4.44　移动对象后

命令：_move↙　　　　　　　　　　　　　　　(快捷命令:M)

选择对象：　　　　　　　　　　　　　　　　(选择椅子)

指定基点或［位移(D)］＜位移＞：　　　　　(指定椅子上一点)

指定第二个点或 ＜使用第一个点作为位移＞：(选择合适的位置点放置)

移动对象后如图 4.44 所示。

4.4.2　旋转命令

旋转命令可以绕指定基点旋转图形中的对象,因此需要确定旋转的角度并使用光标进行拖动,或者指定参照角度以便与绝对角度对齐。默认情况下,输入旋转的角度值或通过拖动方式指定了旋转角度后,即可将对象绕基点旋转指定的角度。

【执行方式】

①修改面板:旋转按钮↻

②菜单栏:"修改"→"旋转"

③命令行:ROTATE

命令行提示:

命令：_rotate↙

UCS 当前的正角方向：　ANGDIR＝逆时针　ANGBASE＝0

选择对象：(选择待旋转对象)

指定基点：(选择旋转中心点)

指定旋转角度,或[复制(C)/参照(R)]<0>:↙

命令行中主要选项的功能如下：

(1)复制(C)。在旋转后保留源对象。

(2)参照(R)。将选定的对象从指定参照角度旋转到绝对角度。

【例 4.11】用旋转命令将摇柄的摆放位置旋转 90°,将图 4.45 绘制成为图 4.46 的形式。

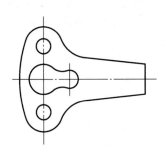　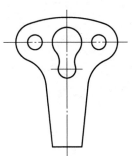

图 4.45　旋转对象前　　　　　图 4.46　旋转对象后

命令：_rotate↙

选择对象：(选择全部图形)

指定基点：(选择图形左下角的点)

指定旋转角度,或[复制(C)/参照(R)]<0>:90↙

旋转对象后如图 4.46 所示。

4.4.3　缩放命令

缩放命令可以将对象按指定的比例因子相对于基点进行尺寸缩放,比例因子大于 0 而小于 1 时缩小对象,比例因子大于 1 时放大对象。

【执行方式】

①修改面板:缩放按钮□

②菜单栏:"修改"→"缩放"

③命令行:SCALE

命令行提示：

命令：_scale↙

选择对象：　　　　　　　　　　　(选择待缩放对象)

指定基点：　　　　　　　　　　　(指定缩放操作的基准点)

指定比例因子或[复制(C)/参照(R)]:↙　(指定缩放的比例系数)

命令行中主要选项的功能如下：

(1)复制(C)。在缩放对象时,可保留源对象。

(2)参照(R)。对象将按参照的方式缩放,需依次输入参照长度的值和新的长度值, AutoCAD 自动计算比例因子,进行缩放。

【例 4.12】使用缩放命令将图形缩放为原图像的一半,将图 4.47 绘制成为图 4.48 的形式。

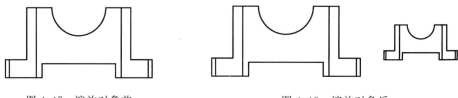

图 4.47 缩放对象前   图 4.48 缩放对象后

命令：_scale ↙

选择对象：找到 5 个

指定基点：

指定比例因子或［复制(C)/参照(R)］：C(选择复制以保留源对象)

指定比例因子或［复制(C)/参照(R)］：0.5 ↙

缩放对象后如图 4.48 所示。

4.4.4 拉伸命令

拉伸命令可以移动或拉伸对象,使用交叉窗口方式或交叉多边形方式选择对象,操作方式根据图形对象在选择框中的位置决定。

【执行方式】

①修改面板:拉伸按钮📐

②菜单栏:"修改"→"拉伸"

③命令行:STRETCH

命令行提示:

命令：_stretch ↙

以交叉窗口或交叉多边形选择要拉伸的对象...

选择对象:指定对角点：

指定基点或［位移(D)］＜位移＞：

指定第二个点或 ＜使用第一个点作为位移＞：↙

需要注意的是,对于由直线、圆弧、区域填充和多段线等对象,若其所有部分均在选择窗口内,它们将被移动,若只有一部分在选择窗口内,则遵循以下拉伸原则:

(1)直线。位于窗口外的端点不动,位于窗口内的端点移动。

(2)圆弧。与直线类似,但圆弧的弦高保持不变,需调整圆心的位置和圆弧的起始角和终止角的值。

(3)区域填充。位于窗口外的端点不动,位于窗口内的端点移动。

(4)多段线。与直线和圆弧类似,但多段线两端的宽度、切线方向及曲线拟合信息均不变。

(5)其他对象。如果其定义点位于选择窗口内,对象可移动,否则不动。

【例 4.13】使用拉伸命令将图 4.49 所示图形右半部分拉伸成图 4.50 的形式。

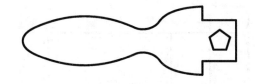 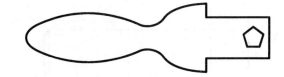

图 4.49 拉伸对象前   图 4.50 拉伸对象后

命令:stretch ↙

以交叉窗口或交叉多边形选择要拉伸的对象…

选择对象:指定对角点:找到 2 个

选择对象:

指定基点或位移:0,0

指定位移的第二个点或<用第一个点作位移>:↙

拉伸对象后如图 4.50 所示。

4.4.5 拉长命令

使用拉长命令可修改线段或圆弧的长度。

【执行方式】

①修改面板:拉长按钮 ⬈

②菜单栏:"修改"→"拉长"

③命令行:LENGTHEN

命令行提示:

命令:lengthen ↙

选择对象或[增量(DE)/百分数(P)/全部(T)/动态(DY)]:

命令行中主要选项的功能如下:

(1)增量(DE)。以增量的方式拉长直线或圆弧的长度,长度增量为正值时拉长,长度增量为负值时缩短。

(2)百分数(P)。以相对于原长度的百分比来修改直线或圆弧的长度。

(3)全部(T)。给定直线新的总长度或圆弧的新包含角来改变长度。

(4)动态(DY)。允许使用鼠标移动的方式动态地改变圆弧或直线的长度。

(5)默认情况下,选择对象后,系统会显示出当前选中对象的长度和包含角等信息。

【例 4.14】使用拉长命令中的动态拉长方法,将图 4.51 中螺栓缺失的部分补齐成图 4.52 的形式。

命令:_lengthen ↙

选择要测量的对象或 [增量(DE)/百分比(P)/总计(T)/动态(DY)]<总计(T)>:

DY

选择要修改的对象或 [放弃(U)]：(选择螺栓底部的短线)

指定新端点：   （指定到螺栓底部以完成绘图）

拉长对象后如图 4.52 所示。

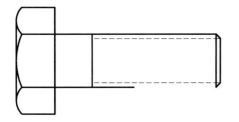 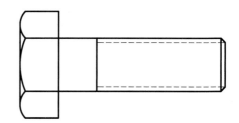

图 4.51   拉长对象前   图 4.52   拉长对象后

4.4.6 对齐命令

对齐命令可以通过移动、旋转或倾斜对象来使该对象与另一个对象对齐。对齐命令既可用于二维图形，又可用于三维图形。对齐二维对象时可指定 1 组源点－目标点或 2 组源点－目标点，三维时需指定 3 组源点－目标点。

【执行方式】

①菜单栏："修改"→"三维操作"→对齐按钮 🖳

②命令行：ALIGN

命令行提示：

命令：align↙

选择对象：

选择对象：

指定第一个源点：

指定第一个目标点：↙

指定第二个源点或＜继续＞：↙

是否基于对齐点缩放对象？[是(Y)/否(N)]＜否＞：↙

完成上述操作时，选定的对象将从源点移动到目标点，如果指定了第二点和第三点，则这两点将旋转并倾斜选定的对象。

【例 4.15】使用对齐命令将图 4.53 中的键与键槽对齐成图 4.54 的形式。

命令：_align

选择对象：指定对角点：找到 2 个   （选择图 4.53 中右侧的矩形）

选择对象：

指定第一个源点：   （选择 A1 点）

指定第一个目标点：   （选择 A2 点）

指定第二个源点：   （选择 B1 点）

指定第二个目标点：   （选择 B2 点）

指定第三个源点或 ＜继续＞：

是否基于对齐点缩放对象？［是（Y）/否（N）］＜否＞：Y（由于键槽的尺寸小于键的尺寸，所以将键缩放至与键槽相同大小）

对齐对象后如图 4.54 所示。

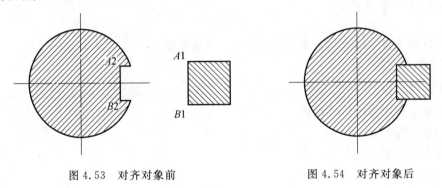

图 4.53　对齐对象前　　　　　　　　　　图 4.54　对齐对象后

4.4.7　夹点编辑命令

在 AutoCAD 2020 中，夹点是一种集成的编辑模式，具有很强的实用性，可以对对象进行拉伸、移动、旋转、缩放及镜像等操作，为绘制图形提供了一种方便快捷的编辑操作途径。夹点就是绘图对象上的控制点，当选中对象后，在对象上将显示出若干个小方框，这些小方框用来标记被选中对象的夹点。默认情况下，夹点始终是打开的，其显示的颜色和大小，可以通过在绘图区域中单击鼠标右键，然后选择"选项"，在"选项"对话框的"选择集"选项卡来进行设置。对不同的对象，用来控制其特征的夹点的位置和数量是不相同的，通过夹点可以用另一种方式重新塑造、移动或操纵对象。可使用夹点编辑的二维对象有直线、多段线、圆弧、椭圆弧、样条曲线和图案填充对象，夹点显示如图 4.55 所示。

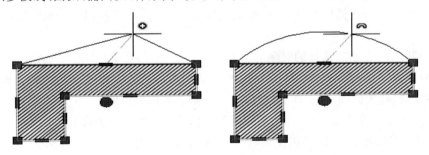

图 4.55　夹点显示

需要注意的是：

(1)锁定图层上的对象不显示夹点。

(2)选择多个共享重合夹点的对象时，可以使用夹点模式编辑这些对象，但此时对于某些对象的特定操作无法使用夹点编辑。

(3)文字、块参照、直线中点、圆心和点对象上的夹点将执行移动命令而不是拉伸。

(4)要选择多个夹点，应按住 Shift 键，然后选择适当的夹点。

4.5 几何特征修改类命令

4.5.1 修剪命令

修剪命令可以以某一对象为剪切边修剪其他对象。

【执行方式】

①修改面板:修剪按钮

②菜单栏:"修改"→"修剪"

③命令行:TRIM

命令行提示:

命令:_trim

选择剪切边...

选择对象或＜全部选择＞:

选择要修剪的对象或按住 Shift 键选择要延伸的对象,或者[栏选(F)/窗交(C)/投影(P)/边(E)/删除(R)]:

命令行中主要选项的功能如下:

(1)在执行修剪命令时,若按住 Shift 键,将会执行延伸命令。

(2)栏选(F)。以栏选的方式选择待修剪对象。

(3)窗交(C)。以窗交的方式选择待修剪对象。

(4)投影(P)。可以指定执行修剪的空间,修剪三维空间的两个对象时,可将对象投影到一个平面上执行修剪操作。

(5)边(E)。若选择该项,可延伸剪切边或剪切边与被修剪对象真正相交时,才能进行修剪。

(6)删除(R)。删除选择的对象。

需要注意的是,在 AutoCAD 2020 中,可剪切边的对象有直线、圆及圆弧、椭圆及椭圆弧、多段线、样条曲线、构造线、射线以及文字等。剪切边也同时是被剪切边。选择要修剪对象,系统将以剪切边为界,将被剪切对象上位于拾取点一侧的部分剪切掉。

【例 4.16】绘制如图 4.56 的图形,使用修剪命令修剪成图 4.57 的形式。

绘制一个圆心点为(0,0),长轴为 120 mm,短轴为 100 mm 的椭圆。

命令:_ellipse

指定椭圆的轴端点或[圆弧(A)/中心点(C)]:_C

指定椭圆的中心点:0,0

指定轴的端点:120,0

指定另一条半轴长度或[旋转(R)]:100

利用偏移命令将椭圆向内偏移 20 mm。

命令:_offset

当前设置：删除源＝否图层＝源　　OFFSETGAPTYPE＝0

指定偏移距离或［通过(T)/删除(E)/图层(L)］＜通过＞:20

选择要偏移的对象，或［退出(E)/放弃(U)］＜退出＞:(选择椭圆形状)

指定要偏移的那一侧上的点，或［退出(E)/多个(M)/放弃(U)］＜退出＞:

(选择椭圆内的任意一点)

分别以点(80,0)、(0,60)、(−80,0)、(0,−60)为圆心绘制直径 $D=30$ 与 $D=50$ 的同心圆。

命令：_circle

指定圆的圆心或［三点(3P)/两点(2P)/切点、切点、半径(T)］:　＜捕捉 关＞ 80,0

指定圆的半径或［直径(D)］: D

指定圆的直径: 50

命令：_circle

指定圆的圆心或［三点(3P)/两点(2P)/切点、切点、半径(T)］:　＜捕捉 关＞ 80,0

指定圆的半径或［直径(D)］: D

指定圆的直径: 30

重复以上命令，并修改圆心点坐标完成图形绘制，修剪对象前如图 4.56 所示。

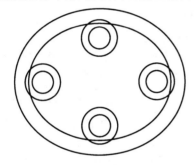
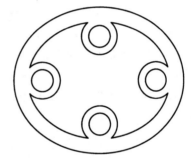

图 4.56　修剪对象前　　　　　　　　图 4.57　修剪对象后

命令：_trim

当前设置:投影＝无,边＝无

选择剪切边...

选择对象或 ＜全部选择＞:　指定对角点: 找到 10 个(选择全部图形)

选择对象:

选择要修剪的对象或按住 Shift 键选择要延伸的对象,或者［栏选(F)/窗交(C)/投影(P)/边(E)/删除(R)］:　　　　　　　(依次点选多余部位)

修剪对象后如图 4.57 所示。

4.5.2　延伸命令

延伸命令可以延长指定的对象与另一对象相交或外观相交。

【执行方式】

①修改面板:延伸按钮→↘

②菜单栏:"修改"→"延伸"

③命令行:EXTEND

命令行提示:

命令: _extend

当前设置:投影=无,边=延伸

选择边界的边...

选择对象或 <全部选择>: 找到 1 个

选择对象:

选择要延伸的对象或按住 Shift 键选择要修剪的对象,或者[栏选(F)/窗交(C)/投影(P)/边(E)]:

延伸命令的使用方法与修剪命令的使用方法相似,区别是使用延伸命令时,如果按下 Shift 键的同时选择对象,则执行修剪命令;使用修剪命令时,如果按下 Shift 键的同时选择对象,则执行延伸命令。

【例 4.17】使用延伸命令将图 4.58 中的弧线由 A 点延伸至 B 点。

命令:extend ↙

选择边界的边…

选择对象:找到 1 个   (拾取辅助线 OA)

选择对象:↙   (结束对象选择)

选择要延伸的对象或按住 Shift 键选择要修剪的对象,或者[投影(P)/边(E)/放弃(U)]:   (拾取辅助线 OB,如图 4.58 所示)

选择要延伸的对象或按住 Shift 键选择要修剪的对象,或者[投影(P)/边(E)/放弃(U)]:↙

延伸对象后如图 4.59 所示。

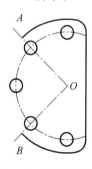
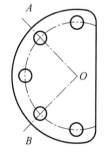

图 4.58 延伸对象前   图 4.59 延伸对象后

4.5.3 打断命令

打断命令可以将一个对象打断为两个对象,每个对象之间可以具有间隙,也可以没有间隙。

【执行方式】

①修改面板:打断按钮

②菜单栏:"修改"→"打断"

③命令行:BREAK

命令行提示:

命令：break ↙

选择对象：

指定第二个打断点或[第一点(F)]：

第一点(F)。可以重新确定第一个打断点。

(1)默认情况下,以选择对象时的拾取点作为第一个打断点,然后再指定第二个打断点。如果直接选取对象上的另一点或者在对象的一端之外拾取一点,这时将删除对象上位于两个拾取点之间的部分。在确定第二个打断点时,如果在命令行输入@,可以使第一个和第二个打断点重合,从而将对象一分为二。如果对圆、矩形等封闭图形使用打断命令时,AutoCAD 将沿逆时针方向把第一个打断点到第二个打断点之间的那段圆弧删除。打断对象例图如图 4.60 所示。

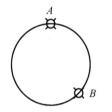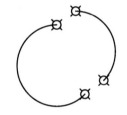

图 4.60　打断对象例图

(2)还可以依次单击"常用"选项卡→修改面板→打断按钮，使用"打断于点"工具在单个点处打断选定的对象,使用此命令可以直接将线段打断成无间隙的两个对象。此命令的有效对象包括直线、开放的多段线和圆弧,不能在一点打断闭合对象(例如圆)。由于此命令与打断命令类似,且执行命令都为 BREAK,因此不进行过度赘述。

【例 4.18】使用打断命令将图 4.61 中的多余的圆弧删除以绘制成图 4.62 的形式。

命令：_break ↙

选择对象：　　　　　　　　　　　　(选择多余圆弧段)

指定第二个打断点或[第一点(F)]：　　(选定 A 点)

命令：_break ↙

选择对象：　　　　　　　　　　　　(选择多余圆弧段)

指定第二个打断点或[第一点(F)]：　　(选定 B 点)

命令：_erase ↙

选择对象：找到 1 个

打断对象后如图 4.62 所示。

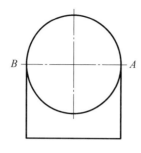

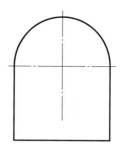

图 4.61　打断对象前　　　　　　图 4.62　打断对象后

4.5.4　合并命令

合并命令可以将某一连续图形上的两个部分连接起来,或者将某段圆弧闭合为整圆。

【执行方式】

①修改面板:合并按钮➤

②菜单栏:"修改"→"合并"

③命令行:JOIN

命令行提示:

命令：_join ↙

选择源对象或要一次合并的多个对象:

选择要合并的对象:

选择圆弧,以合并到源或进行[闭合(L)]:

需要注意的是:

(1)合并直线时,所选的直线必须共线,但它们之间可以有间隙。

(2)合并多段线时,所有对象必须连续且共面,生成的对象是一条多段线。

(3)合并圆弧时,所有的圆弧对象必须具有相同的半径和中心点,但它们之间可以有间隙,合并圆弧是按照源对象逆时针方向合并。

(4)合并椭圆弧时,椭圆弧必须共面且具有相同的主轴和次轴,但它们之间可以有间隙。合并椭圆弧同样按照源对象逆时针方向合并。

(5)合并螺旋时,所有对象必须是连续的,但可以不共面,合并结果对象为单个样条曲线。

(6)合并样条曲线时,所有对象必须是连续的,但可以不共面,合并结果对象是单个样条曲线。

选择需要合并的另一部分对象,按 Enter 键即可将这些对象合并,就是对在同一个圆上的两段圆弧进行合并后的效果(注意方向)。如果选择"闭合(L)"选项,表示可以将选择的任意一段圆弧闭合为一个整圆。

【例 4.19】选择图 4.63 中图形上的任一段圆弧,执行合并命令后,得到一个完整的圆,效果如图 4.65 所示。

命令：_join ↙

选择源对象或要一次合并的多个对象：（选择大段圆弧）

选择要合并的对象：　　　　　　（选择小段圆弧）

选择要合并的对象：

合并圆弧如图 4.64 所示。

命令：_join ↙

选择源对象或要一次合并的多个对象：（选择圆弧）

选择要合并的对象：

选择圆弧，以合并到源或进行［闭合(L)］:L

将圆弧转换为圆。

将圆弧闭合为整圆如图 4.65 所示。

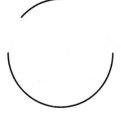  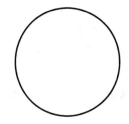

图 4.63　两个同心圆弧　　　　　图 4.64　合并圆弧　　　　　图 4.65　将圆弧闭合为整圆

4.5.5　倒角命令

倒角是使用成角的直线来连接两个二维对象。默认情况下，需要选择进行倒角的两条直线，但这两条直线必须相邻，然后按所选倒角的大小对这两条直线倒角。倒角时，倒角距离或倒角角度不能太大，否则无效；当两个倒角距离均为 0 时，倒角命令将延伸两条直线使其相交，不产生倒角；如果两条直线平行或发散，则不能形成倒角。

【执行方式】

①修改面板："倒角和圆角"下拉菜单→倒角按钮

②菜单栏："修改"→"倒角"

③命令行：CHAMFER

命令行提示：

命令：_chamfer ↙

选择第一条直线或［放弃(U)/多段线(P)/距离(D)/角度(A)/修剪(T)/方式(E)/多个(M)］:

选择第二条直线，或按住 Shift 键选择直线以应用角点或［距离(D)/角度(A)/方法(M)］:（可根据命令提示，选择实现倒角的方式）

命令行中主要选项的功能如下：

(1)多段线(P)。以当前设置的倒角大小对多段线的各顶点修倒角。

(2)距离(D)。指定倒角距离尺寸，距离倒角示意图如图 4.66 所示。

(3)角度(A)。根据第一个倒角的距离和角度来设置倒角尺寸，角度倒角示意图如图 4.67 所示。

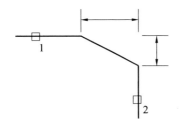 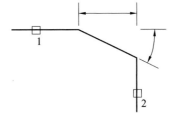

图 4.66　距离倒角示意图　　　　图 4.67　角度倒角示意图

(4)修剪(T)。设置倒角后是否保留原拐角边,命令行显示"输入修剪模式选项[修剪(T)/不修剪(N)]<修剪>:"提示,据此选择倒角后是否对倒角进行修剪。

(5)方式(E)。选择采用"距离"方式还是"角度"方式实现倒角。

(6)多个(M)。可以对多个对象修倒角。

(7)方法(M)。设置倒角的方法,命令行显示"输入修剪方法[距离(D)/角度(A)]<距离>:"提示,"距离(D)"是以两条边的倒角距离来修倒角;"角度(A)"是以一条边的距离及相应的角度来修倒角。

【例 4.20】对图 4.68 所示的阶梯轴端面进行倒角处理,使之成为图 4.69 的形式。

命令:_chamfer↙

(修剪模式)当前倒角距离 1 = 0.0000,距离 2 = 0.0000

选择第一条直线或[放弃(U)/多段线(P)/距离(D)/角度(A)/修剪(T)/方式(E)/多个(M)]:

选择第二条直线,或按住 Shift 键选择直线以应用角点或[距离(D)/角度(A)/方法(M)]:A　　　　　　　　　　　　　　(设置倒角方式为角度方式)

指定第一条直线的倒角长度 <0.0000>:25(输入单边倒角的长度)

指定第一条直线的倒角角度 <0>:45　　　(输入倒角的角度)

选择第二条直线,或按住 Shift 键选择直线以应用角点或[距离(D)/角度(A)/方法(M)]:

对象倒角后如图 4.69 所示。

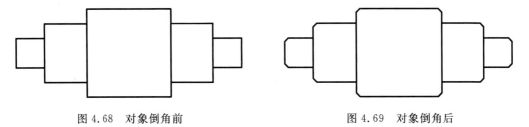

图 4.68　对象倒角前　　　　　　　　　图 4.69　对象倒角后

4.5.6　圆角命令

圆角命令可以对两条有夹角的直线按一定的半径倒出一个光滑的圆弧。圆角命令通过指定半径的二维相切圆弧连接两个对象。一个图形的内角点称为圆角,外角点称为外圆角,圆角与外圆角如图 4.70 所示。这两种圆角均可使用圆角命令来创建。

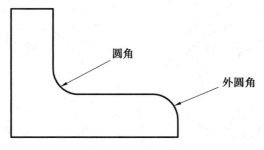

图 4.70　圆角与外圆角

【执行方式】

①修改面板："倒角和圆角"下拉菜单→圆角按钮

②菜单栏："修改"→"圆角"

③命令行：FILLET

命令行提示：

命令：_fillet

当前设置：模式 = 修剪,半径 = 0.0000

选择第一个对象或［放弃(U)／多段线(P)／半径(R)／修剪(T)／多个(M)］：

选择第二个对象，或按住 Shift 键选择对象以应用角点或［半径(R)］：

　　　　　（输入 R 设置圆角半径,再选择用于定义生成圆弧的切点的对象或直线段）

对对象修圆角的方法与对对象修倒角的方法相似,但"倒圆"允许对两条平行线倒圆角,此时圆角半径为两条平行线距离的一半。

命令行中主要选项的功能如下：

(1)多段线(P)。可以当前所设置的圆角半径对多段线的各交点加入圆角。

(2)半径(R)。指定圆角半径的尺寸。

(3)修剪(T)。设置执行圆角命令后是否保留原拐角边,选择不修剪后,可在图形中加入圆角而不修剪选取的对象。

(4)多个(M)。可以对多个对象加入圆角。

【例 4.21】将图 4.71 所示图形中的圆与椭圆相交处进行修圆角。

命令：fillet ↙

当前设置：模式=修剪 ,半径=0.0000

选择第一个对象或［多段线(P)／半径(R)／修剪(T)／多个(M)］:R ↙

指定圆角半径＜0.0000＞:8 ↙

选择第一个对象或［多段线(P)／半径(R)／修剪(T)／多个(M)］：　　　　（选择椭圆弧）

选择第二个对象：　　　　　　　　　　　　　　　　　　　　　　（选择圆弧）

多次执行圆角命令,即可得到如图 4.72 所示的结果。

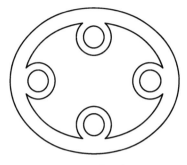

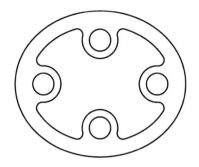

图 4.71　修圆角前　　　　　　　　　　　图 4.72　修圆角后

4.5.7　光顺曲线命令

光顺曲线实际上是样条曲线,通过光顺曲线可以将两个对象的端点光顺地连接起来,目标对象可以是直线、圆弧、多段线等,创建的光顺曲线默认是以相切的形式连接两个图形对象。选择端点附近的每个对象。生成的曲线的形状取决于指定的连续性,选定对象的尺寸不会发生变化。

【执行方式】

①修改面板:"圆角"下拉菜单 →光顺曲线按钮

②菜单栏:"修改"→"光顺曲线"

③命令行:BLEND

命令行提示:

命令:BLEND↙

连续性 ＝ 相切

选择第一个对象或[连续性(CON)]:(输入 CON 选择过渡的连接方式,默认方式为相切)

选择第二个对象:　　　　　　　　(对象可选择范围包括直线、圆弧、椭圆弧、螺旋、开放的多段线和开放的样条曲线)

在使用光顺曲线连接对象的时候,通过输入 CON 来切换曲线的过渡类型,包括相切(T)/平滑(S)两种类型。

(1)相切(T)。创建一条 3 阶样条曲线,在选定对象的端点处具有相切连续性。

(2)平滑(S)。创建一条 5 阶样条曲线,在选定对象的端点处具有曲率连续性。

【例 4.22】对图 4.73 中缺失的部位利用光顺曲线命令连接,分别利用相切和光滑两种过渡方式实现。

命令:BLEND↙

连续性 ＝ 相切

选择第一个对象或[连续性(CON)]:(选择缺失部分两侧曲线,完成相切过渡类型的曲线)

选择第二个点:

重复执行此命令:

命令：BLEND↙

连续性 ＝ 相切

选择第一个对象或［连续性（CON）］：CON

输入连续性［相切（T）/平滑（S）］＜相切＞：S

选择第一个对象或［连续性（CON）］：（再次选择待补充部分两侧曲线，完成平滑过渡
类型的曲线）

选择第二个点：

两种光顺曲线方式的结果如图 4.74 所示，通过对比两种类型的过渡曲线，用平滑方
式连接的光顺曲线在线段连接处更光滑，生成曲线的曲率也更大。

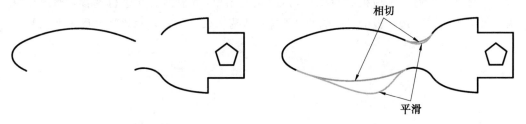

图 4.73　待补充的图形　　　　　　　　图 4.74　两种光顺曲线方式的结果

4.5.8　分解命令

分解命令可以将多段线、标注、图案填充等合成对象转换为单个的元素。例如，分解
多段线指将多段线分为简单的线段和圆弧。分解块参照或关联标注使其替换为组成块或
标注的对象副本。

【执行方式】

①修改面板：分解按钮 ▱

②菜单栏："修改"→"分解"

③命令行：EXPLODE

命令行提示：

命令：_explode↙

选择对象：↙（对于大多数对象，分解的效果并不是看得见的）

需要注意的是，在分解标注和图案填充时，分解的对象将失去其所有的关联性，标注
或图案填充对象被替换为单个对象（例如直线、文字、点和二维实体）。在分解多段线时，
将放弃所有关联的宽度信息，分解后所得的直线和圆弧的位置与原多段线的中心线相同。

4.5.9　特性与特性匹配

对象特性包含一般特性和几何特性。一般特性包括对象的颜色、线型、图层及线宽
等，几何特性包括对象的尺寸和位置，这两个特性可以在"特性"选项板和"特性匹配"选项
板中设置和修改。

1.特性

【执行方式】

①依次单击"常用"选项卡→特性面板的对话框启动器 ⬛ ,或选中对象后单击右键,选择特性⬛(在 CAD 经典界面中,依次单击菜单栏:"修改"→"特性")。

②命令行:PROPERTIES

激活命令后打开"特性"选项板并列出选定对象的特性,"特性"选项板如图 4.75 所示,左图为无选择状态,右图为选择直线状态。选择多个对象时,将仅显示选定对象的公共特性;未选定任何对象时,将显示常规特性的当前设置。

右键单击"特性"选项板的标题栏,弹出快捷菜单,可根据需要进行选择,如选择"说明",再选中"特性"选项板的某一特性,则"特性"选项板下面将显示该特性的说明信息。

图 4.75 "特性"选项板

"特性"选项板中显示了当前所选对象的所有特性和特性值,当选中多个对象时,将显示它们的共有特性。"特性"选项板的具体功能如下:

(1)对象类型。选择一个对象后,选项板内列出该对象的全部特性和当前设置;选择同一类型的多个对象,则选项板内列出这些对象的共有特性和当前设置;选择不同类型的多个对象,则选项板内只列出这些对象的基本特性和当前设置,如图 4.75 左图左上角位置所示。

(2)切换 PICKADD 系统变量值按钮 ⬛ 。单击该按钮可以修改 PICKADD 系统变量的值,决定是否能选择多个对象进行编辑。

(3)选择对象按钮 ⬛ 。单击该按钮切换到绘图窗口,以选择其他对象。

(4)快速选择按钮 ⬛ 。单击该按钮将打开"快速选择"对话框,可快速创建供编辑用的选择集。

在对选定对象进行特性修改时,可直接输入新值、从下拉表中选择值、通过对话框改

变值,或利用选择对象按钮在绘图区改变坐标值,一些常用特性的描述如下:

(1)颜色。指定对象的颜色。从颜色列表中选择"选择颜色"将显示"选择颜色"对话框。

(2)图层。指定对象的当前图层。该列表显示当前图形中的所有图层。

(3)线型。指定对象的当前线型。该列表显示当前图形中的所有线型。

(4)线型比例。指定对象的线型比例因子。

(5)打印样式。列出"普通""ByLayer""ByBlock"以及包含在当前打印样式表中的任何打印样式。

(6)线宽。指定对象的线宽。该列表显示当前图形中的所有可用线宽。

(7)超链接。将超链接附着到图形对象。如果超链接有指定说明,将显示此说明;如果没有指定说明,将显示 URL 地址。

(8)透明度。指定对象的透明度。

(9)厚度。设置当前的三维厚度。此特性并不适用于所有对象。

通常可以双击对象来打开"快捷特性"选项板,然后修改其特性。当双击多种类型的对象而不是"快捷特性"选项板时,打开编辑器或启动特定于对象的命令,"快捷特性"选项板如图 4.76 所示。这些类型的对象包括块、多段线、样条曲线和文字。当双击每个类型的对象时,可使用对话框来控制使用哪些选项板或命令。

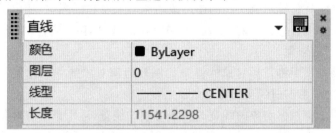

图 4.76 "快捷特性"选项板

2. 特性匹配

特性匹配是将一个对象的某些或所有特性都复制到其他一个或多个对象中,可复制的特性有颜色、图层、线型、线型比例、线宽、厚度、打印样式以及尺寸标注、文本和阴影图案等。

【执行方式】

①特性面板:特性匹配按钮

②菜单栏:"修改"→"特性匹配"

③命令行:MATCHPROP

命令行提示:

命令:_matchprop ↙

选择源对象:

当前活动设置: 颜色 图层 线型 线型比例 线宽 透明度 厚度 打印样式 标注 文字 图案填充 多段线 视口 表格材质 多重引线中心对象

选择目标对象或［设置(S)］：

命令行中主要选项的功能如下：

(1)设置(S)。如果选择"设置(S)"选项，则可打开"特性设置"对话框，如图 4.77 所示，选中一个或多个复选框，可指定相应要复制的特性。

图 4.77　"特性设置"对话框

(2)"特性设置"对话框各项功能。

①颜色。用于将目标对象的颜色改为源对象的颜色，适用于所有对象。

②图层。用于将目标对象所在的图层改为源对象所在的图层，适用于所有对象。

③线型。用于将目标对象的线型改为源对象的线型，除"属性""填充图案""多行文字""点"和"视区"等对象外。

④线型比例。用于将目标对象的线型比例改为源对象的线型比例，"属性""填充图案""多行文字""点"和"视区"等对象除外。

⑤线宽。用于将目标对象的线宽改为源对象的线宽，适用于所有对象。

⑥厚度。用于将目标对象的厚度改为源对象的厚度，适用于"圆弧""属性""圆""直线""点""文字""二维多段线""面域"和"跟踪"等对象。

⑦打印样式。用于将目标对象的打印样式改为源对象的打印样式，如果当前是依赖颜色的打印样式模式，则该选项无效。该选项适用于所有对象。

⑧标注。用于将目标对象的标注样式改为源对象的标注样式，只适用于"标注""引线"和"公差"对象。

⑨文字。用于将目标对象的文字样式改为源对象的文字样式，只适用于单行和多行文字对象。

⑩图案填充。用于将目标对象的填充图案改为源对象的填充图案，只适用于"填充图案"对象。

⑪多段线。用于将目标多段线的线宽和线型的生成特性改为源多段线的特性。

⑫视口。用于将目标视口特性改为与源视口相同，包括打开/关闭显示锁定标准或自定义的缩放、着色模式、捕捉、栅格以及 UCS 图标的可视化和位置。

⑬表格。用于将目标对象的表格样式改为与源表格相同，只适用于"表格"对象。

【例 4.23】使用特性匹配命令将图 4.78 中圆形的特性匹配到六边形图形上。

命令：matchprop ↙

选择源对象：　　　　　　　　　（选择源对象圆，这时绘图窗口中的鼠标指针变成刷
　　　　　　　　　　　　　　　子形状 ）

选择目标对象或[设置(S)]：↙（选择目标对象正六边形，源对象圆的特性(线型)被
　　　　　　　　　　　　　　　复制到目标对象正六边形上，使正六边形的线型与圆
　　　　　　　　　　　　　　　一致）

特性匹配后如图 4.79 所示。

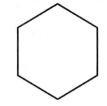

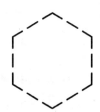

　　图 4.78　特性匹配前　　　　　　　　　　图 4.79　特性匹配后

【本章训练】

目的：上机操作的目的是复习二维图形编辑命令，熟练运用各种常用编辑命令，特别是绘图、阵列和修剪等命令，掌握绘图和编辑技巧，快速准确完成二维图形的绘制和编辑。

内容：在理解掌握二维图形绘制和编辑命令的基础上，通过实际操作，绘制具体图形，验证各命令的运用效果，加深对二维图形的绘制和编辑命令的理解与掌握。在绘图过程中，针对具体图形，利用合适的操作命令，运用快捷的绘图方法，采用适当的编辑方法，从而达到上机操作的目的，最终完成图形的绘制任务。绘图方法和过程不唯一，可灵活运用，以准确快速绘出图形为目标。具体绘图过程由读者自己完成。

练习一

上机操作：利用绘图和编辑命令绘制图 4.80 所示图形。（不标注尺寸）

1.运用直线、圆、阵列等命令绘制图形。

2.用修剪命令修剪完成图形。

练习二

上机操作：利用常用的绘图和编辑命令绘制图 4.81 所示平面图形。（不标注尺寸）

1.运用直线、圆、矩形等命令绘制图形。

2.用修剪命令修剪完成图形。

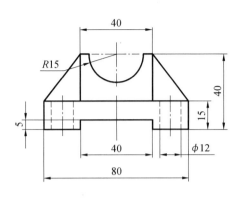

图 4.80　练习一图

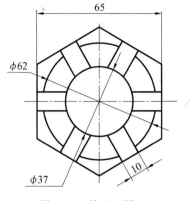

图 4.81　练习二图

练习三

上机操作:利用常用的绘图和编辑命令绘制图 4.82 所示平面图形。（不标注尺寸）

1.运用直线、圆、正多边形、矩形等命令绘制图形。

2.用圆角、修剪等命令修剪完成图形的绘制。

练习四

上机操作:利用常用的绘图和编辑命令绘制图 4.83 所示平面图形。（不标注尺寸）

1.运用直线、圆、椭圆、偏移等命令绘制图形。

2.用圆角、修剪等命令修剪完成绘图。

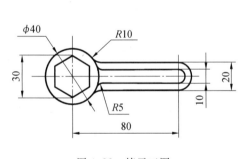

图 4.82　练习三图

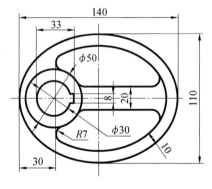

图 4.83　练习四图

练习五

上机操作:利用常用的绘图和编辑命令绘制图 4.84 所示组合体二视图。（不标注尺寸）

1.运用直线、圆、矩形、偏移等命令绘制主、俯视图。

2.用圆角、倒角、修剪等命令修改完成绘图。

练习六

上机操作:利用绘图和编辑命令绘制图 4.85 所示图形。（不标注尺寸）

1.运用直线、圆、阵列等命令绘制图形。

2.用修剪命令修剪完成图形。

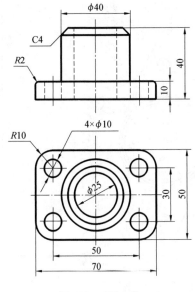

图 4.84　组合体

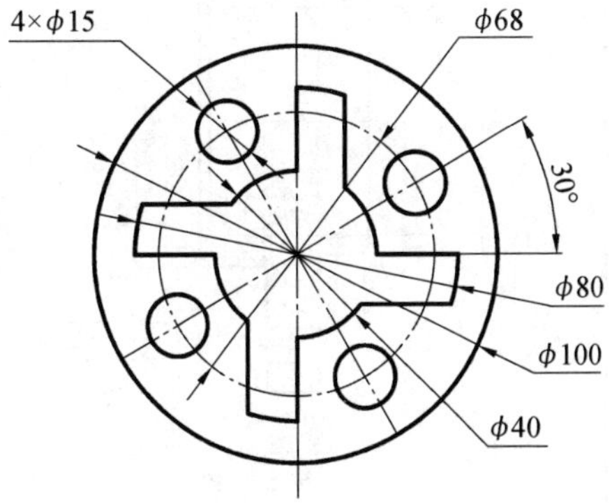

图 4.85　练习六图

练习七

上机操作：利用常用的绘图和编辑命令绘制图 4.86 所示图形。（不标注尺寸）

1.运用直线、圆、复制等命令绘制图形。

2.用偏移、圆角、修剪等命令完成图形。

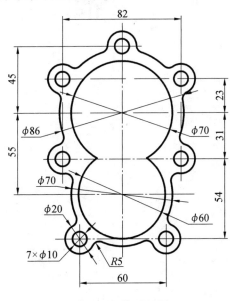

图 4.86　练习七图

练习八：利用常用的绘图和编辑命令绘制图 4.87 所示压盖零件图。（不标注尺寸）

1.运用直线、圆、圆弧等命令绘制图形。

2.用镜像、修剪等编辑命令完成图形。

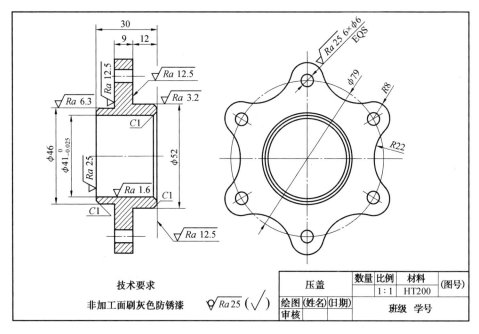

技术要求

非加工面刷灰色防锈漆　　　$\sqrt{Ra\,25}$ $(\sqrt{})$

压盖	数量	比例	材料	(图号)
		1:1	HT200	
绘图 (姓名)(日期)	班级　学号			
审核				

图 4.87　压盖零件图

第 5 章

精确绘图

AutoCAD 提供了多种必要的辅助性绘图工具和功能,如图层、精确定位、对象追踪、对象约束等。利用这些工具,可以简单而准确地实现图形的绘制与编辑,不仅可以提高绘图效率,而且能更好地保证图形的质量。

5.1 图层设置

1. 图层的意义

工程图样中的图形都是由不同的图线组成的,例如,基准线、轮廓线、剖面线、尺寸线以及图形几何对象、文字、标注等元素。不同形式的图线有不同的含义,用于识别图样的结构特征。因此,确定一个图形对象,除了必须给出它的几何数据以外,还要给出它的线型、线宽、颜色和状态等非几何数据。例如,画一段直线,必须指定它的两个端点的坐标。此外,还要说明画这段直线所用的线型(实线、虚线等)、线宽(线的粗细)、颜色(显示各种线的颜色)、状态。一张完整的工程图样是由许多基本的图形对象构成的,而其中的大部分对象都具有相同的线型、线宽、颜色或状态,如果对于绘制的每一条线、每一个图形对象都要进行这项重复工作,则不仅浪费设计时间,而且浪费存储空间。

另外,在各种工程图样中,往往存在着各种专业上的共性,如建筑物的各层平面布置图、电路布置图、管线布置图等。为了使图像表达的内容清晰,方便相关专业相互提取信息,并便于管理,那么在设计、绘图和施工中,最好能为区别这些内容提供方便。

根据图形的有关线型、线宽、颜色、状态等属性信息对图形对象进行分类,使具有相同性质的内容归为同一类,对同一类共有属性进行描述,这样就大大减少了重复性的工作和存储空间,这就是所说的图层。更形象地说,图层就像透明的覆盖层,用户可以在上面组织和编组各种不同的图形信息,即把图形中具有相同的线型、线宽、颜色和状态等属性的线放置于一层,当把各层画完,再把这些

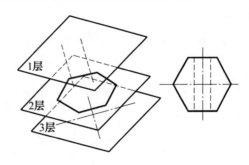

图 5.1　图层示意图

层对齐重叠在一起,这样就构成了一张完整的图形,图层示意图如图 5.1 所示。

2. 图层的性质

(1)一幅图最多可以包含 32 000 个图层,所有图层均采用相同的图限、坐标系和缩放比例因子。每一个图层上可以绘制的图形对象不受限制,因此足以满足绘图的需要。

(2)每一个图层都有图层名,以便在各种命令中引用某图层时使用。该图层名最多可

以由 255 个字符组成,这些字符可以包括字母、数字、专用符号,例如"粗实线""点划线"等。

(3)每一个图层被指定带有颜色号、线型名、线宽和打印试样。对于新的图层都有系统默认的颜色号(7 号)、线型名(实线)、线宽(0.25 mm)。

(4)每一幅工程图中包含有多个图层,但是只能设置一个当前层。用户只能在当前层上绘图,并且使用当前层的颜色、线型、线宽。因此,在绘图前首先要选择好相应的图层作为当前层。

(5)图层可以被打开或关闭,被冻结、解冻、锁定和解锁。

5.1.1 建立新图层

当新建一个 CAD 文档,系统会自动创建一个名为 0 的特殊图层。默认情况下,图层 0 将被指定使用 7 号颜色、Continuous 线型、默认线宽以及 Normal 打字样式。若不设置新的图层,则绘制的对象都在 0 图层上。0 图层不能删除和重命名。但用户可以更改 0 图层的颜色、线宽和线型等特性,也可将 0 图层上的对象移动到其他图层。如果用户要使用其他图层绘制自己的图形,就需要先创建新图层。通过对新图层进行创建,可以将类型接近的对象绘制在同一个图层使其关联。例如,可以将轮廓线、标注、文字和标题栏置于不同的图层上,并为这些图层设置相同的特性。通过将对象分类放置在各自的图层当中,可以快速、有效地控制对象的显示以及对其进行修改。

【执行方式】

①命令行:LAYER

②菜单栏:"格式"→"图层"

③工具栏:图层特性管理器按钮

④功能区:"默认"→"图层"→图层特性按钮或者"视图"→"选项板"→图层特性按钮

通过上述操作打开"图层特性管理器"选项板,如图 5.2 所示。

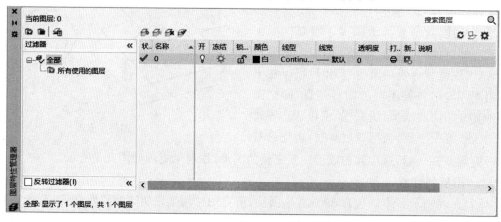

图 5.2 "图层特性管理器"选项板

　　在对话框中单击新建按钮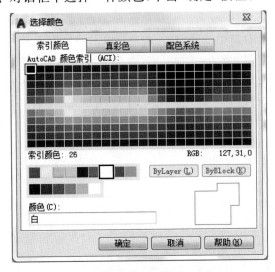。在图层列表中将出现一个名称为"图层 1"的新图层。新图层的各种特性将默认为随层,与 0 图层的状态、颜色、线型及线宽等设置相同,可以根据绘图需要为其重命名。例如,改为实体层、标准层或辅助线层等。

　　在一个图形中可以创建的图层数以及在每个图层中可以创建的对象数实际上是无限的。图层特性管理器会按照图层名称的首字母对其进行排列。注意:当需要建立的图层不止一个时,不需要重复单击新建按钮。更为快捷的方式为:在建立了一个新图层"图层1"后,修改图层名,在其后输入一个逗号",",这样系统会自动建立一个新图层"图层 1",修改图层名,再次输入逗号,又会自动建立新图层,依次建立各个图层。也可以按两次 Enter 键,建立另一个新的图层。图层的名称可以修改,直接双击图层名称,输入新的名称。

　　根据"图层特性管理器"选项板可以发现每个图层都具有特定的属性,包含"状态""名称""关闭/打开""冻结/解冻""锁定/解锁""颜色""线型""线宽""透明度""打印""新视口冻结"以及"说明"等参数。下面将讲述如何设置这些图层参数。

1. 设置图层颜色

　　设置图层颜色的作用主要在于区分对象的类别,因此在同一图形中,不同的对象可以使用不同的颜色。在工程制图中,一个图形包含多种不同功能的图形对象,如实体、辅助线、剖面线与尺寸标注等。为了更加直观地区分它们,有必要针对不同的对象设置不同的颜色,如实体层使用白色,辅助线层使用红色,剖面线层使用青色等。

　　设置图层颜色的步骤:

　　(1)选择所需要设置的图层。

　　(2)在该图层中,单击颜色图标,打开"选择颜色"对话框,如图 5.3 所示。

　　(3)在"选择颜色"对话框中选择一种颜色,单击"确定"按钮。

图 5.3 "选择颜色"对话框

　　"选择颜色"对话框说明:"选择颜色"对话框包含"索引颜色""真彩色""配色系统"3 个选项卡。

①索引颜色。在颜色调色板中根据颜色的索引号来选择颜色。它包含了 240 多种颜色，标准颜色有 9 种。

a.灰度颜色。在该选区可以将图层的颜色设置为灰度颜色。

b.颜色。可以显示与编辑所选颜色的名称或编号。

c.ByLayer。单击该按钮，确定颜色为随层方式，即所绘制的图形实体的颜色总是与所在图层颜色一致。

d.ByBlock。单击该按钮，可以确定颜色为随块方式。

②真彩色、配色系统。如果还需要使用索引颜色以外的颜色，可使用"真彩色"和"配色系统"选项卡，如图 5.4 所示。

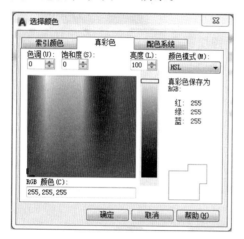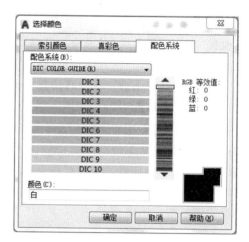

图 5.4 "真彩色"和"配色系统"选项卡

2. 设置图层线型

通常把图形中基本元素的线条组成和显示方式称为线型，例如虚线、实线、点划线等。在 AutoCAD 2020 中，既有简单的线型，也有由一些特殊符号组成的复杂线型。在绘图工作中，经常以线型划分图层，为某一图层设置合适的线型。在绘制图形时，将该图层设置为当前图层，即可绘制出符合线型要求的图形对象，极大地提高了绘制图形的效率。

由于软件将多种线型都存放在 acad.lin 和 acadiso.lin 文件中，所以当没有设置线型时，系统默认的线型为"实线"。若要使用新线型，必须先在"线型管理器"对话框中进行加载。

加载线型的步骤：

（1）打开"线型管理器"对话框。

（2）单击"加载"按钮，出现"加载或重载线型"对话框，如图 5.5 所示。

（3）在"加载或重载线型"对话框中单击所需线型名，单击"确定"，返回"线型管理器"对话框，线型列表中就可以看到选择的线型已被加载。

（4）单击"确定"按钮，关闭"线型管理器"对话框，完成线型加载。

需要注意的是，要同时指定多个线型时，如果线型名是连续排列的，则可以按住 Shift 键，然后单击第一个和最后一个线型名；如果线型名是非连续排列的，则可以按住 Ctrl

键,分别单击要加载的线型名。被选中的线型名将高亮显示。

图 5.5 "加载或重载线型"对话框

加载线型后,在"图层特性管理器"选项板中将新加载的线型赋给某个图层。

设置线型的步骤:

(1)选择所需要设置的图层。

(2)单击该图层的初始线型名称,弹出"选择线型"对话框,如图 5.6 所示。

图 5.6 "选择线型"对话框

(3)在此对话框中选择已加载的线型,再单击"确定"按钮,返回"图层特性管理器"选项板。

(4)在"图层特性管理器"选项板中,单击"确定"按钮,完成线型的设置。

3. 设置图层线宽

设置线宽就是改变每个图层的线条宽度,从而使图形中的线条保持固定的宽度。用不同宽度的线条体现图形对象的类型,以此提高图形的直观性和可读性,如绘制外螺纹时大径使用粗实线,小径使用细实线。

设置线宽的步骤:

(1)选择所需要设置的图层。

(2)单击该图层的初始线宽,弹出"线宽"对话框,如图 5.7 所示。

(3)在此对话框中选择合适的线宽,再单击"确定"按钮,返回"图层特性管理器"选项板。

    (4)在"图层特性管理器"选项板,单击"确定"按钮,完成线宽的设置。

图 5.7   "线宽"对话框

    图层线宽的默认值为 0.01 in(英寸),即 0.22 mm。当状态栏为"模型"状态时,显示的线宽同计算机的像素有关,线宽为零时,显示为一个像素的线宽。单击状态栏中的线宽按钮,屏幕上显示的图形线宽与实际线宽成比例,线宽显示效果图如图 5.8 所示,但线宽不随着图形的放大和缩小而变化。关闭线宽功能时,不显示图形的线宽,图形的线宽均为默认宽度值。

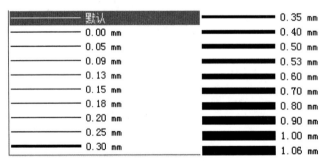

图 5.8   线宽显示效果图

5.1.2   设置图层

    除了使用"图层特性管理器"选项板对图层属性进行设置,还有几种便捷的方式可以设置图层的颜色、线宽、线型等参数。

1. 直接设置图层

可以直接使用菜单栏、功能区或命令行对图层的颜色、线型、线宽进行设置。

(1)设置图层颜色。

【执行方式】

①命令行:COLOR

②菜单栏："格式"→"颜色"

③功能区："默认"→"特性"→"对象颜色"→"更多颜色"

执行完上述命令，系统会自动弹出"选择颜色"对话框，如图 5.9 所示。

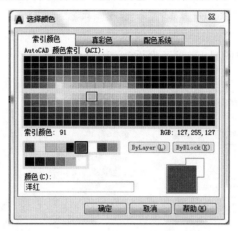

图 5.9 "选择颜色"对话框

（2）设置图层线型。

【执行方式】

①命令行：LINETYPE

②菜单栏："格式"→"线型"

③功能区："默认"→"特性"→"线型"→"其他"

执行完上述命令，系统会自动弹出"线型管理器"对话框，如图 5.10 所示。与"图层特性管理器"选项板方式不同的是，该对话框添加了"全局比例因子"和"当前对象缩放比例"选项，可实现对图形的缩放。

（3）设置图层线宽。

图 5.10 "线型管理器"对话框

【执行方式】

①命令行:LINEWEIGHT 或 LWEIGHT

②菜单栏:"格式"→"线宽"

③功能区:"默认"→"特性"→"线宽"→"线宽设置"

执行完上述命令,系统会自动弹出"线宽设置"对话框,如图 5.11 所示。与"图层特性管理器"选项板方式不同的是,该对话框添加了"列出单位""显示线宽""默认"和"调整显示比例"选项。

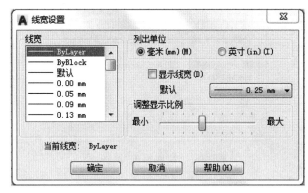

图 5.11　"线宽设置"对话框

①列出单位。设置线宽单位,可用"毫米"或"英寸"。

②显示线宽。用于设置是否在窗口中按照实际线宽来显示图形。

③默认。用于设置默认线宽值(当关闭显示线宽时,AutoCAD 所显示的线宽)。

④调整显示比例。调整滑块,选择线宽显示比例。

2. 利用特性工具栏设置图层

AutoCAD 2020 提供了一个特性工具栏,如图 5.12 所示。当选择某一图形对象,特性工具栏会直接显示当前所选对象的图层、颜色、线型和线宽等特性。用户可通过该工具栏对以上属性进行修改,也可以在特性工具栏上的"颜色""线型""线宽""打印样式"下拉列表中选择需要的参数值。如果在"线型"下拉列表(图 5.13)中选择"其他"选项,则系统打开"线型管理器"对话框。

图 5.12　特性工具栏

3. 利用"特性"选项板设置图层

【执行方式】

①命令行:DDMODIFY 或 PROPERTIES

②菜单栏:"修改"→"特性"

③工具栏:"工具"→"选项板"→特性按钮 📋

④功能区:"视图"→"选项板"→特性按钮 📋

执行完上述命令,系统会自动弹出"特性"选项板。该选项板可以方便地设置或修改图层、颜色、线型、线宽等属性,如图 5.14 所示。

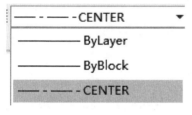

图 5.13 "线型"下拉列表 图 5.14 "特性"选项板

5.1.3 控制图层

1. 切换当前图层

在绘制图形时,不同的对象要绘制在不同的图层中。在绘制前,需要将工作图层切换到所需的图层。设置当前层的方法:"图层特性管理器"选项板→选择图层→单击置为当前按钮 ☑ 。

2. 删除图层

删除图层的方法:"图层特性管理器"选项板→选择需要删除的图层→单击删除图层按钮 ☒ 。从图形文件定义中删除选定的图层,只能删除未参照的图层。参照图层包括图层 0、DEPOINTS、包含对象(包括块定义中的对象)的图层、当前图层和依赖外部参照的图层。不包含对象(包括块定义中的对象)的图层、非当前图层和不依赖外部参照的图层都可以删除。

3. 关闭/打开图层

关闭/打开图层的方法:"图层特性管理器"选项板→选择图层→单击 ☖ 图标。打开图层时,图标小灯泡呈鲜艳的颜色,该图层上的图形可以显示在屏幕上或绘制在绘图仪上。当图标小灯泡呈灰暗色时,该图层上的图形不能显示在屏幕上,而且不能打印输出,但仍然作为图形的一部分保留在文件中。

4. 转换图层

在 AutoCAD 2020 中,使用图层转换器可以转换图层,实现图形的标准化和规范化。图层转换器能够转换当前图形中的图层,使之与其他图形的图层结构或 CAD 标准文件相匹配。例如,如果打开一个与本单位图层结构不一致的图形时,可以使用图层转换器转换图层名称和属性,以符合本单位的图形标准。

【执行方式】

菜单栏:"工具"→"CAD 标准"→"图层转换器"

打开"图层转换器"对话框,如图 5.15 所示。

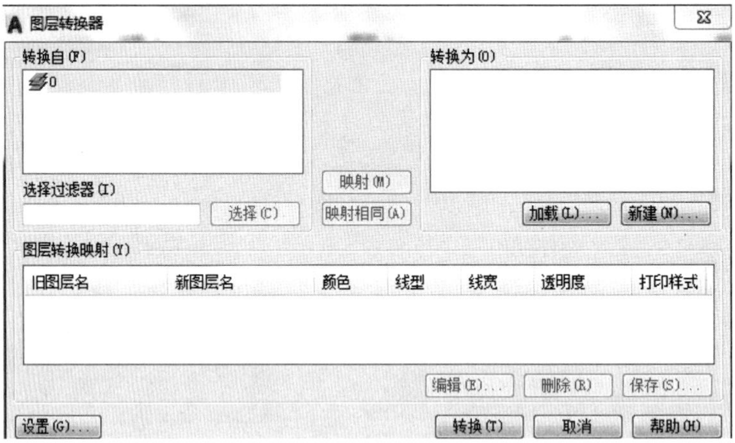

图 5.15 "图层转换器"对话框

"图层转换器"对话框说明:

(1)转换自。显示当前图形中即将被转换的图层结构,可以在列表框中选择,也可以通过选择过滤器来选择。

(2)转换为。显示可以将当前图形的图层转换成的图层名称。单击"加载"按钮打开"选择图形文件"对话框,可以从中选择作为图层标准的图形文件,并将该图层结构显示在"转换为"列表框中。单击"新建"按钮打开"新图层"对话框,可以从中创建新的图层作为转换匹配图层,新建的图层也会显示在"转换为"列表框中。

(3)映射。可以将在"转换自"列表框中选中的图层映射到"转换为"列表框中,并且当图层被映射后,将从"转换自"列表框中删除。

(4)映射相同。将"转换自"列表框中和"转换为"列表框中名称相同的图层进行转换映射。

(5)图层转换映射。显示已经映射的图层名称和相关的特性值。当选中一个图层后,单击"编辑"按钮,将打开"编辑图层"对话框,可以从中修改转换后的图层特性。单击"删除"按钮可以取消该图层的转换映射,该图层将重新显示在"转换自"选项组中。单击"保存"按钮将打开"保存图层映射"对话框,可以将图层转换关系保存到一个标准配置文件"∗.dws"中。

5. 冻结/解冻图层

冻结/解冻图层的方法:"图层特性管理器"选项板→选择图层→单击 ☼ 图标(雪花)。冻结图层时,图标呈雪花灰暗色,冻结图层上的对象不能显示,也不能打印输出,同时不能编辑修改该图层上的图形对象。冻结图层后,该图层上的对象不影响其他图层上对象的显示和打印。例如,在使用"HIDE"命令消隐的时候,被冻结图层上的对象不隐藏其他的对象。解冻图层时,图标呈太阳鲜艳色,此时,图层恢复原始状态。

6．**锁定/解锁图层**

锁定/解锁图层的方法："图层特性管理器"选项板→选择图层→单击🔓图标。锁定图层后，小锁图标呈关闭状态，该图层上的图形依然显示在屏幕上，可打印输出，并可以在该图层上绘制新的图形对象，但用户不能对该图层上的图形进行编辑修改操作。可以对当前图层进行锁定，也可对被锁定图层上的图形执行查询和对象捕捉操作。锁定图层可以防止对图形的意外修改。

7．**打印/不打印**

打印/不打印图层的方法："图层特性管理器"选项板→选择图层→单击🖨图标。可以设定打印时该图层是否可打印，以在保证图形显示可见不变的条件下，控制图形的打印特征。打印功能只对可见的图层起作用，对于已经被冻结或被关闭的图层不起作用。

8．**新视口冻结**

新视口冻结的方法："图层特性管理器"选项板→选择图层→单击图标。在新布局视口中可冻结选定图层。例如，在所有新视口中冻结 DIMENSIONS 图层，将在所有新创建的布局视口中限制该图层上的标注显示，但不会影响现有视口中的 DIMENSIONS 图层。如果以后创建了需要标注的视口，则可以通过更改当前视口设置来替代默认设置。

9．**打印样式**

打印样式的设置方法：菜单栏→"格式"→"打印样式"。在 AutoCAD 2020 中，可以使用一个称为"打印样式"的新的对象特性。打印样式用于控制对象的打印特性，包括颜色、抖动、灰度、笔号、虚拟笔、淡显、线型、线宽、线条端点样式、线条连接样式和填充样式。打印样式给用户提供了很大的灵活性，因为用户可以设置打印样式来替代其他对象特性，也可以按用户需要关闭这些替代设置。

5.1.4　使用图层绘图

通过前面对图层的介绍，掌握了图层的功能和创建方法，因此可以使用图层来辅助绘制和管理图形了。下面通过实例来介绍如何使用图层制图。

【例 5.1】用"将对象的图层置为当前"命令将点划线层变为当前层，如图 5.16 所示。

(1)在图层面板中单击将对象图层设为当前层按钮🔧。

(2)选择将要使其图层置为当前层的对象(单击任意点划线)。

(3)点划线为当前层。

(4)此时画的线为点划线。

或者在图层列表上直接单击需要的当前层。

【例 5.2】用图 5.16 练习关闭/打开粗实线层，观察效果。

(1)单击"图层"下拉列表右边的按钮🔽，打开图层列表。

(2)单击粗实线层中的💡(黄色)，使之变为💡(灰色)，单击，粗实线从屏幕上消失。如果再单击💡(灰色)，使之变为💡(黄色)，在下拉列表外单击，粗实线重新显示出来。

在图层关闭的状态下，试一试对图形的绘制和编辑效果。

【**例** 5.3】用图 5.16 练习锁定/解锁粗实线层,观察效果。

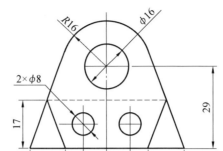

图 5.16　图层练习

(1)单击粗实线层中的 🔓 ,使之变为 🔒 ,锁定了粗实线层,可以看到被锁定图层上的粗实线仍然显示在屏幕上。

(2)选择图形上的任意粗实线,单击按钮 ✏ ,命令行提示:

一个在锁定的层上:

这时我们看到删除命令结束后,选择的粗实线没有被删除。

注意:在绘图区绘制粗实线,可以看到不仅能画上线,而且还能捕捉到线上的点。

5.2　精确定位

在绘制图形时,想要快速、准确地完成绘制工作,有时需要借助一些精确定位的工具,例如直角坐标、极坐标。但是有些点(中心点、端点等)的坐标无法得知,又想要精确地指定这些点,仅仅使用上述的工具是不够的。AutoCAD 2020 提供了更多的辅助定位工具,解决了这个问题。使用这类工具可以很容易地在屏幕中捕捉到这些点,进行精确绘图。

5.2.1　正交模式

当打开正交模式时,在命令执行的过程中,光标只会沿着 X 轴或者 Y 轴移动,绘制的所有线段和构造线都与 X 轴或 Y 轴平行,因此它们相互垂直成 90°相交,即正交模式。在正交模式下绘图,对于绘制垂直和水平线是非常方便、快捷的,我们绘制构造线的时候会经常使用该工具。除此以外,当捕捉模式为"等轴测捕捉"时,它还使直线平行于 3 个等轴测中的一个。

【执行方式】

①命令行:ORTHO

②状态栏:正交模式按钮 ⌐

③快捷键:F8

执行后,会在文本窗口中显示相应的开/关提示信息。

注意:正交模式将光标限制在水平或垂直(正交)轴上,因为不能同时打开正交模式和极轴追踪。当打开正交模式时,系统会自动关闭极轴追踪;当再次打开极轴追踪时,系统会自动关闭正交模式。

5.2.2 栅 格

栅格是在屏幕上显示的一些指定位置上的小点,延伸到指定为图形界限的整个区域。它类似于传统制图中使用的坐标纸,可以向用户提供直观的距离和位置参照。AutoCAD 按照设定的距离在屏幕上显示栅格点,用户可以通过计算栅格点的数目来确定距离。在世界坐标系中,栅格点只在绘图极限范围内显示。当放大或缩小图形时,则需要调整栅格间距,使其更适合新的比例。但事实上,栅格点仅仅是一种视觉辅助工具,并不是图形的一部分,所以在图样输出时并不输出栅格点。

1. 打开/关闭栅格

【执行方式】

①状态栏:栅格按钮 ▦

②快捷键:F7

③对话框:"草图设置"对话框→"捕捉和栅格"→"启用栅格"

2. 设置栅格

【执行方式】

①菜单栏:"工具"→"绘图设置"

②命令行:DESTTINGS(或 DS、SE 或 DDRMODES)或者 GRID

③状态栏:右击栅格按钮 ▦ →"网格设置"

执行完上述指令,系统会自动弹出"草图设置"对话框,选择"捕捉和栅格"选项卡,如图 5.17 所示。可设置栅格的四种属性,分别为"启用栅格""栅格样式""栅格间距"和"栅格行为"。

(1)"启用栅格"复选框。打开或关闭栅格显示。

(2)"栅格样式"选项区。选择点栅格显示的位置。

①二维模型空间。②块编辑器。③图纸/布局。

(3)"栅格间距"选项区。

①栅格 X 轴间距。设置栅格的 X 向间距(单位:mm)。

②栅格 Y 轴间距。设置栅格的 Y 向间距(单位:mm)。

③每条主线之间的栅格数。设置每条主线之间栅格的数目。

注意:如果使用相同的间距设置垂直和水平分布的栅格点,在输入水平距离后,按 Tab 键。

(4)"栅格行为"选项区。用于设置"视觉样式"下栅格线的显示样式(三维线框除外)。

①"自适应栅格"复选框。用于限制缩放时栅格的密度。

②"允许以小于栅格间距的间距再拆分"复选框。用于是否能够以小于栅格间距的间

图 5.17　"捕捉和栅格"选项卡

距来拆分栅格。

③"显示超出界限的栅格"复选框。用于确定是否显示图限之外的栅格。

④"遵循动态 UCS"复选框。跟随动态 UCS 的 XY 平面而改变栅格平面。

注意:如果栅格间距设置得过小,当进行打开栅格操作时,AutoCAD 将在文本窗口中显示"栅格太密,无法显示"的信息,而不在屏幕上显示栅格点。或者使用缩放命令,将图形缩放到很小时,也会出现同样提示,不显示栅格。

5.2.3　捕　捉

捕捉可以使光标按照事先设置的距离移动。由于捕捉命令能强制光标按设置的距离移动,因此可以精确地在绘图区域内拾取与捕捉间距成倍数的点。当栅格间距和捕捉间距设置成相等的时候,其效果就十分明显了。捕捉可分为"栅格捕捉"和"PolarSnap";而"栅格捕捉"又分为"矩形捕捉""等轴测捕捉"。默认情况下,设置为"矩形捕捉"。

1.打开/关闭捕捉

【执行方式】

①状态栏:捕捉按钮 ⁝⁝⁝ ▾

②快捷键:F9

③对话框:"草图设置"对话框→"捕捉和栅格"→"启用捕捉"

2.设置捕捉模式

【执行方式】

①命令行:SNAP

②菜单栏:"工具"→"绘图设置"

③状态栏:右击捕捉按钮 ⁝⁝⁝ ▾→"捕捉设置"

执行完上述指令,系统会自动弹出"草图设置"对话框,选择"捕捉和栅格"选项卡,如图 5.17 所示。可设置捕捉的四种属性,分别为"启用捕捉""捕捉间距""极轴间距"和"捕捉类型"。

(1)"启用捕捉"复选框。打开或关闭捕捉模式。

(2)"捕捉间距"选项区。

捕捉 X 轴间距。设置 X 方向上的捕捉间距。

捕捉 Y 轴间距。设置 Y 方向上的捕捉间距。

"X 轴间距和 Y 轴间距相等"复选框。设置 X 轴和 Y 轴间距相等。

(3)"极轴间距"选项区。设置极轴距离,在 PolarSnap 模式下设置。

(4)"捕捉类型"选项区。

①矩形捕捉。捕捉点的阵列类似于栅格。可以指定捕捉模式在 X 轴方向和 Y 轴方向上的间距,也可改变捕捉模式与图形界限的相对位置。与栅格不同的是,捕捉间距的值必须为正实数;捕捉模式不受图形界限的约束。"矩形捕捉"实例如图 5.18 所示。

②等轴测捕捉。捕捉模式为等轴测,此模式是绘制正等轴测图时的工作环境。在该模式下,栅格和光标十字线成绘制等轴测图时的特定角度。"等轴测捕捉"实例如图 5.19 所示。

③PolarSnap。如果启用了捕捉模式并在极轴追踪打开的情况下指定点,光标将沿着"极轴追踪"选项卡相对于极轴追踪起点设置的极轴对齐角度进行捕捉。

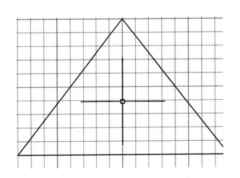

图 5.18 "矩形捕捉"实例

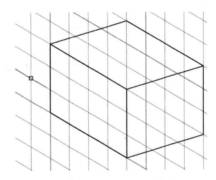

图 5.19 "等轴测捕捉"实例

5.2.4 对象捕捉

对象捕捉功能用于辅助用户精确地拾取图形对象上的某些特定点。例如,要在已经画好的图形上拾取直线的中点、两直线的交点、圆心点或切点等,就必须使用对象捕捉功能,并事先设置好相应的对象捕捉模式,这样可以实现精确地作图。当处于对象捕捉模式时,只要将光标移到一个捕捉点,AutoCAD 就会显示出一个几何图形(称为捕捉标记)和捕捉提示。通过在捕捉点上显示的捕捉标记和捕捉提示可以表明所选的点以及捕捉模式是否正确。AutoCAD 将根据所选择的捕捉模式来显示捕捉标记,不同的捕捉模式会显示出不同形状的捕捉标记。

1. 打开/关闭对象捕捉

【执行方式】

①状态栏:对象捕捉按钮 □ ·

②快捷键：F3

③对话框:"草图设置"对话框→"对象捕捉"→"启用对象捕捉"

2. 设置对象捕捉模式

【执行方式】

①命令行:OSNAP

②菜单栏:"工具"→"绘图设置"

③状态栏:右击对象捕捉按钮→"对象捕捉设置"

执行完上述指令,系统会自动弹出"草图设置"对话框,选择"对象捕捉"选项卡,如图 5.20 所示。可设置对象捕捉属性,分别为"启用对象捕捉"和"对象捕捉模式"。

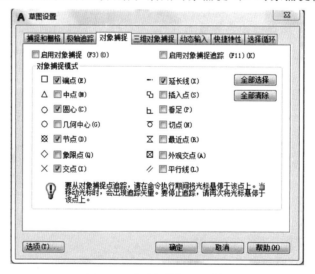

图 5.20   "对象捕捉"选项卡

(1)"启用对象捕捉"复选框。打开或关闭对象捕捉。

(2)"对象捕捉模式"选项区。

①端点。捕捉到对象(如圆弧、直线、多线、多段线线段、样条曲线、面域或三维对象)的最近端点或角。

②中点。捕捉到对象(如圆弧、椭圆、直线、多段线线段、样条曲线、面域、构造线或三维对象的边)的中点。

③圆心。捕捉到圆、圆弧、椭圆或椭圆弧的中心点。

④几何中心。捕捉到多段线、二维多段线和二维样条曲线的几何中心点。

⑤节点。捕捉到点对象、标注定义点或标注文字原点。

⑥象限点。捕捉圆、圆弧、椭圆或椭圆弧上的象限点。

⑦交点。捕捉到对象(如圆、圆弧、椭圆、直线、多段线、射线、样条曲线、面域或构造线)的交点。"延伸交点"不能用作执行对象捕捉模式。

⑧延长线。当光标经过对象的端点时,显示临时延长线或圆弧,以便用户在延长线或圆弧上指定点。

⑨插入点。捕捉到对象(如属性、块或文字)的插入点。

⑩垂足。捕捉到对象(如圆、圆弧、椭圆、直线、多段线、多线、射线、样条曲线、三维实体、面域或构造线)的垂足。

⑪切点。捕捉到与圆、圆弧、椭圆、椭圆弧及样条曲线相切的切点。

⑫最近点。捕捉到对象(如圆弧、圆、椭圆、直线、点、多段线、射线、样条曲线或构造线)的最近点。

⑬外观交点。捕捉在三维空间中不相交但在当前视图中看起来可能相交的两个对象的视觉交点。

⑭平行线。将直线段、多段线线段、射线或构造线限制为与其他线性对象平行。

当在绘图过程中,想要临时调用对象捕捉功能,可以有以下几种方式:

(1)通过对象捕捉工具栏。对象捕捉工具栏如图 5.21 所示。可以在菜单栏"工具"→"工具栏"→"AutoCAD"→"对象捕捉"找寻。在绘图过程中,当系统提示需要指定点位置时,可以单击对象捕捉工具栏中相应的特征点按钮,再将光标移动到需要捕捉的特征点附近,系统就会自动提示并捕捉这些特征点。例如,如果需要将一个正方形的四条边的中点连接起来,形成大正方形里面镶嵌小正方形,可以将"中点"设置为执行对象捕捉。如果有两个可能的捕捉点落在选择区域,则 AutoCAD 2020 将捕捉离光标中心最近的符合条件的点。如果在指定点时需要检查哪一个对象捕捉有效(例如,在指定位置有多个对象捕捉条件),在指定点前,按 Tab 键即可遍历所有可能的点。

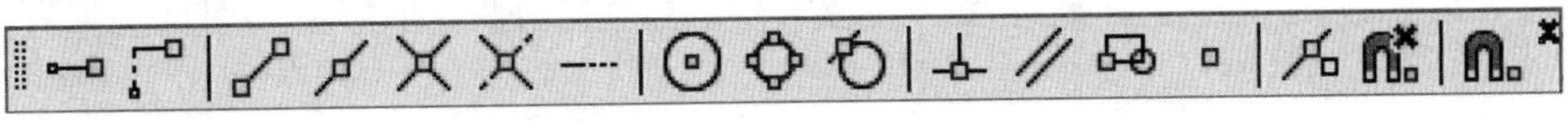

图 5.21　对象捕捉工具栏

(2)对象捕捉快捷菜单。在需要指定点位置时,按住 Shift 键或 Ctrl 键并同时单击鼠标右键,将在当前光标所在位置弹出快捷菜单。快捷菜单中包含各种对象捕捉模式,用该快捷菜单设置对象捕捉模式。对象捕捉快捷菜单如图 5.22 所示。

(3)对象捕捉状态栏。在需要指定点位置时,右击状态栏上的对象捕捉按钮,在弹出的快捷菜单中选择需要捕捉的特征点,然后将光标移动到要捕捉的对象上的特征点附近,就可以捕捉这些特征点。对象捕捉状态栏如图 5.23 所示。

图 5.22　对象捕捉快捷菜单　　　　图 5.23　对象捕捉状态栏

(4)命令行。需要指定点位置时,在命令行输入相应特征点的关键字(表 5.1),然后将光标移动到要捕捉的对象上的特征点附近,就可以捕捉这些特征点。

表 5.1　对象捕捉模式

模式	关键字	模式	关键字	模式	关键字
临时追踪点	TT	捕捉自	FROM	端点	END
中点	MID	交点	INT	外观交点	APP
延长线	EXT	圆心	CEN	象限点	QUA
切点	TAN	垂足	PER	平行线	PAR
节点	NOD	最近点	NEA	无捕捉	NON

注意:

(1)对象捕捉模式不可单独使用,必须配合其他绘图命令一起使用。仅当 AutoCAD 提示输入点时,对象捕捉模式才生效。如果试图在命令提示下使用对象捕捉模式,AutoCAD 将显示错误信息。

(2)对象捕捉模式只影响屏幕上可见的对象,包括锁定图层、布局视口边界和多段线上的对象。不能捕捉不可见的对象,如未显示的对象、关闭或冻结图层上的对象或虚线的空白部分。

5.2.5　自动对象捕捉

在绘图的过程中,捕捉特殊点的频率比较高,如果每次都使用临时调用的方式,会降低工作效率。因此,AutoCAD 提供了自动对象捕捉模式。当使用自动对象捕捉模式,光标距离指定的捕捉点较近时,系统会自动地捕捉这些特征点,并显示相应的标记和捕捉提示。

【执行方式】

打开"草图设置"对话框→"对象捕捉"选项卡→"启用对象捕捉追踪"即可调用自动捕捉。启用对象捕捉追踪如图 5.24 所示。

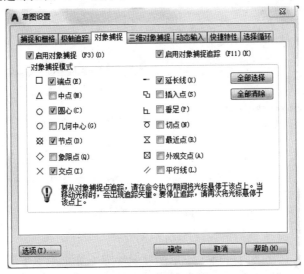

图 5.24　启用对象捕捉追踪

注意:可以设置自己经常要用的捕捉方式,一旦设置了运行捕捉方式,在每次运行时,所设定的目标捕捉方式就会被激活,而不是仅对一次选择有效。当同时使用多种捕捉方式时,系统将捕捉距光标最近、同时又满足多种目标捕捉方式之一的点。当光标距要获取的点非常近时,按下 Shift 键将暂时不获取对象点。

单击应用程序按钮可以快速访问"选项"对话框,选择对话框中的"草图"选项卡,设置自动捕捉。用以下方法,也可以打开"选项"对话框:

【执行方式】

①菜单栏:"工具"→"选项"

②命令行:OPTION

③快捷菜单:在图形区单击鼠标右键,从弹出的快捷菜单中选择"选项…"

执行完上述操作,打开"绘图"选项卡后,可在该选项卡中的"自动捕捉设置"区内进行自动捕捉的设置,如图 5.25 所示。各选项的说明如下:

(1)"自动捕捉设置"选项区。

①"标记"复选框。用来打开或关闭显示捕捉标记,以表示目标捕捉的类型和指示捕捉点的位置。该复选框选中后,当靶框经过某个对象时,则该对象上符合条件的捕捉点上

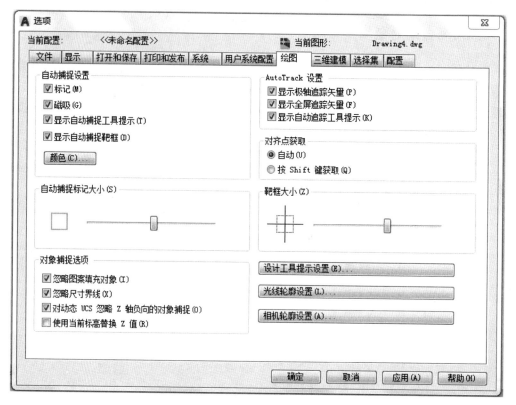

图 5.25　"选项"对话框

就会出现相应的标记。

②"磁吸"复选框。用来打开或关闭自动捕捉磁吸。捕捉磁吸帮助把靶框锁定在捕捉点上,就像打开栅格捕捉后,光标只能在栅格点上移动一样。

③"显示自动捕捉工具提示"复选框。用来打开或关闭捕捉提示。若捕捉提示打开,则当靶框移到捕捉点上时,将显示描述捕捉目标的名字。

④"显示自动捕捉靶框"复选框。用来控制是否显示靶框。打开后将会在光标的中心显示一个正方形的靶框。

⑤"自动捕捉标记颜色"列表框。控制捕捉标记的显示颜色。打开右端的下拉列表,可从表中选择一种颜色,用以改变捕捉标记的当前显示颜色。

(2)"自动捕捉标记大小"选项区。用于控制捕捉标记的大小,用鼠标按住滑块左右拖动滑块就可以减小或增大捕捉标记的图形。

(3)"靶框大小"选项区。用于设置靶框的大小,左右拖动滑块就可以减小或增大靶框。目标捕捉使用靶框来确定要拾取的点,AutoCAD 仅对落入靶框内的对象使用目标捕捉。当靶框经过某个对象时,则该对象上符合条件的捕捉点上就会出现相应的标记。

5.3　动态输入

在 AutoCAD 2020 中,使用动态输入功能可以在指针位置处显示标注输入和命令提示等信息,从而极大地方便了绘图。

【执行方式】

状态栏:动态输入按钮 +

当动态输入设置不符合当前要求时,我们需要对其属性进行设置,方法如下:

【执行方式】

①命令行:DYNMODE

②菜单栏:"工具"→"绘图设置"

③状态栏:右击动态输入按钮 + →"动态输入设置"

执行完上述指令,系统会自动弹出"草图设置"对话框,选择"动态输入",选项卡如图5.26 所示。可以对与动态输入相关的信息进行设置。

(1)启用指针输入。在"草图设置"对话框的"动态输入"选项卡中,选中"启用指针输入"复选框可以启用指针输入功能。也可以在"指针输入"选项组中单击"设置"按钮,使用打开的"指针输入设置"对话框设置指针的格式和可见性。

(2)启用标注输入。在"草图设置"对话框的"动态输入"选项卡中,选中"可能时启用标注输入"复选框可以启用标注输入功能。在"标注输入"选项组中单击"设置"按钮,使用打开的"标注输入的设置"对话框可以设置标注的可见性。

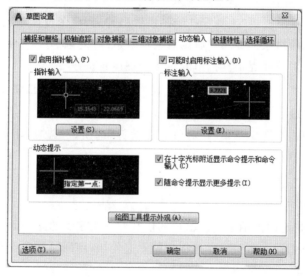

图 5.26 "动态输入"选项卡

(3)动态提示。在"草图设置"对话框的"动态输入"选项卡中,选中"动态提示"选项组中的"在十字光标附近显示命令提示和命令输入"复选框,可以在光标附近显示命令提示。用户还可以利用它在创建和编辑几何图形时动态查看标注值,输入数值,如长度和角度,通过 Tab 键可以在这些值之间切换。

(4)绘图工具提示外观。在"草图设置"对话框的"动态输入"选项卡中,单击"绘图工具提示外观"按钮,打开"工具提示外观"对话框,可以控制工具提示的外观,包括颜色、大小、透明度以及应用范围等特性。

5.4　对象追踪

对象追踪是指按指定角度或与其他对象建立指定关系绘制对象。可以结合对象捕捉功能进行自动追踪。自动追踪功能可以对齐路径,有助于以精确的位置和角度创建对象。自动追踪包括"对象捕捉追踪"和"极轴追踪"两种追踪选项。除了自动追踪,还可以指定临时点进行临时追踪。

5.4.1　对象捕捉追踪

对象捕捉追踪是以捕捉到的特殊位置点为基点,按指定的极轴角或极轴角的倍数对齐指定点的路径的方法。

顾名思义,对象捕捉追踪必须配合对象捕捉功能一起使用,即同时开启状态栏中的对象捕捉按钮 和对象捕捉追踪按钮 。

【执行方式】

①命令行:在命令行输入 DDOSNAP 以开启"草图设置"对话框,单击"对象捕捉"选项卡,勾选"启用对象捕捉"和"启用对象捕捉追踪"复选框

②菜单栏:选择菜单栏中"工具"→"绘图设置",开启"草图设置"对话框,单击"对象捕捉"选项卡,勾选"启用对象捕捉"和"启用对象捕捉追踪"复选框

③工具栏:单击对象捕捉工具栏中的对象捕捉设置按钮

④状态栏:开启状态栏中的对象捕捉按钮 和对象捕捉追踪按钮

⑤快捷键:按 F11 键可以开启或关闭对象捕捉追踪功能

⑥快捷菜单:单击快捷菜单中的"对象捕捉设置"选项,勾选"启用对象捕捉"和"启用对象捕捉追踪"复选框

5.4.2　极轴追踪

极轴追踪是按指定的极轴角或极轴角的倍数对齐指定点的路径的方法。与对象捕捉追踪类似的是,极轴追踪必须与对象捕捉功能一起使用,即同时开启状态栏中的极轴追踪按钮和对象捕捉按钮。

【执行方式】

①命令行:在命令行输入 DDOSNAP 以开启"草图设置"对话框,单击"极轴追踪"选项卡,勾选"启用极轴追踪"复选框

②菜单栏:选择菜单栏中"工具"→"绘图设置",开启"草图设置"对话框,单击"极轴追踪"选项卡,勾选"启用极轴追踪"复选框

③工具栏:单击对象捕捉工具栏中的对象捕捉设置按钮

④状态栏:开启状态栏中的对象捕捉按钮 和极轴捕捉追踪按钮

⑤快捷键:按 F10 键可以开启或关闭极轴追踪功能

⑥快捷菜单：单击快捷菜单中的"对象捕捉设置"选项，单击"极轴追踪"选项卡，勾选"启用极轴追踪"复选框

"极轴追踪"选项卡说明：

（1）"启用极轴追踪"复选框。选中该复选框，即启用极轴追踪功能。

（2）"极轴角设置"选项区。设置极轴角的值，可以在"增量角"下拉列表框中选择一种角度值，也可以勾选"附加角"复选框。单击"新建"按钮设置任意附加角，系统在进行极轴追踪的同时，追踪增量角和附加角。可以设置多个附加角。

（3）"对象捕捉追踪设置"和"极轴角测量"选项区。按界面提示设置相应单选选项，利用自动追踪可以完成三视图绘制。

5.5 对象约束

约束可以规定草图中对象自身或对象之间的关系，从而精确地控制草图中的对象。草图约束有两种类型：几何约束和尺寸约束。

几何约束可以建立草图对象的几何特性或两个及更多草图对象的关系类型。在图形区，用户可以使用"参数化"选项卡中的"全部显示""全部隐藏"或"显示"选项来显示有关信息，并显示代表这些约束的直观标记。

尺寸约束建立草图对象的大小或两个对象之间的关系。

5.5.1 建立几何约束

几何约束可以指定草图对象必须遵守的条件，或者是草图对象之间必须维持的关系。"约束设置"对话框中的"几何"选项卡如图 5.27 所示，其主要几何约束选项功能见表5.2。

图 5.27 "几何"选项卡

表 5.2　几何约束选项功能

约束模式	功能
重合	约束两个点使其重合,或约束一个点使其位于曲线(或曲线的延长线)上。可以使对象上的约束点与某个对象重合,也可以使其与另一对象上的约束点重合
共线	使两条或多条直线段沿同一直线方向分布
同心	将两个圆弧、圆或椭圆约束到同一个中心点。结果与将重合约束应用于曲线的中心点所产生的结果相同
固定	将几何约束应用于一对对象时,选择对象的顺序及选择每个对象的点可能会影响对象彼此间的放置方式
平行	使选定的直线位于彼此平行的位置。平行约束在两个对象之间应用
垂直	使选定的直线位于彼此垂直的位置。垂直约束在两个对象之间应用
水平	使直线或点对位于与当前坐标系的 X 轴平行的位置。默认选择类型为对象
竖直	使直线或点对位于与当前坐标系的 Y 轴平行的位置
相切	将两条曲线约束为保持彼此相切或其延长线保持彼此相切。相切约束在两个对象之间应用
平滑	将样条曲线约束为连续,并与其他样条曲线、直线、圆弧或多段线保持 G2 连续
对称	使选定对象受对称约束,相对于选定直线对称
相等	将选定圆弧和圆的尺寸重新调整为半径相同,或将选定直线的尺寸重新调整为长度相同

绘图中可指定二维对象或对象上的点之间的几何约束,之后编辑受约束的几何图形时,将保留约束。因此,通过使用几何约束,可以在图形中包括设计要求。

5.5.2　设置几何约束

在我们的绘图过程中,可以控制约束栏的显示或隐藏。利用"约束设置"对话框(图5.27)可控制显示或隐藏约束栏的几何约束类型,包括以下操作:

①显示/隐藏所有的几何约束。

②显示/隐藏指定类型的几何约束。

③显示/隐藏所有与选定对象相关的几何约束。

【执行方式】

①命令行:CONSTRAINTSETTINGS(快捷命令:CSETTINGS)

②菜单栏:选择菜单栏中"参数"→"约束设置"命令

③功能区:单击"参数化"选项卡中,"几何"面板中的"约束设置"按钮

④工具栏:单击"参数化"工具栏中的"约束设置"按钮

执行上述操作后,系统打开"约束设置"对话框,单击"几何"选项卡,利用此对话框可以控制约束栏上约束类型的显示。

"几何"选项卡说明：

(1)"约束栏显示设置"选项区。此选项区控制各种类型的几何约束的约束栏的显示或隐藏。例如，可以只勾选"垂直"，草图将只显示"垂直"类型的约束栏。

(2)"全部选择"按钮。单击该按钮，将勾选"约束栏显示设置"的全部选项，即显示全部类型的几何约束的约束栏。

(3)"全部清除"按钮。单击该按钮，将取消所有"约束栏显示设置"选项的勾选，即隐藏全部类型的几何约束的约束栏。

(4)"仅为处于当前平面中的对象显示约束栏"复选框。仅为当前平面上受几何约束的对象显示约束栏。

(5)约束栏透明度。设置图形中约束栏的透明度。

(6)"将约束应用于选定对象后显示约束栏"复选框。手动应用约束或使用"AUTO－CONSTRAIN"命令时，显示相关约束栏。

5.5.3　建立尺寸约束

尺寸约束可以限制图形几何对象的大小，和草图上的标注尺寸相似，二者同样设置尺寸标注线，并建立相应的表达式。不同的是，尺寸约束可以在后续的编辑工作中实现尺寸的参数化驱动。标注约束面板及工具栏（面板在"参数化"选项卡内的标准面板中）如图5.28所示。

图 5.28　标注约束面板及工具栏

在生成尺寸约束时，用户可以选择草图曲线、边、基准平面或基准轴上的点，以生成水平、竖直、平行、垂直和角度尺寸。系统会生成一个表达式，其名称和值显示在一个文本框中，用户可以在其中编辑该表达式的名称和值。

生成尺寸约束时，只要选中了几何体，其尺寸及其延伸线和箭头就会全部显示出来。将尺寸拖动到位，然后单击，就完成了尺寸约束的添加。完成尺寸约束后，用户还可以随时更改尺寸约束，只需在绘图区选中该值双击，就可以使用生成过程中所采用的方式，编辑其名称、值或位置。

5.5.4　设置尺寸约束

在我们的绘图过程中，使用"约束设置"对话框中的"标注"选项卡，如图5.29所示，可以控制显示标注约束时的系统配置，标注约束控制设计的大小和比例。尺寸约束的具体内容有：

①对象之间或对象上点之间的距离。

②对象之间或对象上点之间的角度。

图 5.29　"标注"选项卡

【执行方式】

①命令行:CONSTRAINTSETTINGS(快捷命令:CSETTINGS)

②菜单栏:选择菜单栏中的"参数"→"约束设置"

③功能区:单击"参数化"选项卡中的约束设置按钮

④工具栏:单击参数化工具栏中的约束设置按钮

执行上述操作后,系统打开"约束设置"对话框,单击"标注"选项卡,如图 5.29 所示,利用此对话框可以控制约束栏上约束类型的显示。

"标注"选项卡说明:

(1)"标注约束格式"选项区。该选项区内可以设置标注名称格式和锁定图标的显示。

(2)"标注名称格式"下拉列表框。为应用标准约束时显示的文字指定格式。将名称格式设置为显示名称和值或名称和表达式。

(3)"为注释性约束显示锁定图标"复选框。针对已应用注释性约束的对象显示锁定图标。

(4)"为选定对象显示隐藏的动态约束"复选框。显示选定时已设置为隐藏的动态约束。

5.5.5　设置自动约束

在绘图的过程中,使用"约束设置"对话框中的"自动约束"选项卡可将设定公差范围内的对象自动设置为"相关约束"。

【执行方式】

①命令行:CONSTRAINTSETTINGS(快捷命令:CSETTINGS)

②菜单栏:选择菜单栏中"参数"→"约束设置"

③功能区:单击"参数化"选项卡中,标注面板中的对话框启动器按钮

④工具栏:单击参数化工具栏中的约束设置按钮[✓]

执行上述操作后,系统打开"约束设置"对话框,单击"自动约束"选项卡,如图 5.30 所示,利用此选项卡可以控制自动约束相关参数。

图 5.30 "自动约束"选项卡

"自动约束"选项卡说明:

(1)"约束类型"列表框。显示自动约束的约束类型及其优先级。可以通过"上移"和"下移"按钮调整优先级的先后顺序。可以单击符号选择或去掉某约束类型是否作为自动约束类型。

(2)"相切对象必须共用同一交点"复选框。指定两条曲线必须共用一个点(在距离公差内指定),以便应用相切约束。

(3)"垂直对象必须共用同一交点"复选框。指定直线必须相交或者一条直线的端点必须与另一条直线或直线的端点重合(在距离公差内指定)。

(4)"公差"选项区。设置可接受的"距离"和"角度"公差值以确定是否可以应用约束。

【例 5.4】绘制如图 5.31 所示的同心相切圆。

(1)单击"默认"选项卡绘图面板中的圆按钮⊙,以适当的半径绘制 4 个圆,绘制结果如图 5.32 所示。

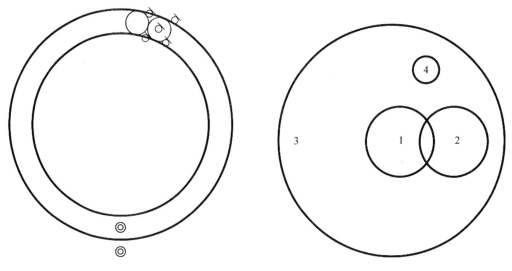

图 5.31　同心相切圆　　　　　　　　　　图 5.32　绘制圆

　　(2)单击"参数化"选项卡几何面板中的相切按钮 ，系统自动将圆 2 向左移动,与圆 1 相切,结果如图 5.33 所示。

　　(3)单击"参数化"选项卡几何面板中的同心按钮 ，系统自动建立同心的几何关系,结果如图 5.34 所示。

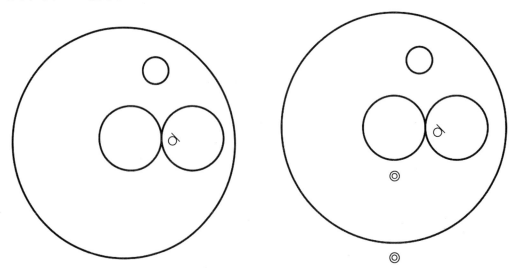

图 5.33　建立圆 1 和圆 2 的相切关系　　　　图 5.34　建立圆 1 和圆 3 的同心关系

　　(4)采用同样的方法,使圆 3 与圆 2 建立相切几何约束,结果如图 5.35 所示。

　　(5)采用同样的方法,使圆 1 与圆 4 建立相切几何约束,结果如图 5.36 所示。

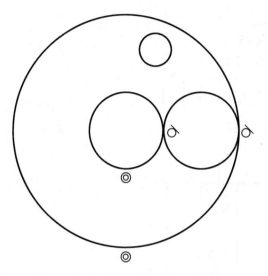

图 5.35　建立圆 3 和圆 2 的相切关系　　　　图 5.36　建立圆 1 和圆 4 的相切关系

(6)采用同样的方法,使圆 4 与圆 2 建立相切几何约束,结果如图 5.37 所示。

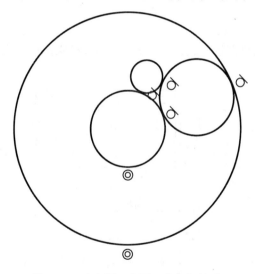

图 5.37　建立圆 4 和圆 2 的相切关系

(7)采用同样的方法,使圆 3 与圆 4 建立相切几何约束,最终结果如图 5.33 所示。

【本章训练】

练习一

上机操作:利用绘图和编辑命令绘制如图 5.38 所示图形(不标注尺寸)。

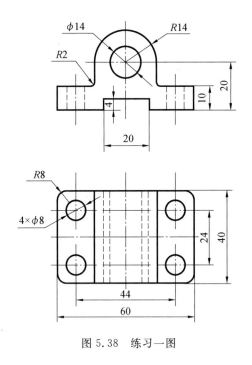

图 5.38　练习一图

练习二

上机操作:通过新建图层,设置图层,利用正交、对象捕捉等命令,绘制如图 5.39 所示图形(不标注尺寸)。

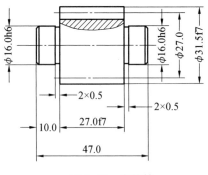

图 5.39　齿轮轴

练习三

上机操作:通过图层的切换,利用绘图和编辑命令,绘制如图 5.40 所示图形(不标注尺寸)。

绘图要求:

1.设置图层:点划线层　颜色黑色　线型为点划线　线宽默认

　　　　　　细实线层　颜色黑色　线型为细实线　线宽默认

　　　　　　虚线层　　颜色黑色　线型为虚线　　线宽默认

　　　　　　轮廓线层　颜色黑色　线型为粗实线　线宽 0.3

2.图层的控制状态:图层为开、解冻、解锁状态。

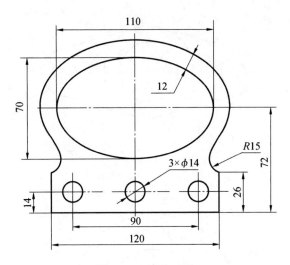

图 5.40　练习三图

练习四

上机操作:绘制图 5.41 所示图形(不标注尺寸)。

1.打开对象捕捉和自动追踪工具。

2.利用直线、圆等命令绘图。

3.用修剪命令完成图形绘制。

4.具体绘图过程由读者自己完成,绘制方法和过程不唯一。

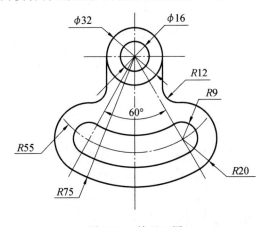

图 5.41　练习四图

练习五

上机操作:利用栅格、对象捕捉绘制如图 5.42、图 5.43 所示图形(不标注尺寸)。

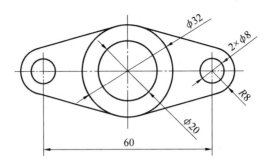

图 5.42　练习五图

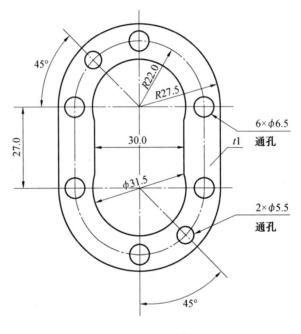

图 5.43　垫片

练习六

上机操作:利用自动追踪功能和绘图命令绘制如图 5.44 所示图形(不标注尺寸)。

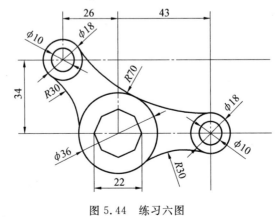

图 5.44　练习六图

练习七

上机操作:利用绘图编辑命令和对象捕捉及自动追踪工具绘制如图 5.45 所示爪钩平面图形(不标注尺寸)。

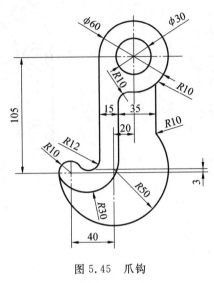

图 5.45 爪钩

练习八

上机操作:利用栅格、对象捕捉、自动追踪工具和圆、复制、修剪等命令绘制编辑修改图 5.46 所示图形(不标注尺寸)。

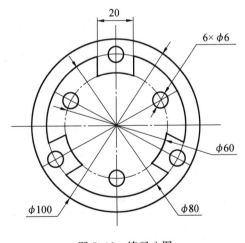

图 5.46 练习八图

练习九

上机操作:使用自动追踪和捕捉功能绘制图 5.47 所示图形(不标注尺寸)。

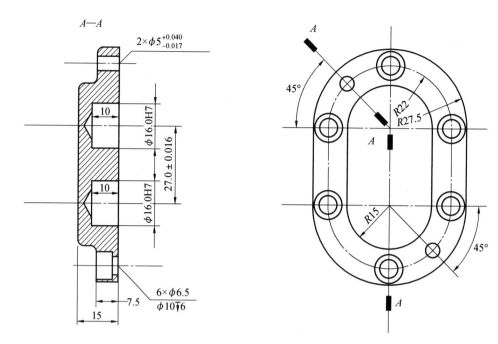

图 5.47　端盖

第 6 章
文本输入与编辑

　　一幅完整的工程图,除了图形外,往往还包括很多相关的文字说明,如技术要求、注释说明以及标题栏等。AutoCAD 2020 提供了多种写入文字的方法。本章主要学习如何设置文本格式、输入文本及特殊符号、编辑文本等知识,使用户熟练地在图形中加入文本说明。图表在 AutoCAD 2020 图形中也有大量的应用,如明细表、参数表和标题栏等。图表功能使绘制图表变得方便快捷。

6.1　设置文字样式

　　按照国家技术制图标准规定,各种专业图样中文字的字体、字宽、字高都有一定的标准。为了达到国家标准要求,在输入文字以前,首先设置文字样式或者调用已经设置好的文字样式。文字样式定义了文本所用的字体、字高、宽度比例、倾斜角度等其他文字特征。

【执行方式】

　　①功能区:"默认"→"注释"→"文字样式或注释"→"文字"→"文字样式"→"管理文字样式"

　　②菜单栏:"格式"→"文字样式"

　　③工具栏:"样式"→"文字样式"

　　④命令行:DDSTYLE/STYLE

　　打开"文字样式"对话框,如图 6.1 所示。利用该对话框修改或创建文字样式,并设置文字的当前样式。系统默认类型为 Standard,使用基本字体,字体文件为 txt.shx。

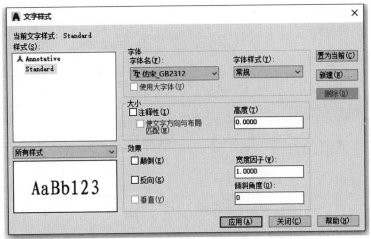

图 6.1　"文字样式"对话框

"文字样式"对话框说明：

(1)"字体"选项区。确定字体样式。

① 字体名。文字字体确定字符的形状，在 AutoCAD 中，除了固有的 SHX 形状字体文件外，还可以使用 TrueType 字体(如宋体、楷体、italley 等)。一种字体可以设置不同的效果从而被多种文本样式使用。根据机械制图国家标准可选择"仿宋_GB2312"(不要误选为"@仿宋_2312")。

② "使用大字体"复选框。用于选择大字体。选中此复选框"字体名"下拉列表框变为"SHX 字体(X)"下拉列表框，"字体样式"下拉列表框变为"大字体(B)"下拉列表框，"垂直"复选框由灰色不可启用状态变为可启用状态，如图 6.2 所示。

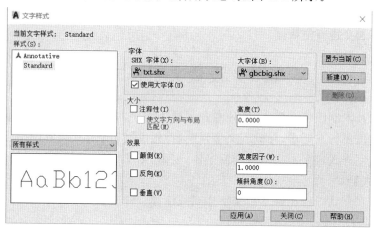

图 6.2   选用"大字体"

③ 字体样式。用于设置文字样式。默认为"常规"，可修改为"粗体""斜体""粗斜体"，不同字体的字体样式也有所不同，如图 6.3 所示。

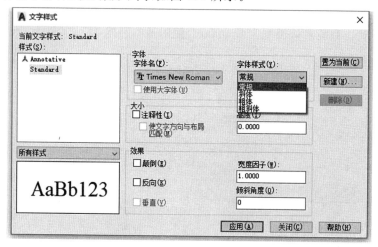

图 6.3   "字体样式"复选框

(2)"大小"选项区。用于调节文字的注释性以及文字尺寸大小。

① "注释性"复选框。指定文字为注释性文字。

　　② "使文字方向与布局匹配"复选框。指定图纸空间视口中的文字方向与布局方向匹配。如果"注释性"复选框未被选中,则该选项不可用。

　　③ 高度。设置输入文字的高度。如果设置为 0,在每次使用输入文本时,AutoCAD 将要求输入文本高度。若在此设置字高,则在输入文本时不再询问字高。

　　(3)"效果"选项区。此选项区中的各项用于设置字体的特殊效果。

　　①"颠倒"复选框。启用该功能,文本文字将倒置标注,图 6.4(b)所示为颠倒效果。

　　②"反向"复选框。启用该功能,文本文字将反向标注,图 6.4(c)所示为反向效果。

　　③"垂直"复选框。启用该功能,文本文字将垂直标注,该功能仅在"大字体"启用状态下才可选择是否启用,图 6.4(d)所示为垂直效果。

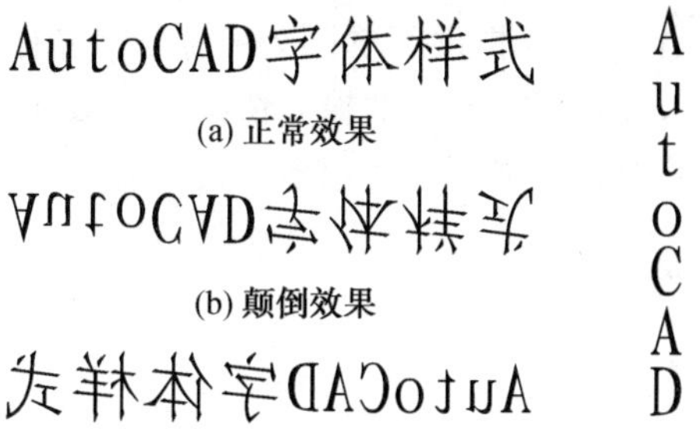

AutoCAD字体样式

(a) 正常效果

(b) 颠倒效果

(c) 反向效果

(d) 垂直效果

图 6.4　字体特殊效果

　　④宽度因子。设置宽度系数,确定文本字符的宽高比。当比例系数为 1 时表示按字体文件中定义的宽高比标注文字。当此系数小于 1 时字变窄,反之变宽。图 6.5(a)表示不同宽度系数下标注的文本。

　　⑤倾斜角度。用于确定文字的倾斜角度。角度为 0 时不倾斜,为正时向右倾斜,为负时向左倾斜,不同倾斜角度如图 6.5(b)所示。

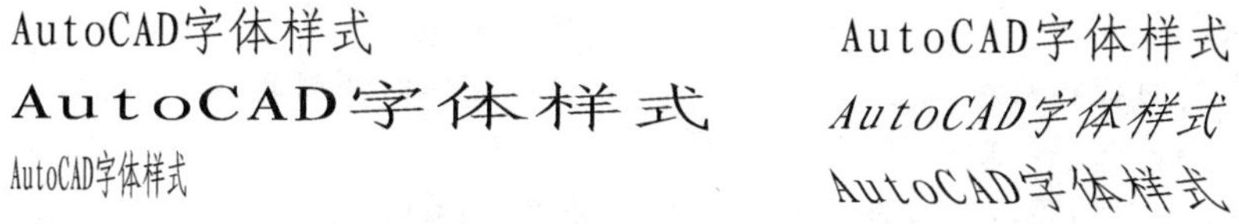

AutoCAD字体样式
AutoCAD字体样式
AutoCAD字体样式

(a) 不同宽度系数

AutoCAD字体样式
AutoCAD字体样式
AutoCAD字体样式

(b) 不同倾斜角度

图 6.5　"宽度因子"和"倾斜角度"设置

　　(4)置为当前。该按钮将在"样式"下选定的样式设置为当前。

　　(5)新建。该按钮用于新建文字样式。单击此按钮,系统弹出如图 6.6 所示的"新建文字样式"对话框,并自动为当前设置提供名称"样式 n"(其中,n 为所提供样式的编号)。可以采用默认值或在该框中输入名称,然后单击"确定"按钮使新样式名使用当前样式设置。

　　(6)删除。删除指定的文本样式。

　　(7)应用。将文本样式应用于当前图形。

　　(8)关闭。单击该按钮将关闭目前的对话框。

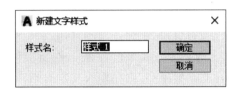

图 6.6　"新建文字样式"对话框

6.2　创建文本与编辑

在制图过程中文字传递很多设计信息,它可能是一个很长很复杂的说明,也可能是一个简短的文字信息。AutoCAD 2020 提供了单行文字命令和多行文字命令两种文字处理功能。这两种命令各有特点,分别适用不同的输入情况。一般而言,对简短的输入项使用单行文字,对带有内部格式的较长的输入项使用多行文字。

6.2.1　创建单行文字

【执行方式】
①功能区:"默认"→"注释"→"文字"→"单行文字"
②菜单栏:"绘图"→"文字"→"单行文字"
③工具栏:"文字"→"单行文字"
④命令行:DTEXT/TEXT
命令行提示:
命令:TEXT
当前文字样式:Standard 文字高度:2.5
指定文字的起点或 [对正(J)/样式(S)]:(输入起点坐标或鼠标左键单击起点位置)
指定高度<2.5000>:　　　　　　　(确定字体的高度)
指定文字的旋转角度<0>:　　　　　(确定字体的倾斜角度)
命令行中各选项的功能如下:
(1)指定文字的起点。在此提示下直接在绘图窗口上点取一点作为本的起始点。
(2)对正(J)。设置文字的对齐方式。执行此选项,命令行提示:
输入选项 [左(L)/居中(C)/右(R)/对齐(A)/中间(M)/布满(F)/左上(TL)/中上(TC)/右上(TR)/左中(ML)/正中(MC)/右中(MR)/左下(BL)/中下(BC)/右下(BR)]:
在此提示下选择一个选项作为文本的对齐方式。当文本为水平排列时,AutoCAD 为标注文本串,定义图 6.7 所示的顶线、中线、基线和底线,文本对齐方式如图 6.8 所示。
下面以对齐命令为例进行简要说明。
选择"对齐(A)"选项,要求用户指定文本行基线的起始点与终止点的位置,命令行提示:
指定文字基线的第一个端点:(指定文本基线的起始点位置)
指定文字基线的第二个端点:(指定文本基线的终止点位置)

图 6.7 文本行的顶线、中线、基线和底线

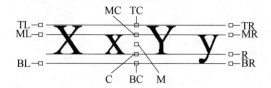

图 6.8 文本对齐方式

输入文字：   （输入第一行文本后按 Enter 键结束）

输入文字：   （继续输入文本或直接按 Enter 键结束）

执行结果：所输入的文本字符均匀地分布于指定的两点之间，如果两点间的连线不水平，则文本行倾斜放置，倾斜角度由两点间的连线与 X 轴夹角确定；字高、字宽根据两点间的距离、字符的多少及文本样式中设置的宽度系数自动确定。指定两点之后，每行输入的字符越多，字宽和字高越小。

其他命令选项与对齐命令类似，这里不再赘述。

（3）样式(S)。设置文字使用的文本样式。执行此选项，命令行提示：

指定文字的起点或［对正(J)/样式(S)］:S

输入样式名或［?］＜Standard＞:

此时可以直接输入文字样式的名称，也可以输入"?"，命令行提示：

输入要列出的文字样式 ＜＊＞:

在此提示下直接回车，系统会弹出"AutoCAD 文本窗口"提示用户当前图形已有的文字样式，如图 6.9 所示。

【例 6.1】用单行文本命令输入，如图 6.10 所示文字。

（1）命令:STYLE   （打开文字样式对话框）

（2）新建→样式 1   （创建样式 1）

（3）字体名:仿宋_GB2312，单击"应用"按钮   （修改字体）

（4）命令:TEXT   （执行单行文本输入命令）

（5）当前文字样式:"样式 1"；当前文字高度:2.5   （显示当前设置）

（6）指定文字的起点或［对正(J)/样式(S)］:S

（7）输入样式名或［?］＜Standard＞:样式 1   （指定文字样式）

（8）指定文字的起点或［对正(J)/样式(S)］:J   （设置文本对齐方式）

（9）输入选项［左(L)/居中(C)/右(R)/对齐(A)/中间(M)/布满(F)/左上(TL)/中上(TC)/右上(TR)/左中(ML)/正中(MC)/右中(MR)/左下(BL)/中下(BC)/右下(BR)］:TL   （选择左上角(TL)对齐方式）

（10）指定文字的左上点:点取 A 点   （设置文本左上点与 A 点对齐）

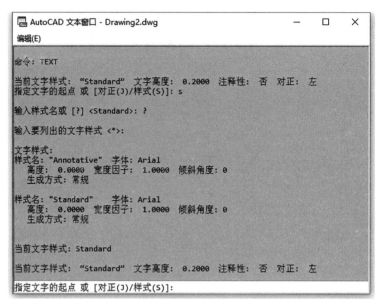

图 6.9 "AutoCAD 文本窗口"提示信息

图 6.10 单行文本输入效果

(11) 指定高度＜2.500＞:10　　　　　　　　　（指定文字的高度）

(12) 指定文字的旋转角度＜0＞:0　　　　　　　（指定文字的旋转角度）

(13) 输入文字:轻轻松松学习　　　　　　　　　（输入文字）

(14) 命令:STYLE　　　　　　　　　　　　　　（打开文字样式对话框）

(15) 新建→样式 2　　　　　　　　　　　　　　（创建样式 2）

(16) 字体名:宋体

(17) 倾斜角度:20,单击"应用"按钮　　　　　　　（修改倾斜角度）

(18) 命令:TEXT　　　　　　　　　　　　　　　（再次执行单行文本命令）

(19) 当前文字样式:"样式 2";当前文字高度:10　（显示当前设置）

(20) 指定文字的起点或[对正(J)/样式(S)]:J　（设置文本对齐方式）

(21) 输入选项[左(L)/居中(C)/右(R)/对齐(A)/中间(M)/布满(F)/左上(TL)/中上(TC)/右上(TR)/左中(ML)/正中(MC)/右中(MR)/左下(BL)/中下(BC)/右下(BR)]:BR　　　　　　　　　　　　　　　　（选择右下角(BR)对齐方式）

(22) 指定文字的左上点:点取 B 点　　　　　　　（设置文本右下点与点 B 对齐）

(23) 指定高度＜2.500＞:20　　　　　　　　　　（指定文字的高度）

(24) 指定文字的旋转角度＜0＞:0　　　　　　　（指定文字的旋转角度）

(25) 输入文字:AutoCAD 中文版　　　　　　　　（输入文字）

(26) 输入文字：　　　　　　　　　　（按回车键结束文本输入）

6.2.2　创建多行文字

较长、较为复杂的内容可以通过创建多行文字完成输入。多行文字又称为段落文字，它可以由两行以上的文字组成作为一个实体，多行文字比单行文字的输入更灵活，可以完成创建堆叠文字、插入特殊文字等操作。

【执行方式】

①功能区："默认"→"注释"→"文字"→"多行文字"

②菜单栏："绘图"→"文字"→"多行文字"

③工具栏："文字"→"多行文字或绘图"→"多行文字"

④命令行：MTEXT

命令行提示：

命令：MTEXT

当前文字样式：Standard 文字高度：0.2000

指定第一角点：

指定对角点或［高度(H)/对正(J)/行距(L)/旋转(R)/样式(S)/宽度(W)/栏(C)］：

命令行中主要选项的功能如下：

(1)指定对角点。直接在屏幕上点取一个点作为矩形框的第二个角点，AutoCAD 以这两个点为对角点形成一个矩形区域，其宽度作为将来要标注的多行文本的宽度，而且第一个点作为第一行文本顶线的起点。

(2)对正(J)。确定所标注文本的对齐方式。选择此选项，命令行提示：

输入对齐方式［左上(TL)/中上(TC)/右上(TR)/左中(ML)/正中(MC)/右中(MR)/左下(BL)/中下(BC)/右下(BR)］＜左上(TL)＞：

这些对齐方式与单行文字命令中的各对齐方式相同，这里不再赘述。选取一种对齐方式后按 Enter 键，命令行返回上一级提示。

(3)行距(L)。确定多行文本的行间距，这里所说的"行间距"是指相邻两文本行基线之间的垂直距离。执行此选项，命令行提示：

输入行距类型［至少(A)/精确(E)］＜至少(A)＞：

在此提示下有两种方式确定行间距："至少(A)"方式和"精确(E)"方式。在"至少"方式下，AutoCAD 根据每行文本中最大的字符自动调整行间距；在"精确"方式下，Auto-CAD 为多行文本赋予一个固定的行间距。可以直接输入一个确切的间距值，也可以输入"nx"的形式，其中"n"是一个具体数，表示行间距设置为单行文本高度的 n 倍，而单行文本高度是本行文本字符高度的 1.66 倍。

(4)旋转(R)。确定文本行的倾斜角度。选择此选项，命令行提示：

指定旋转角度＜0＞:（输入倾斜角度）

输入角度值后按 Enter 键，命令行返回"指定对角点或［高度(H)/对正(J)/行距(L)/旋转(R)/样式(S)/宽度(W)/栏(C)］："提示。

(5)样式(S)。确定当前的文本样式。

(6)宽度(W)。指定多行文本的宽度。可在屏幕上选取一点与由前面确定的第一个角点组成的矩形框的宽作为多行文本宽度。可以输入一个数值,精确设置多行文本的宽度。

(7)栏(C)。根据栏宽、栏间距宽度和栏高组成矩形框。

执行多行文本命令后,如果功能区处于活动状态,则将在功能区中弹出"文字编辑器"选项板,如图 6.11 所示。在文本框中输入文字后,通过"文字编辑器"选项板可以设置文字的样式、格式、段落参数,以及插入特殊符号等。

单击"文字编辑器"选项板→"关闭"面板→"关闭文字编辑器"按钮,完成文字的输入。

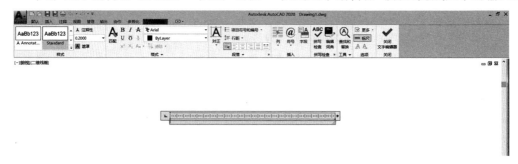

图 6.11 "文字编辑器"选项板

"文字编辑器"选项板说明:

(1) 样式面板。

①文本高度。用于确定文本的字符高度,可在文字编辑器中直接输入新的字符高度,也可从此下拉列表框中选择已设定过的高度。

②遮罩按钮 。选择该命令将打开"背景遮罩"对话框,可以设置是否使用背景遮罩、边界偏移因子,以及背景遮罩的填充颜色,对话框如图 6.12 所示。

图 6.12 "背景遮罩"对话框

(2) 格式面板。

①加粗按钮 和倾斜按钮 。用于字体加粗和设置斜体效果,只对 TrueType 字体有效。

②删除线按钮 。用于在文字上添加水平删除线。

③下划线按钮 与上划线按钮 。用于设置或取消上(下)划线。

④堆叠按钮 。即层叠/非层叠文本按钮,用于层叠所选的文本,也就是创建分数形式。当文本中某处出现"/""^"或"♯"这 3 种层叠符号之一时可层叠文本,方法是选中需层叠的文字,然后单击此按钮,则符号左边的文字作为分子,右边的文字作为分母。AutoCAD

提供了 3 种分数形式,如果选中"abcd/efgh"后单击此按钮,则得到如图 6.13 (a) 所示的分数形式;如果选中 "abcd^efgh"后单击此按钮,则得到如图 6.13 (b)所示的形式,此形式多用于标注极限偏差;如果选中"abcd♯efgh"后单击此按钮,则创建斜排的分数形式,如图 6.13 (c)所示。如果选中已经层叠的文本对象后单击此按钮,则恢复到非层叠形式。

$$\frac{abcd}{efgh} \qquad \frac{abcd}{efgh} \qquad abcd/efgh$$

(a)   (b)   (c)

图 6.13   文本叠层

⑤倾斜角度按钮 ▨ 。用于设置文字的倾斜角度,图 6.14 所示为斜体效果与倾斜效果对比。

AutoCAD中文版   *AutoCAD 中文版*   ***AutoCAD 中文版***

(a) 正常效果   (b) 斜体效果   (c) 倾斜效果

图 6.14   斜体效果与倾斜角度

⑥宽度因子按钮 ▨ 。用于扩展或收缩选定字符。

上标按钮 X^2 和下标按钮 X_2 。将选定文字转换为上(下)标,即在选定文字位置的上(下)方设置稍小的文字。

⑦"清除"按钮 ▨ 清除。删除选定字符的字符格式,或删除选定段落的段落格式,或删除选定段落中的所有格式。

⑧文字编辑器颜色库。用于为新输入的文字指定颜色或修改选定文字的颜色。

(3) 段落面板。

①多行文字对正。显示"多行文字对正"菜单,并且有九种对齐选项可用。

②关闭。如果选择此选项,将从应用了列表格式的选定文字中删除字母、数字和项目符号。不更改缩进状态。

③以数字标记。应用将带有句点的数字用于列表中的项的列表格式。

④以字母标记。应用将带有句点的字母用于列表中的项的列表格式。如果列表含有的项多于字母中含有的字母,可以使用双字母继续序列。

⑤以项目符号标记。应用将项目符号用于列表中的项的列表格式。

⑥起点。在列表格式中启动新的字母或数字序列。如果选定的项位于列表中间,则选定项下面的未选中的项也将成为新列表的一部分。

⑦连续。将选定的段落添加到上面最后一个列表然后继续序列。如果选择了列表项而非段落,选定项下面未选中的项将继续序列。

⑧允许自动项目符号和编号。在输入时应用列表格式。以下字符可以用作字母和数字后的标点,并不能用作项目符号:句点(.)、逗号(,)、右括号())、右尖括号(>)、右方括号(])和右大括号(})。

⑨允许项目符号和列表。如果选择此选项,列表格式将应用到外观类似列表的多行文字对象中的所有纯文本。

⑩段落。为段落和段落的第一行设置缩进。指定制表位和缩进,控制段落对齐方式、段落间距和段落行距,"段落"对话框如图 6.15 所示。

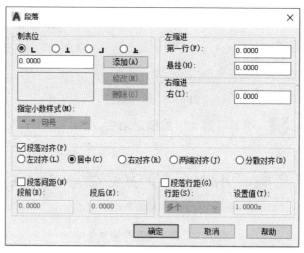

图 6.15 "段落"对话框

(4)插入面板。

①符号按钮 ⑧。用于输入各种符号。单击该按钮,系统打开符号下拉菜单,用户可以从中选择符号输入文本中。

②字段按钮 ⑧。用于插入一些常用或预设字段。单击该按钮,系统打开"字段"对话框,如图 6.16 所示。用户可从中选择字段插入标注文本中。

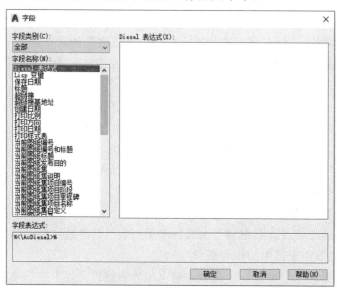

图 6.16 "字段"对话框

(5)拼写检查。

①拼写检查按钮。确定输入时拼写检查处于打开还是关闭状态。

②编辑词典按钮。显示“词典”对话框,从中可添加或删除在拼写检查过程中使用的自定义词典。

(6)工具。

①查找和替换按钮。选择该命令将打开“查找和替换”对话框,如图 6.17 所示。用户可以搜索或同时替换指定的字符串,也可以设置查找的条件,如是否全字匹配、是否区分大小写等。

②输入文字。选择该命令将打开“选择文件”对话框,用户可以将已经在其他文字编辑器中创建的文字内容直接导入到当前的文本窗口中。

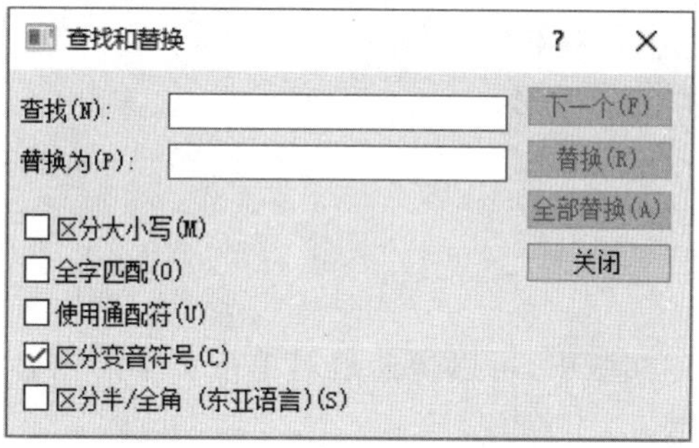

图 6.17 “查找和替换”对话框

(7)选项。

①标尺按钮 标尺。在编辑顶部显示标尺,拖动标尺末尾的箭头可更改文字对象的宽度。列模式处于活动状态时还显示高度和列夹点。

②放弃按钮。单击该按钮可以取消前一次操作。

③重做按钮。单击该按钮可以重复前一次取消的操作。

(8)关闭。关闭“文字编辑器”选项板,退出多行文字的输入与编辑。

【例 6.2】分别输入“2019/2020”“2019^2020”“2019#2020”,然后按空格键,文字的不同堆叠效果如图 6.18 所示。

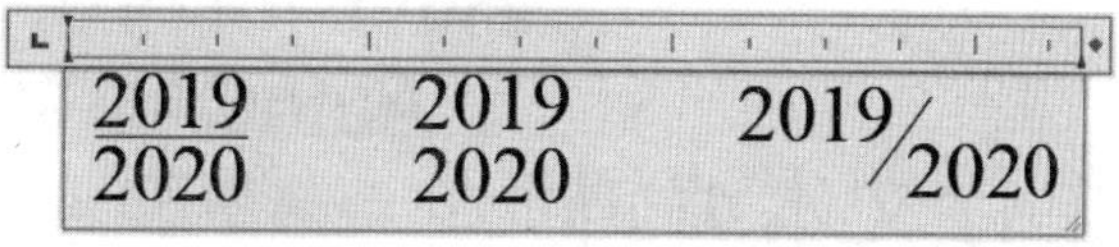

图 6.18 文字的不同堆叠效果

在 AutoCAD 经典的工作空间下执行多行文本命令后,在绘图窗口中指定一个用来放置多行文字的矩形区域,这时将打开“文字格式”工具栏和文字输入窗口,如图 6.19 所示。利用它们可以设置多行文字的样式、字体及大小等属性。

(9)确定按钮。单击该按钮,可以关闭多行文字创建模式并保存用户的设置。

其余选项功能均与“文字编辑器”选项板的功能相同。

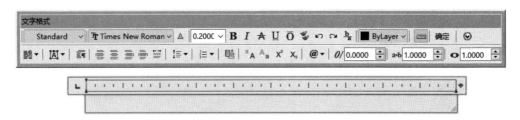

图 6.19　多行文本的"文字格式"工具栏和文字输入窗口

如果要对每个段落首行缩进,拖动标尺上的第一行缩进滑块。要对每个段落的其他行缩进,拖动段落滑块。要设置制表格,单击标尺设置制表位(有点类似 Word 操作)。结束输入文字和设置好文字格式后,要想保存更改并退出"文字格式"工具栏,可使用下列方法之一:

①单击工具栏上的"确定"按钮。

②单击"文字格式"外部的图形。

③按 Ctrl+Enter 组合键。

6.2.3　文本编辑

在 AutoCAD 2020 中文版中,可以快速地对单行文本的内容、对正方式、旋转角度及缩放比例等内容进行编辑。

(1)单击单行文本,在文本左上角会出现选中标记,如图 6.20(a)所示,单击选中标记,移动鼠标可移动单行文字位置,单击空格键命令行提示:

指定移动点或［基点(B)/复制(C)/放弃(U)/退出(X)］:

命令行中主要选项的功能如下:

①基点(B)。指定移动基点。

②复制(C)。复制单行文字。

③放弃(U)。放弃前一步操作。

④退出(X)。取消标记选中状态。

输入移动距离和方向即可移动文本,图 6.20(b)所示为单行文本移动效果。

(a) 文本可被编辑状态　　　　　　　　　　　　　　　(b) 移动文本

图 6.20　单行文本编辑

(2)单击选中标记,双击空格键可进行单行文字旋转操作,命令行提示:

指定旋转角度或［基点(B)/复制(C)/放弃(U)/参照(R)/退出(X)］:

命令行中主要选项的功能如下:

①基点(B)。指定旋转基点。

②复制(C)。复制并旋转文字。

③放弃(U)。放弃前一步操作。

④参照(R)。指定参照角度。

⑤退出(X)。取消标记选中状态。

输入旋转角度即可旋转文本,图 6.21 所示为单行文本旋转效果。

图 6.21　旋转文本

(3)单击选中标记,单击三次空格键可进行单行文字缩放操作,命令行提示:

指定比例因子或 [基点(B)/复制(C)/放弃(U)/参照(R)/退出(X)]:

命令行中主要选项的功能如下:

①基点(B)。指定缩放基点。

②复制(C)。复制并缩放文字。

③放弃(U)。放弃前一步操作。

④参照(R)。指定参照尺寸。

⑤退出(X)。取消标记选中状态。

输入比例因子即可缩放文本,图 6.22 所示为单行文本缩放效果。

图 6.22　缩放文本

(4)单击选中标记,单击四次空格键可进行单行文字缩放操作,命令行提示:

指定第二点或 [基点(B)/复制(C)/放弃(U)/退出(X)]:

命令行中主要选项的功能如下:

①基点(B)。指定镜像基点。

②放弃(U)。放弃前一步操作。

③复制(C)。复制并镜像文字。

④退出(X)。取消标记选中状态。

输入比例因子即可镜像文本,图 6.23 所示为单行文本镜像效果。

(5)单击选中标记,单击鼠标右键,选择"快捷特性"功能弹出该文本的快捷特性面板,如图 6.24(b)所示。在此面板中可以对选中的单行文本的特性进行编辑。

图 6.23　镜像文本

在文本被选中的情况下按 Delete 键可以删除该文本。

(a) 单行文本右键菜单

(b) 单行文本快捷特性面板

图 6.24　单行文本快捷编辑

（6）双击单行文本，进入文本编辑状态，用户可以直接对文本进行修改，"修改单行文本"窗口如图 6.25 所示。

图 6.25　"修改单行文本"窗口

（7）用户在 AutoCAD 经典的工作空间下也可以对单行文本进行编辑。

①编辑文本内容。

【执行方式】

a. 菜单栏:"修改"→"对象"→"文字"→"编辑"

b. 工具栏:文字工具栏按钮

c. 命令行:DDEDIT

激活该命令后,选择要编辑的单行文字对象,打开"编辑文字"窗口,在激活的窗口中输入新文本内容。

②编辑文本比例。

【执行方式】

a. 菜单栏："修改"→"对象"→"文字"→"比例"

b. 工具栏：文字工具栏按钮

c. 命令行：SCALETEXT

激活该命令后，选择要编辑的文字，此时需要输入缩放的基点以及指定的新高度、匹配对象或缩放比例。

③编辑文本对正方式。

【执行方式】

a. 菜单栏："修改"→"对象"→"文字"→"对正"

b. 工具栏：文字工具栏按钮

c. 命令行：JUSTIFYTEXT

激活该命令后，选择要编辑的文字，此时可以重新设置文字对齐方式。

多行文本标记位置与单行文本编辑有所区别，除此之外多行文本可通过调节三角标记自由选择文本框大小，多行文本编辑如图 6.26 所示。多行文本编辑其他功能与单行文本编辑基本相同，此处不再赘述。

图 6.26　多行文本编辑

6.2.4　通过外部文件输入文字

AutoCAD 2020 的多行文字"文字编辑器"可以直接将其他编辑器中的 TXT 文件或 RTF 文件导入此文字编辑器中，和在该编辑器中输入多行文字的显示效果一样。导入的文件大小不能超过 32 KB。在工程制图中，经常需要标注、编辑文字和修改大量常规文字，利用外部文件输入文字可以提高文字输入和编辑的效率。

在命令行中输入 MTEXT，打开"文字编辑器"选项板，在文本框中单击鼠标右键，在弹出的快捷菜单中选择"输入文字"命令，如图 6.27 所示，系统弹出"选择文件"对话框，如图 6.28 所示，在该对话框中选择外部文档。

图 6.27　"输入文字"命令

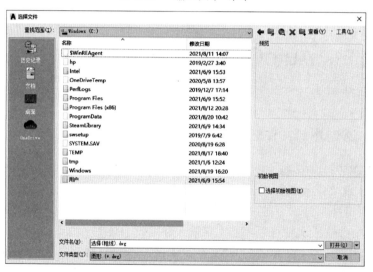

图 6.28　"选择文件"对话框

6.3　输入特殊符号

绘图时,有时需要标注一些特殊字符,如直径符号、上划线、下划线或温度符号等。由于这些符号不能直接从键盘上输入,AutoCAD 为此提供一些控制代码,用来实现这些功能。

6.3.1 利用单行文字命令输入特殊符号

AutoCAD 2020 可以采用以"％％"开头的控制码实现特殊符号和代码的输入,表 6.1
列出绘图过程中特殊符号代码及其含义。

表 6.1 AutoCAD 特殊符号代码及其含义

控制码	代表符号	控制码	代表符号
％％d	度数"°"	\U+2261	恒等于"≡"
％％p	公差符号"±"	\U+200	初始长度
％％c	直径"φ"	\U+E102	界碑线
\U+2248	几乎相等"≈"	\U+2260	不相等"≠"
\U+2220	角度"∠"	\U+2126	欧姆"Ω"
\U+E100	边界线	\U+03A9	欧米加"Ω"
\U+2104	中心线	\U+214A	地界线
\U+0394	差值"Δ"	\U+2082	下标 2"$_2$"
\U+0278	电相角	\U+00B2	平方"^{2}"
\U+E101	流线	\U+00B3	立方"^{3}"

【例 6.3】输入文字"轴径 φ30,旋转角度 30°",文字高度设为 20。
(1)命令:DTEXT   (执行单行文本命令)
(2)当前文字样式:Standard;当前文字高度:2.5   (显示当前设置)
(3)指定文字的左上点:屏幕上点取任意点
(4)指定高度<2.500>:20   (指定文字的高度)
(5)指定文字的旋转角度<0>:0   (指定文字的旋转角度)
(6)输入文字:轴径％％c30,旋转角度 30％％d   (输入文字)
结果如图 6.29 所示。

轴径Ø30, 旋转角度30°

图 6.29 文字及符号输入结果

6.3.2 利用多行文字命令输入特殊符号

用户可以通过单击"文字编辑器"选项板→插入面板→符号下拉按钮或"文字格式"选
项卡→符号下拉菜单,如图 6.30 所示,用户可以从中选择符号输入文本中。

【例 6.4】生成字符串 $4×φ8±0.025$。
(1)选择菜单栏"绘图"→"文字"→"多行文字",单击两对角点设置输入框,打开"文
字编辑器"选项板和文字输入窗口。
(2)在文字编辑区中输入数字 4,然后在"插入"选项卡中单击符号按钮,在打开的下

拉菜单中选择"其他"选项,打开"字符映射表"对话框,如图 6.31 所示。

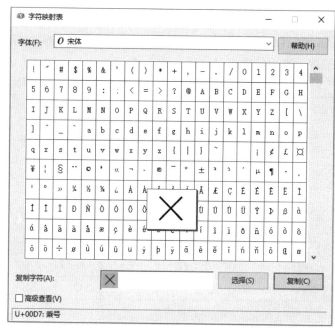

图 6.30　符号下拉菜单　　　　　　图 6.31　"字符映射表"对话框

（3）在"字体"下拉列表中选择"宋体",在"符号"选区中选择"×"符号,按下"选择"按钮后,单击"复制"按钮(图 6.31),返回文字编辑区,单击右键,在快捷菜单中选择"粘贴"选项。

（4）在"插入"选项卡中单击"符号"按钮,选择符号下拉菜单中的"直径"选项,然后输入 8。

（5）在"插入"选项卡中单击"符号"按钮,选择符号下拉菜单中的"正/负"选项,然后输入"0.025"。

（6）单击"确定"按钮,结果如图 6.32 所示。

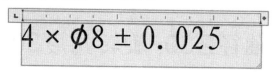

图 6.32　特殊符号输入效果

6.4　创建表格样式和表格

在 AutoCAD 2020 中,可以使用创建表格命令创建数据表格或标题块,还可以从 Microsoft Excel中直接复制表格,并将其作为 AutoCAD 表格对象粘贴到图形中,也可以从外部直接导入表格对象。此外,还可以输出 AutoCAD 的表格数据,以便用户在 Microsoft Excel或其他应用程序中使用。

6.4.1 创建表格样式

新建表格样式用于创建、修改或指定表格样式,表格样式可以确定所有新表格的外观,包括背景颜色、页边距、边界、文字和其他表格特征的设置。

【执行方式】

①功能区:"默认"→"注释"→"表格"→"表格样式"或"注释"→"表格"→"表格样式"

②菜单栏:"格式"→"表格样式"

③工具栏:"绘图"→"表格"→"表格样式"或"样式"→"表格样式"

④命令行:TABLESTYLE

采用上述任意一种方式,打开如图 6.33 所示的"表格样式"对话框,其中,"样式"列表框中列出了所有的表格样式,包括系统默认的 Standard 样式和用户自定义的样式。"预览"列表框可以预览用户所选择的表格样式。单击"置为当前"按钮,可以将选择的表格样式设置为当前样式。单击"新建"按钮,创建新的表格样式,在弹出的"创建新的表格样式"对话框(图 6.34)中,可以设置新样式名,选择表格的基础样式。单击"修改"按钮,可以修改所选表格的样式。

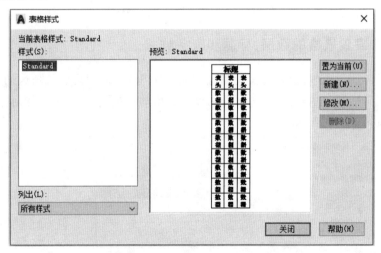

图 6.33 "表格样式"对话框

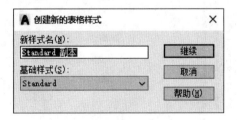

图 6.34 "创建新的表格样式"对话框

在图 6.34 中,填写新样式名并选择基础样式后,单击"继续"按钮,将弹出"新建表格样式"对话框,如图 6.35 所示。在该对话框中,用户可以设置"起始表格""常规""单元样式"等。"新建表格样式:明细表"对话框也具有预览设置的表格样式的功能。

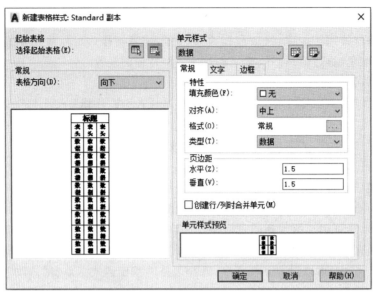

图 6.35　"新建表格样式"对话框

6.4.2　设置表格的数据、标题和表头样式

（1）单元样式。在"新建表格样式"对话框中,可以在"单元样式"选项区的下拉列表框中选择"数据""标题"和"表头"选项来分别设置表格的数据、标题和表头的对应样式。"单元样式"选项区下拉列表如图 6.36 所示。

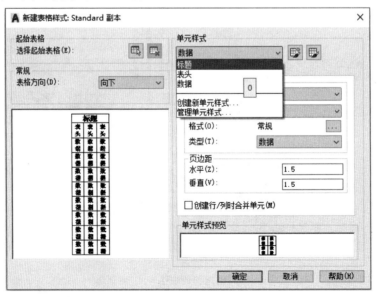

图 6.36　"单元样式"选项组下拉列表

（2）表格方向。在"常规"选项区的"表格方向"下拉列表中可以设置表格方向,包括

"向下"和"向上"两种。"向下"即按照"标题""表头"和"数据"从上到下的顺序排列,如图6.37(a)所示;"向上"即按照"标题""表头"和"数据"从下到上的顺序排列,如图6.37(b)所示。

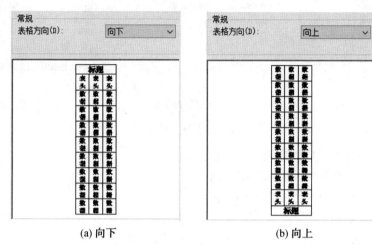

(a) 向下   (b) 向上

图 6.37 表格方向

(3)单元特性。表格的单元特性可以通过"常规""文字"和"边框"三个选项卡进行设置。

(4)常规。"常规"选项卡中包括"特性"和"页边距"两个选项区,如图6.38(a)所示。

①"填充颜色"下拉列表。用于修改单元格的背景颜色,默认设置为"无"。

②"对齐"下拉列表。用于设置表格中文字的对齐方式。

③格式按钮。单击此按钮,打开"表格单元格式"对话框,在该对话框中可设置数据类型,包括"百分比""常规"和"货币"等类型。

④"类型"下拉列表。用于设置单元的类型,包括"数据"和"标签"。

⑤"页边距"。用于设置单元中的文字或块与上下单元边界之间的距离。

(5)文字。在"文字"选项卡(图6.38(b))中可设置"文字样式""文字高度""文字颜色"和"文字角度"。默认的文字样式为"Standard",文字颜色为"ByBlock",文字高度为"4.5",表格标题的默认文字高度为"2.5",文字角度为"0"。

(6)"边框"选项卡(图6.38(c))用于设置表格边框的格式,包括"线宽""线型""颜色""间距"等。

①"双线"复选框。勾选该复选框,可将表格边界显示为双线,此时"间距"文本框进入可编辑状态,可设置双线边界的间距。

②边框按钮。通过单击边框按钮,可以将选定的特性应用到对应的边框上,从左到右依次为所有边框、外边框、内边框、下边框、左边框、上边框、右边框和无边框。

a.所有边框。将边框特性应用于所有边框。

b.外边框。将边框特性应用于外边框。

c.内边框。将边框特性应用于内边框。

d.下边框。将边框特性应用于下边框。

(a) "常规"选项卡　　　　　(b) "文字"选项卡　　　　　(c) "边框"选项卡

图 6.38　单元特性

e. 左边框。将边框特性应用于左边框。

f. 上边框。将边框特性应用于上边框。

g. 右边框。将边框特性应用于右边框。

h. 无边框。隐藏边框。

在"单元样式预览"列表框中,可以预览设置的表格样式。

6.4.3　创建表格

在设置好表格样式后,用户可以利用 TABLE 命令创建表格。

【执行方式】

①功能区:"默认"→"注释"→"表格或注释"→"表格"

②菜单栏:"绘图"→"表格"

③工具栏:"绘图"→"表格"

④命令行:TABLE

激活该命令,打开"插入表格"对话框,如图 6.39 所示。

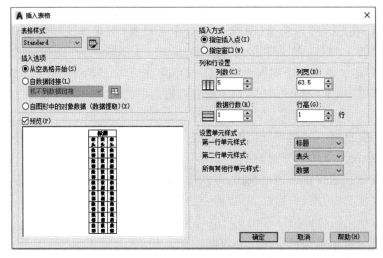

图 6.39　"插入表格"对话框

"插入表格"对话框说明：

(1)"表格样式"选项区。从中选择表格样式，或单击其后的表格样式按钮，打开"表格样式"对话框，创建新的表格样式。

(2)"插入选项"选项区。指定插入表格的方式。

①"从空表格开始"按钮。创建可以手动填充数据的空表格。

②"自数据链接"按钮。从外部电子表格中的数据创建表格。

③"自图形中的对象数据(数据提取)"按钮。启动数据提取向导，可以用于从可输出到表格或外部文件的图形中提取数据来创建表格。

(3)"预览"复选框。显示当前表格样式的样例。

(4)"插入方式"选项区。指定表格的位置。

①"指定插入点"按钮。指定表格左上角的位置。可以使用定点设备，也可以在命令提示下输入坐标值。如果表格样式将表格的方向设置为由下而上读取，则插入点位于表格左下角。

②"指定窗口"按钮。指定表格的大小和位置。可以使用定点设备，也可以在命令提示下输入坐标值。选中该单选按钮时，行数、列数、列宽和行高取决于窗口的大小以及列和行设置。

(5)"列和行设置"选项区。设置列和行的数目和大小。

①"列数"微调框。选中"指定窗口"单选按钮并指定列宽时，"自动"选项将被选定，且列数由表格的宽度控制。如果已指定包含起始表格的表格样式，则可以选择要添加到此起始表格的其他列的数量。

②"列宽"微调框。指定列的宽度。当选中"指定窗口"单选按钮并指定列数时，即选定了"自动"选项，且列宽由表格的宽度控制。最小列宽为一个字符。

③"数据行数"微调框。指定行数。当选中"指定窗口"单选按钮并指定行高时，即选定了"自动"选项，且行数由表格的高度控制。带有标题行和表头行的表格样式最少应有3行。最小行高为一个文字行。如果已指定包含起始表格的表格样式，则可以选择要添加到此起始表格的其他数据行的数量。

④"行高"微调框。按照行数指定行高。文字行高基于文字高度和单元边距，这两项均在表格样式中设置。当选中"指定窗口"单选按钮并指定行数时，即选定了"自动"选项，且行高由表格的高度控制。

(6)"设置单元样式"选项区。对于不包含起始表格的表格样式，应指定新表格中行的单元格式。

①"第一行单元样式"下拉列表框。指定表格中第一行的单元样式。默认情况下，使用标题单元样式。

②"第二行单元样式"下拉列表框。指定表格中第二行的单元样式。默认情况下，使用表头单元样式。

③"所有其他行单元样式"下拉列表框。指定表格中所有其他行的单元样式。默认情况下，使用数据单元样式。

【例 6.5】创建图 6.40 所示的表格内容。

虎钳				
序号	名称	数量	材料	备注
1	活动钳口	1	HT200	
2	螺杆	1	45钢	
3	螺钉M6×7	1	Q235	GB71-85

图 6.40　绘制表格

(1)执行"绘图"→"表格"命令,打开"插入表格"对话框。

(2)在"表格样式"选项区中单击下拉列表框后面的按钮,打开"表格样式"对话框。

(3)单击"新建"按钮,打开"创建新的表格样式"对话框,默认新样式名"Standard 副本",基础样式选择"Standard",单击"继续"按钮,打开"新建表格样式"对话框。

(4)在"单元样式"选项区的下拉列表框中选择"数据"选项,单击"文字样式"下拉列表框后面的 ... 按钮,打开"文字样式"对话框,单击"新建"创建一个新的文字样式"样式 1",并设置字体名称为"仿宋_GB2312",然后单击"关闭"按钮,返回"新建表格样式"对话框,在"文字样式"下拉列表中选中新创建的文字样式"样式 1",并设置文字高度为 5,对齐方式为正中。

(5)在"单元样式"选项区的下拉列表框中选择"表头"选项,选择文字样式"样式 1",设置文字高度为 5,对齐方式为正中。

(6)在"单元样式"选项区的下拉列表框中选择"标题"选项,打开"文字样式"对话框,单击"新建"创建一个新的文字样式"样式 2",并设置字体名称为"黑体",然后单击"关闭"按钮,返回"新建表格样式"对话框,在"文字样式"下拉列表中选中新创建的文字样式"样式 2",并设置文字高度为 8,对齐方式为正中。

(7)依次单击"确定"按钮和"关闭"按钮,关闭"创建新表格样式"和"表格样式"对话框,返回"插入表格"对话框。

(8)选择插入方式:指定插入点。

(9)列和行设置:列数＝5;列＝60;数据行数＝3;行高＝2。

(10)单击"确定"按钮。在窗口任意拾取一点,将绘出如图 6.41 所示表格,此时表格的最上面一行处于文字编辑状态。

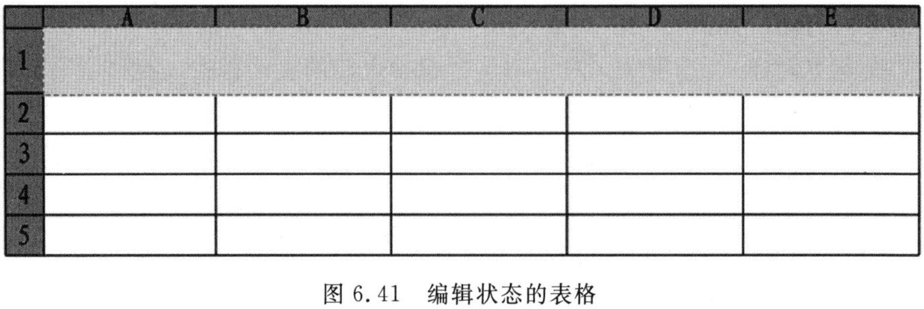

图 6.41　编辑状态的表格

(11)在表格单元中输入"虎钳",回车在 2B 单元中输入"名称",利用方向键继续其他单元格的输入,如图 6.42 所示。

(12)双击其他表格单元,使该单元处于文字编辑状态,输入文字内容。最终结果如图 6.40 所示。

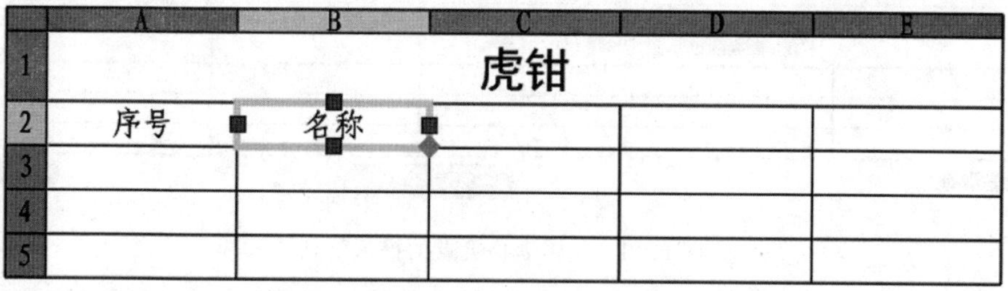

图 6.42　在表格中输入文字

6.4.4　编辑表格和表格单元

在 AutoCAD 2020 中文版中,用户可以使用表格快捷特性面板、夹点和表格的快捷菜单来编辑表格和表格单元。

1. 编辑表格

(1)利用表格快捷特性面板编辑表格。单击表格,系统在选中表格的同时弹出表格快捷特性面板,并在表格的相应位置显示夹点,如图 6.43 所示。用户可以在面板中选择表格相应的特性进行修改和编辑。

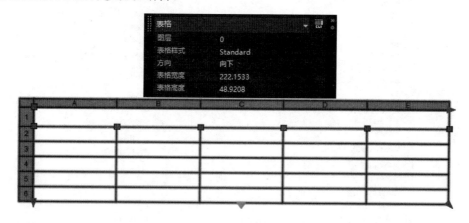

图 6.43　表格快捷特性面板及表格的夹点显示

(2)利用表格的夹点编辑表格。当选中整个表格后,表格的四周、标题行上将显示夹点,用户可以通过夹点进行编辑。

夹点的形状不同表达的含义也不同,用户将光标指着夹点并停留一两秒钟,光标的下面就会显示出该夹点的提示信息,用户可以按照提示信息进行操作。图 6.44 所示即为正方形、三角形和浅蓝色三角形夹点的提示信息。

激活"表格打断"夹点会将表格打断为多个片断。拖动已激活的夹点时,将确定主要表格片断和次要表格片断的高度。

如果打断的表格在"特性"选项板中设置为"手动定位",则可以将表格片断放置在图形中的任何位置。"特性"选项板中设置为"手动高度"的表格片断可以具有不同的高度。

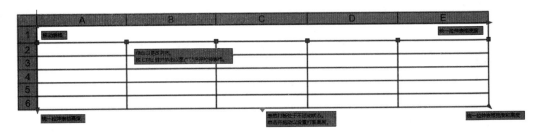

图 6.44 编辑表格夹点的提示信息

（3）利用快捷菜单编辑表格。表格和表格单元的快捷菜单如图 6.45 和图 6.46 所示。从表格快捷菜单可以看到，用户除可以对表格进行剪切、复制、移动、缩放等简单的操作外，还可以均匀调整表格的行、列大小，删除所有特性替代等。若选择"输出"选项可以打开"输出数据"对话框，以"∗.csv"的格式输出表格中的数据。

图 6.45 选中整个表格时快捷菜单　　　图 6.46 选中表格单元时快捷菜单

2. 编辑表格单元

选中表格中的单元格（图 6.47），单击右键，打开表格单元格快捷菜单，如图 6.46 所示。

表格单元快捷菜单说明：

（1）对齐。在该命令子菜单中可以选择表单元的对齐方式，如左上、左中、左下等。

（2）边框。选择该命令，打开"单元边框特性"对话框，可以设置单元格边框的线宽、颜色等特性。

	A	B	C	D	E
1	虎钳				
2	序号	名称	数量	材料	参数
3	1	活动钳口	1	HT200	
4	2	螺杆	1	45	
5	3	螺钉	2	Q235	GB28-20000
6	4	固定钳身	1	HT200	

图 6.47　选中单元格

(3)匹配单元。用当前选中的单元格式(源对象)匹配其他单元(目标对象),此时鼠标指针变为刷子形状,单击目标对象即可进行匹配。

(4)插入点。选择该命令的子命令,可以从中选择插入到表格中的块、字段和公式。例如选择块命令,将打开"在表单元中插入块"对话框,用户可以从中选择插入到表中的块,并设置块在表单元中的对齐方式、比例和旋转角度等特性。

(5)合并单元。当选中多个连续的单元格后,使用该子菜单中的命令可以全部、按列或按行合并单元。

另外使用自动填充夹点可以在表格中拖动以自动增加数据。还可以使用自动填充夹点自动填写日期单元。如图 6.48 所示,鼠标拖动夹点实现自动增加数据,图 6.49 是使用自动填充夹点编辑后的结果。

	A	B
1		
2	1	2020/11/21
3		
4		
5		

图 6.48　自动填充夹点功能

	A	B
1		
2	1	2020/11/21
3	2	2020/11/21
4	3	2020/11/22
5	4	2020/11/23

图 6.49　使用自动夹点编辑

【例 6.6】绘制机械制图 A3 样板图。

(1)绘制图框。

①单击绘图工具栏中的矩形按钮▢,绘制一个矩形,指定矩形两个角点的坐标分别为(0,0)和(420,297)。命令行提示:

命令:_rectang

指定第一个角点或 [倒角(C)/标高(E)/圆角(F)/厚度(T)/宽度(W)]:0,0

指定另一个角点或 [面积(A)/尺寸(D)/旋转(R)]:420,297

(2)单击修改工具栏中的分解按钮▢,将绘制的矩形分解。

(3)单击修改工具栏中的偏移按钮▢,将矩形左侧竖直边向右偏移 25,将矩形其余3 条边向内偏移 5;单击修改工具栏中的修剪按钮✂,将图形进行修剪,如图 6.50 所示。

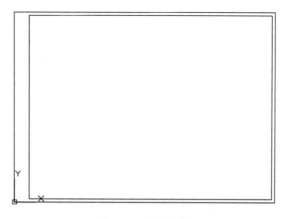

图 6.50　绘制图框

(2)绘制标题栏。

由于标题栏结构分隔线并不整齐,所以可以将标题栏整体分成三个区域分别进行绘制,区域划分如图 6.51 所示。

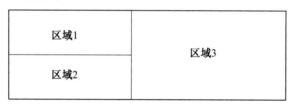

图 6.51　区域划分

①绘制区域 1 表格。

a.单击样式工具栏中的表格样式按钮,打开"表格样式"对话框,如图 6.52 所示。

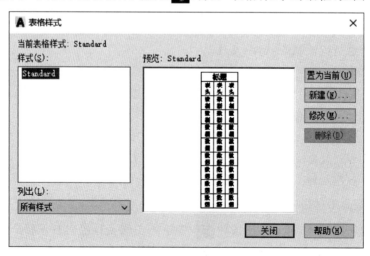

图 6.52　"表格样式"对话框

b.单击"修改"按钮,系统打开"修改表格样式"对话框,在"单元样式"下拉列表框中选择"数据"选项,在下面的"文字"选项卡中单击"文字样式"下拉列表框后面的 … 按钮,打开"文字样式"对话框，单击"新建"按钮创建一个新的文字样式"字体样式1"，并设置字体名称为"仿宋_GB2312"，然后单击"关闭"按钮，返回"修改表格样式"对话框，在"文字样式"下拉列表中选中新创建的文字样式"字体样式1"，并设置"文字高度"为3。如图 6.53 所示，打开"常规"选项卡，将"页边距"选项区中"水平"和"垂直"都设置成1，"对齐"为正中，如图 6.54 所示。

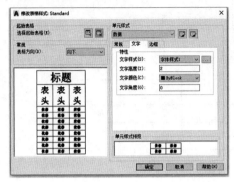 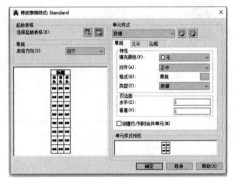

图 6.53 "修改表格样式"对话框　　　　图 6.54 设置"常规"选项卡

c. 系统回到"表格样式"对话框，单击"关闭"按钮退出。

d. 单击绘图工具栏中的表格按钮，系统打开"插入表格"对话框，在"列和行设置"选项区中将"列数"设置为6，将"数据行数"设置为2（加上标题行和表头行共4行）；在"设置单元样式"，选项组中将"第一行单元样式""第二行单元样式""所有其他行单元样式"都设置为"数据"，如图 6.55 所示。

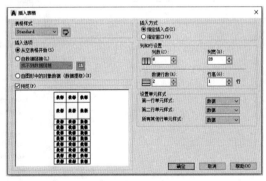

图 6.55 "插入表格"对话框

e. 在图框线右下角附近指定表格位置，系统生成表格，同时打开多行文字编辑器，如图 6.56 所示，按 Esc 键，不输入文字生成的表格如图 6.57 所示。

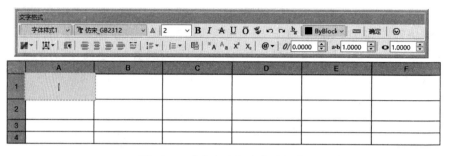

图 6.56　表格和多行文字编辑器

图 6.57　生成表格

f.单击表格的一个单元格，系统显示其编辑夹点，右击，在打开的快捷菜单中选择"特性"选项，如图 6.58 所示，系统打开"特性"选项板，将 A1 单元格"单元高度"改为 7，"单元宽度"改为 10，如图 6.59 所示。用同样的方法依次进行其他单元格的修改，最终结果如图 6.60 所示。

图 6.58　快捷菜单

图 6.59　"特性"选项板

图 6.60　修改表格尺寸

g. 在单元格中双击鼠标左键，打开“文字编辑器”选项板，在单元格中输入文字，如图 6.61 所示。用同样的方法，输入其他单元格文字，完成区域 1 表格的绘制，结果如图 6.62 所示。

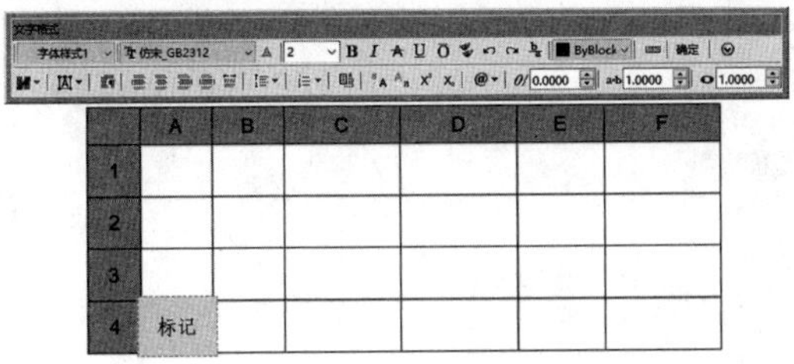

图 6.61　输入文字

标记	处数	分区	更改文件号	签名	年月日

图 6.62　完成文字标题栏输入

②区域 2 表格的绘制过程基本同区域 1，此处不再赘述，绘制最终结果如图 6.63 所示。

设计	（签名）	（年月日）	标准化	（签名）	（年月日）
审核					
工艺			标准		

图 6.63　区域 2 表格绘制结果

③绘制区域 3 表格。

a. 单击绘图工具栏中的表格按钮 ，系统打开“插入表格”对话框，在“列和行设置”选项区中将“列数”设置为 7，将“数据行数”设置为 3（加上标题行和表头行共 5 行）；在“设置单元样式”选项区中将“第一行单元样式”“第二行单元样式”“所有其他行单元样式”都设置为“数据”。

b. 在区域 2 表格附近指定表格位置，系统生成的表格如图 6.64 所示。

图 6.64　区域 3 表格

c. 选择 A1 单元格，按住 Shift 键，同时选择 F2 单元格，右键，在打开的快捷菜单中选择"合并"→"全部"命令,如图 6.65 所示。这些单元格完成合并,如图 6.66 所示。用同样的方法合并其他单元格,结果如图 6.67 所示。

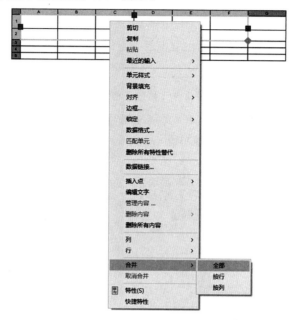

图 6.65　合并全部菜单

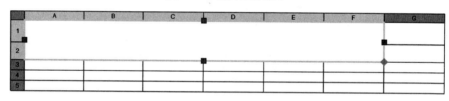

图 6.66　合并结果

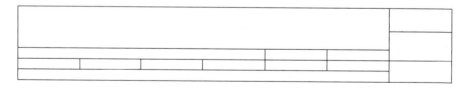

图 6.67　完成表格合并

　　d.单击表格的一个单元格,系统显示其编辑夹点,右击,在打开的快捷菜单中选择"特性"命令,系统打开"特性"选项板,将 A1 单元格"单元高度"改为 28,"单元宽度"改为 46。用同样的方法依次进行其他单元格的修改,最终结果如图 6.68 所示。

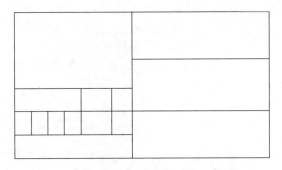

图 6.68　完成表格绘制

e. 在单元格中输入文字，最终绘制结果如图 6.69 所示。

（材料标记）			（单位名称）
			（图样名称）
阶段标记	重量	比例	
			（图样代号）
共　张　第　张			

图 6.69　区域 3 表格绘制结果

　　f. 利用 MOVE 移动区域 1、区域 2 表格，将区域 1 表格的右下上角与区域 3 表格的左上角重合，区域 2 表格的右下角与区域 3 表格的左下角重合。这样，三个区域即可组成一个整体的标题栏，如图 6.70 所示。

						（材料标记）		（单位名称）
标记	处数	分区	更改文件号	签名	年月日			（图样名称）
设计	（签名）	（年月日）	标准化	（签名）	（年月日）	阶段标记	重量	比例
审核								（图样代号）
工艺			标准			共　张　第　张		

图 6.70　三个区域合并为标题栏

　　g. 利用 MOVE 命令移动标题栏，将整体标题栏右下角与图框内框的右下角点重合。这样，就将表格准确地放置在图框右下角，如图 6.71 所示。

　　h. 选择菜单栏中的"文件"→"另存为"命令，打开"图形另存为"对话框，如图 6.72 所示。此时将图形保存为 DET 格式文件即可。

图 6.71　移动标题栏　　　　　　图 6.72　"图形另存为"对话框

【本章训练】

练习一

目的:

1.掌握文本格式的设置、单行文本和多行文本的输入与编辑。

2.利用单行文字或多行文字命令输入特殊符号。

上机操作:利用多行文字输入与编辑完成图 6.73 所示的文字输入。

输入要求:字体为仿宋字体,标题"技术要求"字高 10,正文字高 8。

分析:在绘图过程中,本章重点内容是单行和多行文本的输入与编辑,常用符号和特殊符号的输入与编辑。

技术要求

1. 铸件不得有砂眼、裂纹

2. 未注圆角 R3

3. 未注倒角1×45°

4. ϕ25轴线的端面圆跳动公差为0.02

图 6.73　技术要求

练习二

目的:

根据绘图需要创建文字样式、表格样式及表格,使图形变得更加完整。

上机操作:绘制图 6.74 所示的标题栏。

要求:

(1)创建表格样式"样式 1",表中的文字字体为"仿宋_GB2312"。

(2)设置表中数据的文字高度,"图名"和"单位"栏中文字为 3,其他栏中的文字为 2。

(3)表中数据的对齐方式为正中。

(4)表不含列标题和表头。

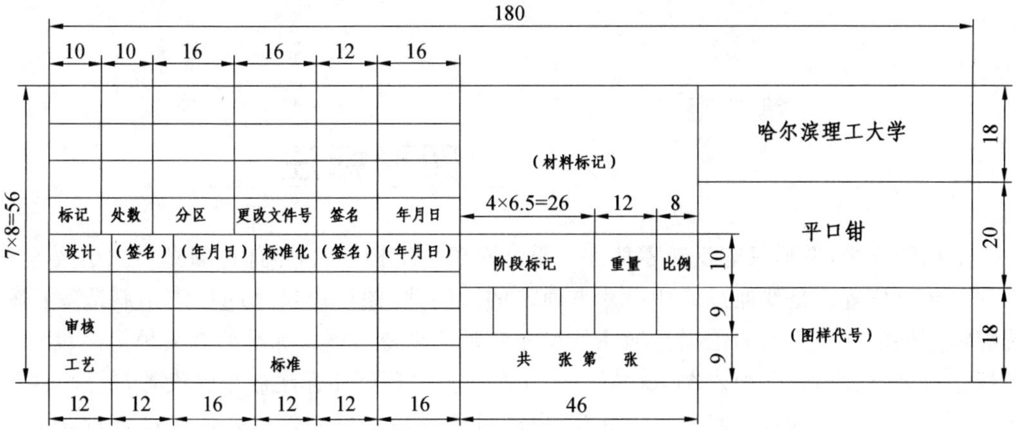

图 6.74　标题栏

（5）其他选项都默认设置。

第7章

图形标注

　　工程图样中,图形只能反映零部件及设计对象的结构形状,零部件的真实大小及各零部件的相对位置则是要通过标注尺寸来确定的。因此,图样中尺寸的标注是制造零件和装配零部件的一个重要的依据。标注的尺寸必须严格遵守国家标准的有关规定。尺寸必须标注得完整、清晰、合理。AutoCAD 2020 提供了多种尺寸标注命令和设置尺寸标注样式的方法。用户可为各类对象创建标注,也能方便快捷地以一定格式创建符合行业或项目标准的样式,尺寸标注能自动绘制、自动测量尺寸、自动填写尺寸数字,同时很方便地利用它们对图样中的尺寸进行修改编辑。不但效率高,而且操作简单。

　　标注的对象可以是平面图形,也可以是三维图形,压紧螺母尺寸标注和三维图形尺寸标注如图 7.1、图 7.2 所示。

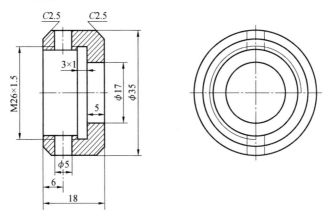

图 7.1　压紧螺母尺寸标注

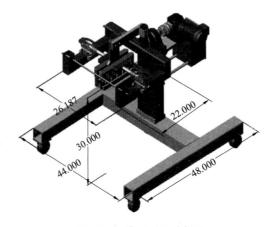

图 7.2　三维图形尺寸标注

7.1 尺寸标注概述

7.1.1 尺寸标注的基本规则

标注尺寸是一项极为重要的工作,必须一丝不苟、认真细致。如果尺寸有遗漏或错误,都会给生产带来困难和损失。使用 AutoCAD 绘图,为图形标注尺寸时必须遵循国家标准中尺寸注法的有关规则。

(1)机件的真实大小应以图形上所注尺寸的数值为依据,与图形的大小及绘图的准确度无关。

(2)图样中的尺寸(包括技术要求和其他说明),以 mm 为单位时不许标注计量单位的代号或名称,如采用其他单位,则必须注明相应的计量单位的代号或名称。

(3)图样中所标注的尺寸为该图样所示机件的最后完工尺寸,否则应另加说明。

(4)机件的每一个尺寸,一般只标注一次,并应标注在反映该结构最清晰的图形上。

7.1.2 尺寸标注的组成

一个完整的尺寸标注一般由尺寸线、尺寸界线、尺寸箭头和尺寸数字(即尺寸值)四部分组成,尺寸标注的组成如图 7.3 所示。AutoCAD 通常将这四个部分作为同一个对象。

(1)尺寸线。尺寸线用来表示尺寸标注的范围。一般是一条带有双箭头的细实线或带单箭头的线段。角度标注时,尺寸线为弧线。

(2)尺寸界线。为了标注清晰,通常用尺寸界线将标注的尺寸引出被标注对象之外。有时也用对象的轮廓线或中心线代替尺寸界线。

(3)尺寸箭头。尺寸箭头位于尺寸线的两端,用于标记标注的起始、终止位置。箭头是一个广义的概念,也可以用斜线、点或其他标记代替尺寸箭头。

(4)尺寸数字。尺寸数字是标记尺寸实际大小的字符串,既可以反映基本尺寸,也可以有前缀、后缀和尺寸公差。

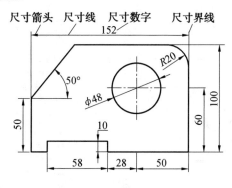

图 7.3 尺寸标注的组成

7.1.3　尺寸标注的类型与操作

(1)类型。AutoCAD 提供了线性、半径、直径和角度等基本标注类型。可以用于水平、垂直、对齐、旋转、坐标、基线或连续等标注。图 7.4 所示列出了几种简单的尺寸标注的示例。

(2)操作。在 AutoCAD 中,用户可以利用以下方式调用尺寸标注命令,为图形进行尺寸标注。

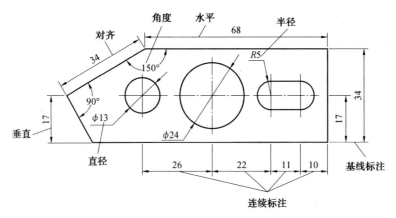

图 7.4　尺寸标注的示例

【执行方式】

①功能区选项板:"注释"选项卡→标注面板

②菜单栏:"标注"

标注面板和"标注"菜单如图 7.5 和图 7.6 所示。

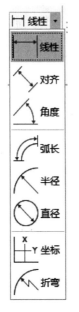

图 7.5　标注面板　　　　　　图 7.6　"标注"菜单

（3）尺寸标注命令的功能。AutoCAD 提供了多种尺寸标注方式,用户可以灵活使用来测量对象,其尺寸标注方式见表 7.1。

表 7.1 AutoCAD 尺寸标注方式

序号	按钮	功能	命令	用处
1		线性	DIMLINEAR	标注水平、垂直或旋转线型尺寸
2		对齐	DIMALIGNED	标注对齐型尺寸
3		弧长	DIMARC	标注圆弧尺寸
4		坐标	DIMORDINATE	标注坐标型尺寸
5		半径	DIMRADIUS	标注半径型尺寸
6		折弯	DIMJOGGED	折弯标注圆或圆弧的半径
7		直径	DIMDIAMETER	标注直径型尺寸
8		角度	DIMANGULAR	标注角度型尺寸
9		快速	QDIM	快速标注同一标注类型的尺寸
10		基线	DIMBASELINE	标注基线型尺寸
11		连续	DIMCONTINUE	标注连续型尺寸
12		标注间距	DIMSPACE	调整平行线性标注之间的距离
13		标注打断	DIMBREAK	在标注或尺寸界线与其他线重叠处打断标注或尺寸界线
14		公差	TOLERANCE	设置公差
15		圆心标记	DIMCENTER	圆心标记和中心线
16		检验	DIMINSPECT	创建与标注关联的加框检验信息
17		折弯线性	DIMJOGLINE	将折弯符号添加到尺寸线
18		更新	DIMSTYLE	用当前标注样式更新标注对象

续表 7.1

序号	按钮	功能	命令	用处
19		重新关联标注	DIMREASSOCIATE	将选定的标注关联或重新关联到对象或对象上的点
20		替代	DIMOVERRIDE	控制对选定标注中所使用的系统变量的替代
21		倾斜	DIMEDIT	使线性标注的延伸线倾斜
22		文字角度	DIMTEDIT	将标注文字旋转一定的角度
23		对齐标注文字	DIMTEDIT	左对正、居中对正和右对正标注文字(只适用于线性、半径和直径的标注)

7.2 尺寸标注样式设置

尺寸的外观形式称为尺寸样式。设置尺寸标注样式可以控制尺寸标注的格式和外观,建立和强制执行图形的绘图标准,并有利于对标注格式及用途进行修改。

AutoCAD 2020 提供了标注样式管理器,用户可以在此创建新的尺寸标注样式,管理和修改已有的尺寸标注样式。如果开始绘制新图形时选择了公制单位,则默认标准样式将为 ISO-25(国家标准化样式)。所有的尺寸标注都是在当前的标注样式下进行的,直到另一种样式设置为当前样式为止。本节重点介绍使用"标注样式管理器"对话框创建和设置标注样式的方法。

7.2.1 设置尺寸标注样式

AutoCAD 2020 提供的标注样式定义了如下项目:

(1)尺寸线、尺寸界线、尺寸箭头、圆心标记的格式和位置。

(2)标注文字的外观、位置和对齐方式。

(3)AutoCAD 放置标注文字和尺寸线的规则。

(4)全局标注比例。

(5)主单位、换算单位和角度标注单位的格式和精度。

(6)公差的格式和精度。

1.启动标注样式管理器

【执行方式】

①功能区选项板:"注释"选项卡→标注面板按钮 注释 ▼

②菜单栏:"格式"→"标注样式" 或"标注"→"样式"

打开"标注样式管理器"对话框,如图 7.7 所示。

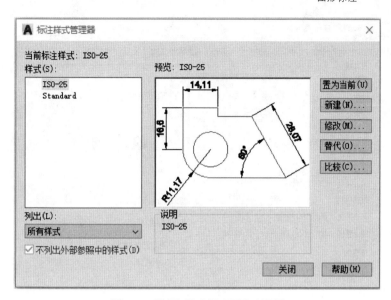

图 7.7 "标注样式管理器"对话框

2. 创建标注样式的步骤

(1)打开"标注样式管理器"对话框。该对话框除了用于创建新样式外,还可以执行其他许多样式管理任务。

(2)在"标注样式管理器"对话框中,单击"新建"按钮,打开"创建新标注样式"对话框,如图 7.8 所示,创建新的标注样式。

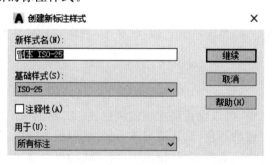

图 7.8 "创建新标注样式"对话框

"创建新标注样式"对话框说明:

①新样式名。用于输入新样式的名称。

②基础样式。选择一种基础样式,新样式将在该基础样式的基础上进行修改。如果没有创建新样式,系统将以 ISO-25 为基础创建新样式。

③用于。用于指定新建标注样式的适用范围,指出要使用新样式的标注类型,包括"所有标注""线性标注""角度标注""半径标注""直径标注""坐标标注""引线与公差"等选项。缺省设置为"所有标注"。

当设置了新样式的名称、基础样式和适用范围后,单击"继续"按钮,打开"新建标注样式"对话框,如图 7.9 所示。

"新建标注样式"对话框中有 7 个选项卡:线、符号和箭头、文字、调整、主单位、换算单

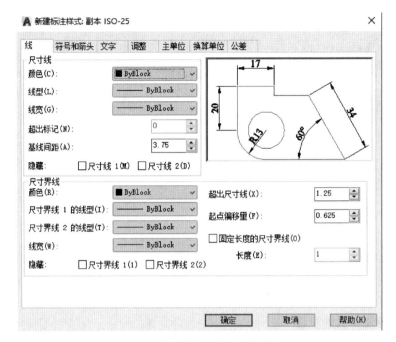

图 7.9 "新建标注样式"对话框

位、公差。

7.2.2 设置线样式

在"新建标注样式"对话框中,使用"线"选项卡,可以设置尺寸标注的尺寸线、尺寸界线格式,如图 7.9 所示。

"线"选项卡说明:

(1)设置尺寸线。

在"尺寸线"选项区中,可以设置尺寸线的颜色、线宽、超出标记以及基线间距等属性。

①颜色。设置尺寸线的颜色,默认情况下,尺寸线的颜色随块。

②线宽。设置尺寸线的宽度,默认情况下,尺寸线的线宽随块。

③超出标记。当尺寸线的箭头采用倾斜、建筑标记、小点、积分或无标记等样式时,可以微调尺寸线超出尺寸界线的长度,设置不超出标记与超出标记的效果比较如图 7.10 所示(当箭头设置为倾斜时,超出标记为 0 和 3 mm 时的效果)。

④基线间距。进行基线尺寸标注时,设置各尺寸线之间的距离,设置基线间距图如图 7.11 所示。

⑤隐藏。通过选择"尺寸线 1"或"尺寸线 2"复选框,可以隐藏第一段或第二段及其相应的箭头,隐藏尺寸线 1 的效果如图 7.12 所示。

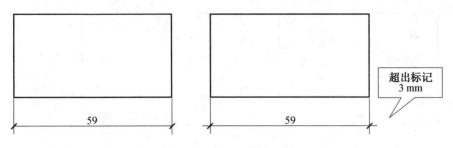

图 7.10　设置不超出标记与超出标记的效果比较

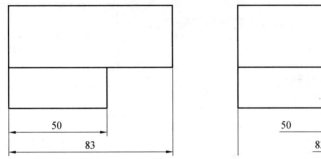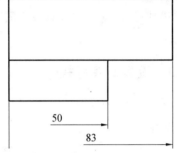

图 7.11　设置基线间距图　　　　图 7.12　隐藏尺寸线 1 的效果

（2）设置尺寸界线。

在"尺寸界线"选项区中，可以设置尺寸界线的颜色、线宽、超出尺寸线的长度、起点偏移量和隐藏等属性。

①颜色。设置尺寸界线的颜色。

②线宽。设置尺寸界线的宽度。

③超出尺寸线。设置尺寸界线超出尺寸线的距离，设置超出尺寸线 0 和 2 mm 的效果比较如图 7.13 所示。

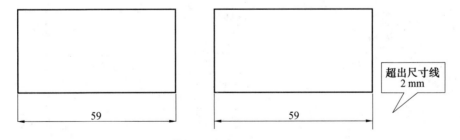

图 7.13　设置超出尺寸线 2 mm 和 0 的效果比较

④起点偏移量。用于设置尺寸界线的起点与标注定义点的距离，设置起点偏移量 0 和 2 mm 时的效果对比如图 7.14 所示。

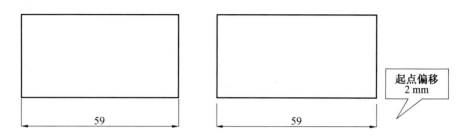

图 7.14　设置起点偏移量 2 mm 和 0 时的效果对比

⑤隐藏。通过选择"尺寸界线 1"或"尺寸界线 2"复选框,可隐藏尺寸界线,隐藏尺寸界线 1 的效果如图 7.15 所示。

7.2.3　设置箭头样式

"符号和箭头"选项卡说明:

(1)设置箭头。

使用"符号和箭头"选项卡可以设置尺寸线和引线箭头的类型及尺寸大小等。通常情况下,尺寸线的箭头应一致,如图 7.16 所示。

图 7.15　隐藏尺寸界线 1 的效果

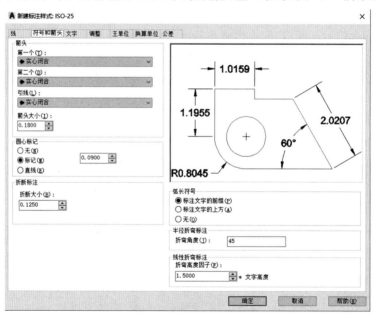

图 7.16　"符号和箭头"选项卡

实际上,箭头是一个广义的概念,为了满足不同类型的图形标注需要,AutoCAD 设置了二十多种箭头样式,可以用短划线、点或其他标记代替尺寸箭头,箭头的形式如图 7.17 所示。用户可以从对应的下拉列表框中选择箭头,并在"箭头大小"文本框中设置它们的大小。

（2）圆心标记。

在"圆心标记"选项区中可以设置圆心标记的类型和大小。

①类型。用于设置圆或圆弧的圆心标记的类型，如标记、直线等，如图 7.18 所示。

a. 标记。对圆或圆弧绘制圆心标记。

b. 直线。对圆或圆弧绘制中心线。

c. 无。不做任何标记。

②大小。用于设置圆心标记的大小。

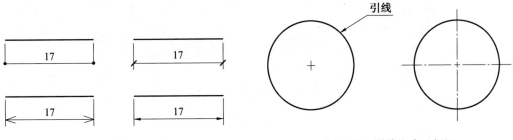

图 7.17　箭头的形式

图 7.18　引线和中心标记

7.2.4　设置文字样式

在"新建标注样式"对话框中，使用"文字"选项卡，用户可以设置标注文字的外观、位置和对齐方式，如图 7.19 所示。

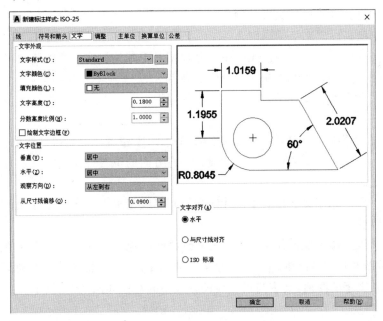

图 7.19　"文字"选项卡

"文字"选项卡说明：

(1)文字外观。

在"文字外观"选项区中可以设置文字的样式、颜色、高度、分数高度比例以及控制是否绘制文字边框。

①文字样式。可以从下拉列表中选择标注的文字样式，也可以单击其后边的按钮 ... 打开"文字样式"对话框，如图 7.20 所示。从中选择文字样式或新建文字样式。

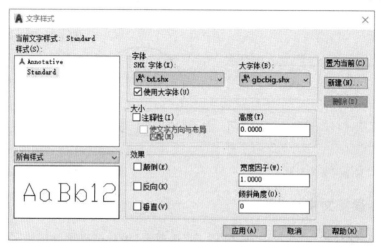

图 7.20　"文字样式"对话框

②文字颜色。设置标注文字的颜色。

③文字高度。设置文字的高度。

④分数高度比例。设置标注文字中的分数相对于其他标注文字的比例，AutoCAD 将该比例值与标注文字高度的乘积作为分数的高度。

⑤绘制文字边框。设置是否给标注文字加边框。

(2)文字位置。

在"文字位置"选项区中可以设置文字的垂直、水平位置以及距尺寸线的偏移量。

①垂直。设置标注文字相对于尺寸线在垂直方向的位置，图 7.21 所示为文字垂直位置的 4 种形式。

②水平。设置标注文字相对于尺寸线和尺寸界线在水平方向的位置，图 7.22 所示为文字水平位置的 5 种形式。

③从尺寸线偏移。设置标注文字与尺寸线之间的距离。如果标注文字位于尺寸线的中间，则表示断开处尺寸线的端点与尺寸文字的间距；若标注的文字带边框，则可以控制文字边框与其文字的距离，文字与尺寸线偏移大小的对比如图 7.23 所示。

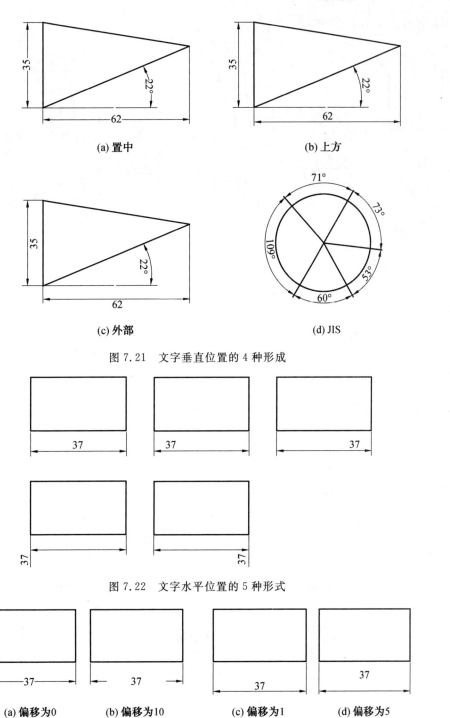

图 7.21　文字垂直位置的 4 种形成

图 7.22　文字水平位置的 5 种形式

(a) 偏移为0　　(b) 偏移为10　　(c) 偏移为1　　(d) 偏移为5

图 7.23　文字与尺寸线偏移大小的对比

(3)文字对齐。

在"文字对齐"选项区域中用户可以设置标注文字是保持水平还是与尺寸线对齐,文字对齐方式如图 7.24 所示。

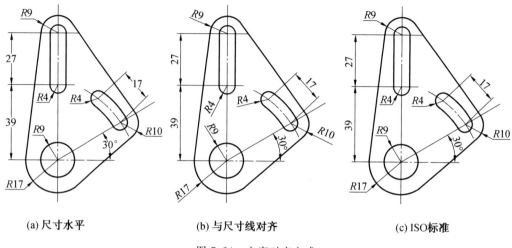

(a) 尺寸水平　　　　　　　(b) 与尺寸线对齐　　　　　　　(c) ISO标准

图 7.24　文字对齐方式

①水平。标注文字水平放置。

②与尺寸线对齐。标注文字方向与尺寸线方向一致。

③ISO 标准。标注文字按 ISO 标准放置,当标注文字在尺寸界线之内时,它的方向与尺寸线方向一致,而在尺寸界线之外时将水平放置。

7.2.5　调整设置

在"新建标注样式"对话框中使用"调整"选项卡可以设置标注文字、尺寸线、尺寸箭头的位置,"调整"选项卡如图 7.25 所示。

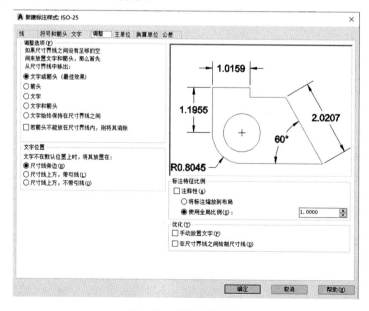

图 7.25　"调整"选项卡

"调整"选项卡说明：

(1)调整选项。

在"调整选项"选项区中,根据尺寸界线之间的空间控制标注文字和箭头的位置,确定当尺寸界线之间没有足够的空间来同时放置标注文字和箭头时,应首先从尺寸界线之间移出的对象。系统默认设置为"文字或箭头(最佳效果)"。

①文字或箭头(最佳效果)。AutoCAD 按最佳效果自动选择文字和箭头的放置位置。

②箭头。如果空间不够时,首先将箭头移出。

③文字。如果空间不够时,首先将文字移出。

④文字和箭头。如果空间不够时,将文字和箭头都移出。

⑤文字始终保持在尺寸界线之间。使文字始终保持在尺寸界线之内。

⑥若箭头不能放在尺寸界线内,则将其消除。如果不能将箭头和文字放在尺寸界线内,则抑制箭头显示。

(2)文字位置。

在"文字位置"选项区中,当文字不在默认位置(位于两尺寸界线之间)时,可以通过此处选择设置标注文字的放置位置。

①尺寸线旁边。将文字放在尺寸线旁边。

②尺寸线上方,带引线。将文字放在尺寸线的上方,并加上引线。

③尺寸线上方,不带引线。将文字放在尺寸的上方,但不加引线。

图 7.26 所示为上述三种情况的设置效果。

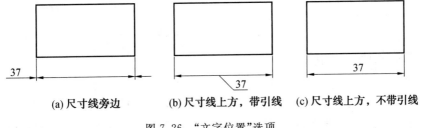

(a)尺寸线旁边　　　(b)尺寸线上方,带引线　(c)尺寸线上方,不带引线

图 7.26 "文字位置"选项

(3)标注特征比例。

在"标注特征比例"选项区中可以设置标注尺寸的特征比例,以便通过设置全局标注比例或图纸空间比例来增加或减少各标注的大小。

①使用全局比例。用于设置尺寸元素的比例因子,使之与当前图形的比例因子相符,该比例不改变尺寸的测量值。

②将标注缩放到布局。系统自动根据当前模型空间视口与图纸空间之间的缩放关系设置比例。

(4)优化。

可以对标注文字和尺寸线进行细微调整。

①手动放置文字。忽略标注文字的水平设置,在标注时将标注文字放置在用户指定的位置。

②在尺寸界线之间绘制尺寸线。即使把箭头放在测量点之外,都在测量点之内绘制

出尺寸线。

7.2.6 主单位设置

用户在"新建标注样式"对话框中使用"主单位"选项卡可以设置主单位的格式与精度等属性,如图 7.27 所示。

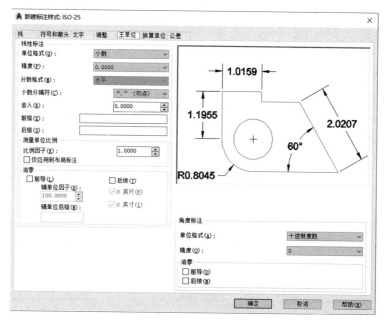

图 7.27 "主单位"选项卡

"主单位"选项卡说明:

(1)线性标注。

在"线性标注"选项区中,可以设置线性标注的单位格式与精度。

①单位格式。用于设置除角度标注之外,其余各标注类型的尺寸单位,包括"科学""小数""工程""建筑""分数"及"Windows 桌面"等选项。

②精度。用于设置除角度标注之外的其他标注尺寸的保留小数位数。

③分数格式。只有当"单位格式"是"分数"时,才可以设置分数的格式,包括"水平""对角"和"非堆叠"3 种方式,分数的格式如图 7.28 所示。

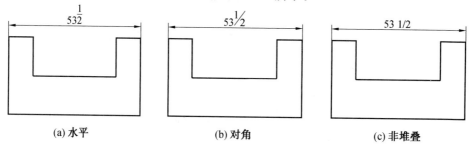

(a)水平 (b)对角 (c)非堆叠

图 7.28 分数的格式

④小数分隔符。用于设置小数的分隔符,包括"句点""逗点"和"空格"3 种方式,如图 7.29 所示。

| (a) 句点 | (b) 逗点 | (c) 空格 |

图 7.29　小数分隔符

⑤舍入。用于设置除角度标注外的尺寸测量值的舍入值。

⑥前缀和后缀。设置标注文字的前缀和后缀,用户在相应的文本框中输入字符即可。

⑦测量单位比例。使用"比例因子"文本框可以设置测量尺寸的缩放比例。

⑧消零。可以设置是否显示尺寸标注中的"前导"和"后续"的零。

(2)角度标注。

在"角度标注"选项区中可以使用"单位格式"下拉列表框设置标注角度时的单位;使用"精度"下拉列表框设置标注角度的尺寸精度;使用"消零"选项区设置是否消除角度尺寸的"前导"和"后续"的零。

7.2.7　换算单位设置

在"新建标注样式"对话框中使用"换算单位"选项卡可以设置换算单位的格式,如图 7.30 所示。

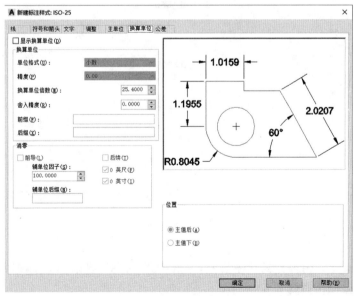

图 7.30　"换算单位"选项卡

在 AutoCAD 中通过换算标注单位可以转换使用不同测量单位制的标注,如图 7.31所示。通常是显示公制标注的等效英制标注,或显示英制标注的等效公制标注。在标注文字中,换算标注单位显示在主单位旁边的方括号中。

在"换算单位"选项卡中选择"显示换算单位"复选框后,用户可以在"换算单位"选项区中设置换算单位的单位格式、精度、换算单位倍数、舍入精度、前缀及后缀等,方法与设置主单位的方法相同。

"位置"选项区用于设置换算单位的位置,包括"主值后"和"主值下"两种方式。

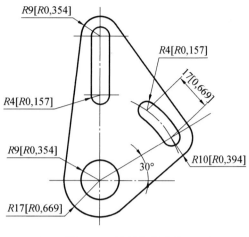

图 7.31　使用换算单位

7.2.8　公差设置

在"新建标注样式"对话框中使用"公差"选项卡可以设置是否在尺寸标注中标注公差,以及以何种方式进行标注,如图 7.32 所示。

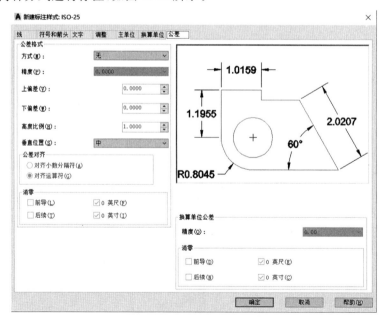

图 7.32　"公差"选项卡

"公差"选项卡说明:

①方式。确定以何种方式标注公差,包括"无""对称""极限偏差""极限尺寸"和"基本尺寸"选项,公差标注如图 7.33 所示。

②精度。设置尺寸公差的精度。

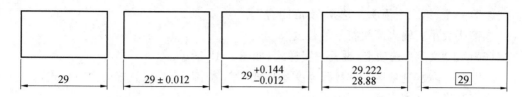

图 7.33　公差标注

③上偏差和下偏差。设置尺寸的上偏差和下偏差。

④高度比例。确定公差文字的高度比例因子。

⑤垂直位置。控制公差文字相对于尺寸文字位置,包括"下""中""上"3 种方式。

⑥消零。用于设置是否消除公差值的"前导"或"后续"的零。

⑦换算单位公差。当标注换算单位时,可以设置换算单位的公差的精度和是否消零。

【例 7.1】根据下列要求,创建机械制图标注样式,取名"机械尺寸样式",并用此样式标注图 7.34 所示图形的尺寸。

基本要求:

①基线标注尺寸线间距 7 mm。

②尺寸界线的起点偏移量为 1 mm。

③箭头使用"实心闭合"形状,大小为 3 mm。

④标注文字的高度为 3.5 mm,在尺寸线中间,文字从尺寸线偏移距离为 1.5 mm。

⑤标注单位的精度 0。

具体操作步骤:

(1)"格式"→"标注样式",打开"标注样式管理器"对话框,如图 7.7 所示。

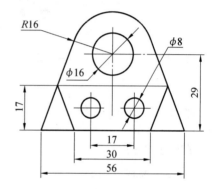

图 7.34　基本尺寸样式

(2)单击"新建"按钮,显示"创建新标注样式"对话框,如图 7.8 所示。

(3)在"新样式名"文本框中输入样式名称"机械尺寸样式",用于"所有样式"。单击"继续"按钮,显示"新建标注样式"对话框。

(4)单击"线"选项卡(默认情况下,该选项卡不用选择就显示在最前面)。在此选项卡上,可以设置尺寸线、尺寸界线等样式,如图 7.9 所示。

①"尺寸线"选项区。设置尺寸线的样式。

a. 颜色。设置尺寸要素的颜色。一般为了便于图形管理选择随层。

b. 线宽。设置尺寸线、尺寸界线、尺寸要素的宽度。本例选择随层。

c. 基线间距。设置基线间距为 7 mm。

②"尺寸界线"选项区。设置尺寸界线的格式。

a. 颜色和线宽。设置方法同上。

b. 起点偏移量。设置尺寸界线实际起始点相对于其指定点的偏移距离,设置为 0。

c. 超出尺寸线。设置尺寸界线超出尺寸线的出头长度,设置为 2。

(5)单击"符号和箭头"选项卡,设置箭头和圆心标记等样式,如图 7.16 所示。

"箭头"选项区设置尺寸线起止点的样式。

①第一个、第二个箭头。选择"实心闭合"。

②箭头大小。输入箭头符号的长度"3"。

(6)单击"文字"选项卡,设置文字样式,如图 7.19 所示。

①"文字外观"选项区。选择尺寸文本样式,"斜体字"(事先设置好的文字样式)。
文字高度。文本高度设置为 3.5。

②"文字位置"选项区。选择默认样式。

a.垂直。选择尺寸文本在铅垂方向的对齐方式,设置为"上方"。

b.水平。选择尺寸文本在水平方向的对齐方式,设置为"居中"。

c.尺寸线偏移。设置尺寸线偏移为 1.5 mm。

(7)单击"主单位"选项卡,"线性标注"选项区中设置"精度"为 0。单击"确定"按钮,返回"标注样式管理器"对话框,单击"关闭"完成样式设置。将新设置的标注样式"置为当前",使用各种标注命令完成图形的标注。

7.3　尺寸标注方法

学习了尺寸标注的相关概念及标注样式的设置方法后,本节介绍如何对图形进行尺寸标注。

7.3.1　线性标注

【执行方式】

①标注面板:线性标注按钮

②菜单栏:"标注"→"线性"

③命令行:DIMLINEAR

线性标注表示两个点之间距离的测量值,如图 7.35 所示。线性标注有 3 种类型:

(1)水平标注。测量平行于 X 轴的两个点之间的距离。

(2)垂直标注。测量平行于 Y 轴的两个点之间的距离。

(3)对齐标注。测量指定方向上的两个点之间的距离。使用对齐标注时,尺寸线将平行于两尺寸界线原点之间的直线(想象或实际)。

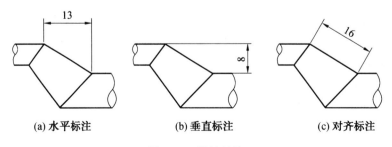

(a) 水平标注　　　　(b) 垂直标注　　　　(c) 对齐标注

图 7.35　线性标注

【例 7.2】标注图 7.36 所示图形的尺寸。

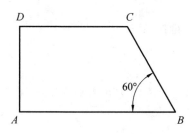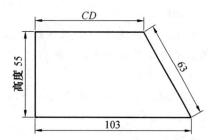

图 7.36 线型尺寸标注

(1)激活线性标注命令,命令行提示:

命令:_dimlinear

指定第一条尺寸界线原点或 <选择对象>:捕捉 A 点

指定第二条尺寸界线原点:捕捉 B 点

指定尺寸线位置或

[多行文字(M)/文字(T)/角度(A)/水平(H)/垂直(V)/旋转(R)]:单击尺寸线位

置

标注文字 = 103

(2)重复(1),捕捉 C 点和 D 点。

命令:_dimlinear

指定第一条尺寸界线原点或 <选择对象>:捕捉 C 点

指定第二条尺寸界线原点:捕捉 D 点

指定尺寸线位置或

[多行文字(M)/文字(T)/角度(A)/水平(H)/垂直(V)/旋转(R)]:T(输入 T)

输入标注文字 <72>:CD   (输入 CD)

指定尺寸线位置或

[多行文字(M)/文字(T)/角度(A)/水平(H)/垂直(V)/旋转(R)]:单击尺寸线位

置

(3)重复(1),捕捉 C 点和 B 点。

命令:_dimlinear

指定第一条尺寸界线原点或 <选择对象>:捕捉 C 点

指定第二条尺寸界线原点:捕捉 B 点

指定尺寸线位置或

[多行文字(M)/文字(T)/角度(A)/水平(H)/垂直(V)/旋转(R)]:R(输入 R)

指定尺寸线的角度 <0>:120

指定尺寸线位置或

[多行文字(M)/文字(T)/角度(A)/水平(H)/垂直(V)/旋转(R)]:单击尺寸线位

置

标注文字 = 63

(4)重复(1),捕捉 A 点和 D 点。

命令：_dimlinear

指定第一条尺寸界线原点或 <选择对象>：捕捉 A 点

指定第二条尺寸界线原点：捕捉 D 点

指定尺寸线位置或

[多行文字(M)/文字(T)/角度(A)/水平(H)/垂直(V)/旋转(R)]：M（输入 M）

输入标注文字：高度　　　　　　　　　　　　　　　　　（输入高度）

指定尺寸线位置或

[多行文字(M)/文字(T)/角度(A)/水平(H)/垂直(V)/旋转(R)]：单击尺寸线位置

7.3.2　对齐标注

对齐标注是指将尺寸线与两尺寸线原点的连线相平行。

【执行方式】

①标注面板：对齐标注按钮

②菜单栏："标注"→"对齐"

③命令行：DIMALIGNED

【例 7.3】标注如图 7.37 所示的梯形 ABCD 中 AB 边和 CD 边的边长。

(1)在绘图窗口的状态栏上激活对象捕捉按钮，打开对象捕捉模式。

(2)选择"注释"选项卡→标注面板→"线性"旁扩展选项→"已对齐"。

指定第一条尺寸界线原点或<选择对象>：捕捉 A 点

指定第二条尺寸界线原点：捕捉 B 点

指定尺寸线位置或[多行文字(M)/文字(T)/角度(A)]：

标注文字 = 37

(3)用同样方法得到 CD 边的尺寸标注。

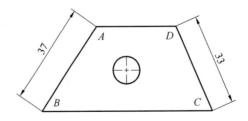

图 7.37　对齐尺寸标注

7.3.3　基线和连续标注

设计标注时可能需要创建一系列标注，即基线标注和连续标注。它们都是从上一个尺寸界线处测量的、从同一个基准面或基准线引出的标注，如图 7.38 所示。基线标注是自同一基线处测量的多个标注；连续标注是首尾相连的多个标注。在工程绘图中，可以借助基线或连续标注快速地进行尺寸标注。但是在创建基线或连续标注之前,必须创建线性、对齐或角度标注。

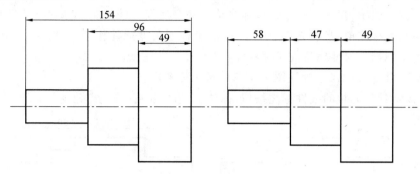

图 7.38　基线标注与连续标注

1. 创建基线尺寸标注

【执行方式】

①标注面板:基线标注按钮

②菜单栏:"注释"选项卡→标注面板→"连续"旁扩展选项→"基线"

③命令行:DIMBASELINE

基线标注指各尺寸线从同一尺寸界线处引出。在执行基线标注前,必须先标注出一个线性尺寸,以确定基线标注所需要的前一标注尺寸的尺寸界线。

【例 7.4】用基线标注形式标注图 7.39 所示图形。

(1)激活标注面板上的线性标注按钮,标注点 1、点 2 间的长度,作为基准标注。

(2)激活标注面板上的基线标注按钮。

在"指定第二条尺寸界线原点或[选择(S)/放弃(U)]<选择>:"时捕捉 3 点(得到 13 段的尺寸标注)。

(3)在连续出现的"指定第二条尺寸界线原点或[选择(S)/放弃(U)]<选择>:"时捕捉 4 点(标注出 14 段的长度)。

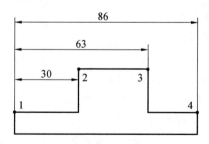

图 7.39　基线标注

2. 创建连续尺寸标注

【执行方式】

①标注面板:连续标注按钮

②菜单栏:"标注"→"连续"

③命令行:DIMCONTINUE

连续标注是指相邻两尺寸线共用同一条尺寸界线,第一个连续标注从基准标注的第二条尺寸界线引出,然后下一个连续标注从前一个连续标注的第二条尺寸界线处开始测量。执行连续标注前,必须先创建一个线性、坐标或角度标注作为基准标注,以确定连续标注所需要的前一尺寸标注的尺寸界线,如图7.40(a)所示。

【例7.5】用连续尺寸标注图7.40(b)所示的图形。

(1)激活标注面板的线性标注按钮,标注12边的长度,作为基准标注。

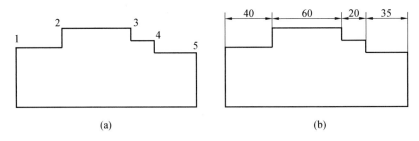

(a)　　　　　　　　　　　　(b)

图7.40　连续尺寸标注

(2)激活标注面板上的连续标注按钮,命令行提示:

指定第二条尺寸界线原点或［选择(S)/放弃(U)］＜选择＞:捕捉3点

(得到23段的尺寸标注)

(3)连续出现命令行提示:

指定第二个尺寸界线原点或［选择(S)/放弃(U)］＜选择＞:捕捉4、5点

(标注出各线段长度)

7.3.4　直径标注

【执行方式】

①标注面板:直径标注按钮◎

②菜单栏:"标注"→"直径"

③命令行:DIMDIAMETER

激活命令后,命令行提示:

选择圆弧或圆:(选择要标注直径的圆或圆弧)

指定尺寸线位置或［多行文字(M)/文字(T)/角度(A)］:

若此时用户直接确定尺寸线的位置,AutoCAD按实际测量值标注出圆或圆弧的直径,如图7.41(a)所示。用户也可以通过"多行文字(M)""文字(T)"以及"角度(A)"选项确定尺寸文字和尺寸文字的旋转角度(只有使用文字(T)选项给输入的尺寸文字加前缀"％％c",才能使标出的直径尺寸有直径符号)。图7.41(b)为用长度尺寸标注形式标注出的带有直径符号的图形。

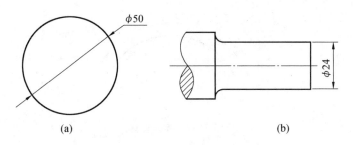

(a)   (b)

图 7.41   直径尺寸标注

7.3.5   半径标注

【执行方式】

①标注面板：半径标注按钮

②菜单栏："标注"→"半径"

③命令行：DIMRADIUS

该命令可以标注出圆或圆弧的半径尺寸。激活该命令后，命令行提示：

选择圆弧或圆：(选择要标注直径的圆或圆弧)

指定尺寸线位置或［多行文字(M)/文字(T)/角度(A)］：

若此时用户直接确定尺寸线的位置，则 AutoCAD 按实际测量值标注出圆或圆弧的半径。用户也可以通过"多行文字(M)""文字(T)"以及"角度(A)"选项确定尺寸文字和尺寸文字的旋转角度，如图 7.42 所示。

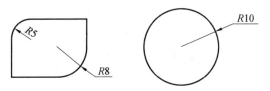

图 7.42   半径尺寸标注

7.3.6   弧长标注

【执行方式】

①标注面板：弧长标注按钮

②菜单栏："标注"→"弧长"

③命令行：DIMARC

激活命令后，命令行提示：

选择弧线段或多段线圆弧段：

指定弧长标注位置或［多行文字(M)/文字(T)/角度(A)/部分(P)］：

当指定了尺寸线的位置后，系统按实际测量值标注出圆弧的长度。也可以利用"多行文字(M)""文字(T)"或"角度(A)"选项确定尺寸文字或尺寸文字的旋转角度，还可以选择"部分(P)"选项，标注选定圆弧某一部分的弧长，如图 7.43 所示。

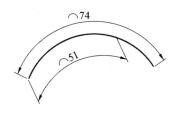

图 7.43　弧长标注

7.3.7　折弯标注

【执行方式】

①标注面板:折弯标注按钮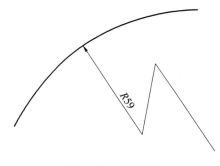

②菜单栏:"标注"→"折弯"

③命令行:DIMJOGGED

激活命令后,命令行提示:

选择圆弧或圆: 　　　　　　　　　　　　　(选择要标注的圆或圆弧)

指定图示中心位置: 　　　　　　　　　　　(单击圆内任意位置,确定
　　　　　　　　　　　　　　　　　　　　用于代替中心位置的点)

指定尺寸线位置或［多行文字(M)/文字(T)/角度(A)］: (确定尺寸线位置)

指定折弯位置: 　　　　　　　　　　　　　(指定折弯位置)

折弯标注结果如图 7.44 所示。

R59

图 7.44　折弯标注

7.3.8　圆心标注

【执行方式】

①标注面板:圆心标记按钮 ⊕

②菜单栏:"标注"→"圆心标记"

③命令行:DIMCENTER

激活可绘制圆或圆弧的圆心标记或中心线,圆心标注如图 7.45 所示。

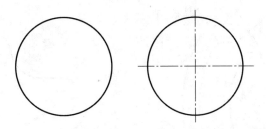

图 7.45　圆心标注

激活命令后,命令行提示:

选择要添加圆心标记的圆或圆弧:

在提示下选择圆弧或圆即可。

圆心标记是十字还是中心线由标注样式管理器中的"箭头"选项卡里的"圆心标记"来设定。中心标记和中心线仅适用直径和半径标注。仅在将尺寸线置于圆或圆弧之外时才绘制它。

【例 7.6】使用半径标注、直径标注和圆心标注功能标注图 7.46 所示图形。

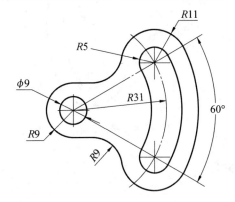

图 7.46　例 7.6 图

(1)选择"标注"→"半径"命令,标注圆弧的半径 $R11$、$R31$、$R5$、$R9$。

(2)在命令行中"选择要标注的几何图形:"提示下选择相应的圆弧处,然后回车,如图 7.47 所示。

(3)选择"标注"→"直径"命令,或在标注面板中单击 ⊘ 按钮,标注圆弧的直径为 9。

选择"标注"→"角度"命令,或在"标注"面板中单击 ⊘ 按钮标注角度为 60°。

标注直径与角度如图 7.48 所示。

(4)选择选择"标注"→"圆心标记"命令,或在标注面板中单击 ⊕ 按钮。

然后在图形中分别单击圆或圆弧,以标记它们的圆心,结果如图 7.49 所示。

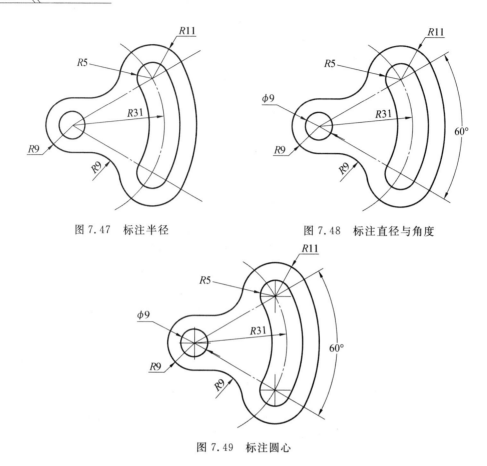

图 7.47 标注半径   图 7.48 标注直径与角度

图 7.49 标注圆心

7.3.9 创建角度标注

【执行方式】

① 标注面板：角度标注按钮

② 菜单栏："标注"→"角度"

③ 命令行：DIMANGULAR

激活角度标注命令后，命令行提示：

选择圆弧、圆、直线或＜指定顶点＞：

角度标注用于测量圆和圆弧的角度、两条直线间的夹角或三个点之间的角度。用户在提示下可标注圆弧的包含角、圆上某一段圆弧的包含角、2 条不平行直线之间的夹角，或根据给定的 3 点标注角度。图 7.50 所示为三种情况的角度标注。

要测量圆的两条半径之间的角度，可以选择此圆，然后指定角度端点。对于其他对象，需要选择对象然后指定标注位置。还可以通过指定角度顶点和端点标注角度。创建标注时，可以在指定尺寸线位置之前修改文字内容和对齐方式。角度尺寸标注也可以用连续标注、基线标注，如图 7.51 所示。

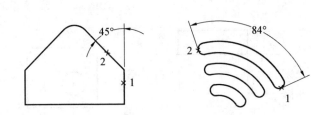

图 7.50　角度尺寸标注

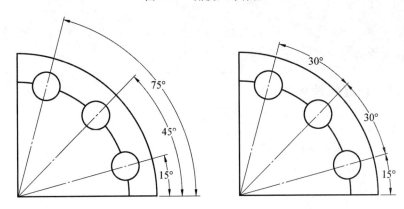

图 7.51　角度尺寸的基线标注与连续标注

7.3.10　坐标标注

【执行方式】

①标注面板:坐标标注按钮

②菜单栏:"标注"→"坐标"

③命令行:DIMORDINATE

上述操作可实现坐标标注。激活命令后,命令行提示:

指定点坐标:

在提示下确定要标注坐标的点后,命令行提示:

定引线端点或 [X 基准(X)/Y 基准(Y)/多行文字(M)/文字(T)/角度(A)]:

可根据提示指定引线端点,也可以在提示后输入各选项,图 7.52 所示是坐标尺寸标注的例子。

坐标标注标识的内容:

(1)坐标标注是指测量原点(称为基准)到标注特征(例如部件上的一个孔)的垂直距离。这种标注保持特征点与基准点的精确偏移量,从而避免增大误差。

(2)利用坐标标注,可通过 UCS 命令改变坐标系的原点位置。

(3)坐标标注中的 X 基准坐标是沿 X 轴测量特征点与基准点的距离;Y 基准坐标是沿 Y 轴测量特征点与基准点的距离。

(4)不管当前标注样式定义的文字方向如何,坐标标注文字总是与坐标引线对齐。可

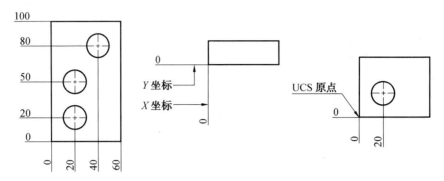

图 7.52　坐标尺寸标注

以接受默认文字或提供自己的文字。

7.3.11　创建快速标注

【执行方式】

①标注面板:快速标注按钮

②菜单栏:"标注"→"快速标注"

③命令行:QDIM

使用系统提供的快速标注功能可以一次快速地对多个对象标注,包括基线标注、连续标注、直径标注、半径标注和坐标标注。激活 QDIM 命令后,命令行提示:

选择要标注的几何图形:

用户在提示下选择需要标注尺寸的各图形对象,按 Enter 键后,通过选择相应选项,用户可以进行"连续""基线"及"半径"等一系列标注。

【例 7.7】使用快速标注命令分别对图 7.53 进行连续标注和基线标注。

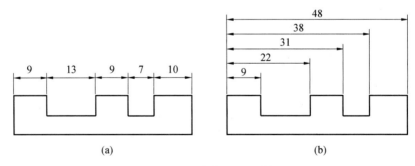

(a)　　　　　　　　　　　　　(b)

图 7.53　利用快速尺寸标注命令进行连续标注和基线标注

(1)选择"标注"→"快速标注"(或单击　按钮),命令行提示:

选择要标注的几何图形:　　　　　　　(选择整个图形,然后回车)

指定尺寸线位置或[连续(C)/并列(S)/基线(B)/坐标(O)/半径(R)/ 直径(D)/基准点(P)/编辑(E)/设置(T)]<连续>:

直接回车,默认连续尺寸标注,在图形上方适当的位置单击鼠标确定尺寸线的位置,标注出图 7.53(a)所示的图形。

(2)重复(1)。

(3)命令行提示：

指定尺寸线位置或[连续(C)/并列(S)/基线(B)/坐标(O)/半径(R)/直径(D)/基准点(P)/编辑(E)/设置(T)]<连续>：

输入 B，然后回车，在图形上方适当位置单击鼠标确定尺寸线位置，标注出如图 7.53（b）所示的图形。

【例 7.8】用快速标注命令标注图 7.54 所示图形的半径尺寸。

选择"标注"→"快速标注"（或单击 ⚡ 按钮），命令行提示：

选择要标注的几何图形：（选择整个图形，然后回车）

指定尺寸线位置或[连续(C)/并列(S)/基线(B)/坐标(O)/半径(R)/直径(D)/基准点(P)/编辑(E)/设置(T)]<连续>：R

在图形上需要标注半径的位置单击鼠标，确定尺寸线位置。

注意：此时标注的尺寸中，个别的可能不符合标准标注样式，应做适当的调整。

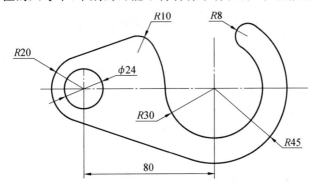

图 7.54　快速标注命令标注半径尺寸

7.3.12　标注间距与打断

标注间距可以自动调整平行的线性标注和角度标注之间的间距，或根据指定的间距值进行调整。除了调整尺寸线间距，还可以通过输入间距值 0 使尺寸线相互对齐。由于能够调整尺寸线的间距或对齐尺寸线，因而无须重新创建标注或使用夹点逐条对齐并重新定位尺寸线。

1.标注间距

【执行方式】

①标注面板：调整间距按钮 ▥

②菜单栏："标注"→"标注间距"

③命令行：DIMSPACE

标注间距可以修改已经标注的图形中的尺寸线的位置间距大小，如图 7.55 所示。执行该命令，命令行提示：

选择基准标注：选择尺寸 12

选择要产生间距的标注:选择尺寸 29、46、73

输入值或［自动(A)］＜自动＞:输入值 8,按 Enter 键以结束命令

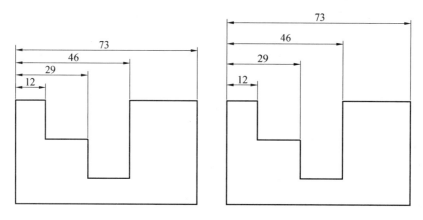

图 7.55　修改标注间距

标注打断可以在尺寸线或尺寸界线与几何对象或其他标注相交的位置将其打断。虽然不建议采取这种绘图方法,但是在某些情况下是必要的。

2.标注打断

【执行方式】

①标注面板:标注打断按钮⊥⊶

②菜单栏:"标注"→"标注打断"

③命令行:DIMBREAK

执行该命令,命令行提示:

选择标注或［多个(M)］:选择标注 18,或输入 M 并按 Enter 键

选择要打断标注的对象或［自动(A)/恢复(R)/手动(M)］＜自动＞:选择与标注相交或与选定标注的尺寸界线相交的对象,选择与尺寸 18 的尺寸界线相交的两条轮廓线,或按 Enter 键

选择要打断标注的对象:选择标注或［多个(M)］:选择通过标注的对象或按 Enter 键以结束命令

结果如图 7.56 所示。

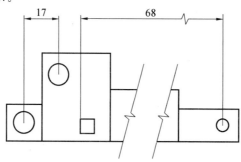

图 7.56　标注打断

7.3.13　引线标注

【执行方式】

①功能区选项板:"注释"选项卡→引线面板→多重引线按钮

②菜单栏:"标注"→"多重引线"

③命令行:MLEADER

利用多重引线标注,用户可以标注一些注释、说明等,也可以为引线附着块参照和特征控制框(用于显示形位公差)等。引线面板如图 7.57 所示。

图 7.57　引线面板

1. 管理多重引线样式

在引线面板中单击右下角 ↘ 按钮,打开"多重引线样式管理器"对话框,如图 7.58 所示。该对话框可以新建和修改多重引线样式,多重引线样式可以设置多重引线的格式、结构和内容。

单击"新建"按钮,在打开的"创建新多重引线样式"对话框中创建多重引线样式,如图 7.59 所示。

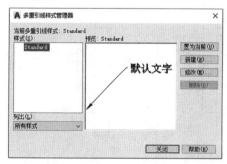

图 7.58　"多重引线样式管理器"对话框

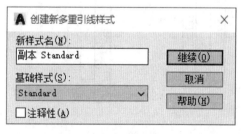

图 7.59　"创建新多重引线样式"对话框

设置了新样式的名称和基础样式后,单击该对话框中的"继续"按钮,打开"修改多重引线样式"对话框,如图 7.60 所示。该对话框包含"引线格式""引线结构"和"内容"三个选项卡,可以设置包含引线箭头大小、形式,引线的约束形式,文字大小及位置等内容。用户自定义多重引线样式后,单击"确定"按钮完成新样式的创建,然后将其置为当前样式。

2. 创建多重引线标注

执行多重引线命令,命令行提示:

命令:_mleader

指定文字的第一个角点或[引线箭头优先(H)/引线基线优先(L)/选项(O)]<选项>:

指定对角点:　　　　(打开文字输入窗口)

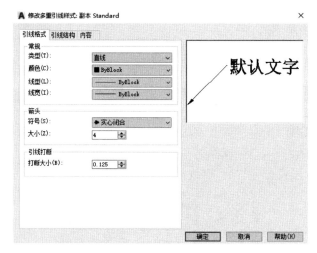

图 7.60 "修改多重引线样式"对话框

指定引线箭头的位置:(在图形中单击,确定引线箭头的位置)

在引线面板中单击添加引线按钮 可以为图形继续添加多个引线和注释。删除引线按钮 可以将引线从现有的多重引线对象中删除。添加和删除引线如图 7.61 所示。

对齐按钮 可以将选定的多重引线对象对齐并按一定间距排列。合并按钮 可以将包含块的选定多重引线组织到行或列中,并使用单引线显示结果。对齐和合并引线如图 7.62 所示。

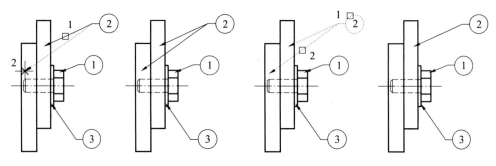

图 7.61 添加和删除引线

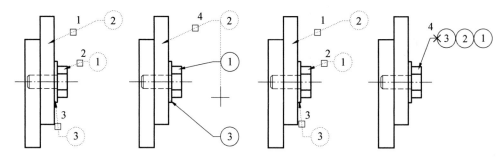

图 7.62 对齐和合并引线

【**例** 7.9】标注图 7.63 所示的螺纹孔尺寸。

(1)创建多重引线样式,在"引线格式"选项卡中设置箭头符号为无,大小为 4;在"引线结构"选项卡中设置约束,包括引线点数和角度约束;在"内容"选项卡中设置多重引线类型为多行文字,然后设置文字的大小,在"引线连接"选项区内选"第一行加下划线",设置结束后单击"确定"按钮,并将此样式置为当前样式。

(2)在引线面板单击多重引线按钮。

命令:_mleader

指定文字的第一个角点或[引线箭头优先(H)/引线基线优先(L)/选项(O)]<引线箭头优先>:

(在图形附近指定文本框的第一个角点,用户也可以先指定引线箭头或引线基线的位置,然后再输入文字)

指定对角点:　　　　　　(指定文本框的另一个角点,在弹出的文本输入窗口中输入 3×M8-7H,单击"确定"按钮)

指定引线箭头的位置:　　(在螺纹孔轴线处单击,确定引线箭头的位置)

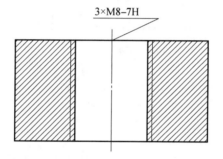

图 7.63　利用多重引线标注螺纹孔

7.4　尺寸标注编辑

编辑尺寸标注是指对已经标注的尺寸标注位置、文字位置、文字内容、标注样式等做出改变的过程。AutoCAD 提供了很多编辑尺寸标注的方式,例如编辑命令、夹点编辑、通过快捷菜单编辑、通过标注快捷特性面板或标注样式管理器修改标注的格式等。其中,夹点编辑是修改标注最快、最简单的方法。

7.4.1　编辑标注

单击标注,在出现标注夹点的同时弹出该标注的快捷特性面板,如图 7.64 所示。用户可以使用夹点和特性面板中的选项对选中的标注进行编辑和修改。

用户也可以利用菜单栏:"修改"→"特性",打开如图 7.65 所示的"特性"选项板,对选中标注的各项特性进行编辑和修改。

图 7.64　标注的快捷特性面板　　　　图 7.65　"特性"选项板

7.4.2　拉伸标注

【执行方式】

菜单栏:"修改"→"拉伸"

命令行:STRETCH

可以使用夹点或者 STRETCH 命令拉伸标注。使用该命令时,必须使用交叉窗口和交叉多边形选择标注。文字移出尺寸界线则不需要拆分尺寸线,尺寸线将被重新连接。当图形具有不同方向的尺寸时,拉伸标注如图 7.66 所示,拉伸图形顶点则会同时拉伸与该顶点相关的尺寸。标注的定义点要包含在交叉选择窗口中。此时拉伸不改变标注样式(对齐、水平或垂直等),AutoCAD 重新对齐和重新测量对齐标注,然后重新测量垂直标注。

拉伸标注的步骤如下:

(1)从"修改"菜单中选择拉伸命令。

(2)使用交叉选择窗口选择所有要拉伸的标注。

(3)指定位移的基点。

(4)指定位移的第二点。

在 AutoCAD 中,标注的尺寸与标注的对象是关联的。所谓尺寸关联,是指所标注尺寸与被标注对象有关联关系。如果标注的尺寸值是按自动测量值标注,且尺寸标注是按尺寸关联模式标注的,改变被标注对象的大小后,相应的标注尺寸也将发生变化,即尺寸界线、尺寸线的位置都将改变到相应位置,尺寸值也改变成新测量值。改变图形则相应的尺寸也变。因此,当用户编辑图形时,相关的标注将自动更新。

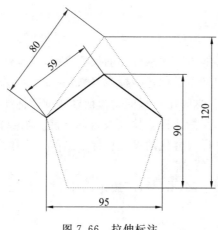

图 7.66　拉伸标注

7.4.3　倾斜尺寸界线

【执行方式】

①标注面板:倾斜按钮 ⊢

②菜单栏:"标注"→"倾斜"

默认情况下,尺寸界线都与尺寸线垂直。如果尺寸界线与图形中的其他对象发生冲突,可以创建倾斜尺寸界线。

命令操作步骤:

(1)菜单栏:"标注"→"倾斜"。

(2)选择标注。

(3)直接输入角度,或者通过指定两点确定角度。

倾斜标注如图 7.67 所示。

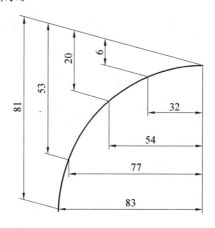

图 7.67　倾斜标注

7.4.4 标注样式替代

对于某个标注,用户可能想不显示标注的尺寸界线,或者修改文字和箭头位置使它们不与图形中的集合重叠,但又不想创建新标注样式,只是临时修改尺寸标注的系统变量,并按该设置修改尺寸标注。这时用户只能为当前样式创建标注样式替代。当用户将其他标注样式设置为当前样式后,标注样式替代被自动删除。当要把标注样式替代重命名为新的标注样式,或者把标注样式替代的设置保存到当前标注样式,可执行如下步骤:

(1)选择"标注"→"标注样式"。

(2)在标注样式管理器中,单击"替代"按钮。打开"替代当前样式"对话框,如图 7.68 所示。

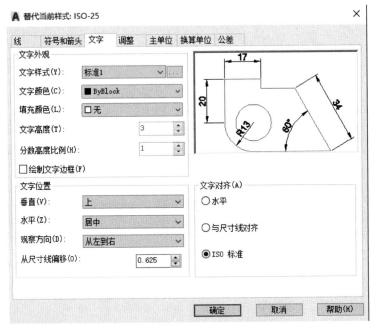

图 7.68 "替代当前样式"对话框

(3)在"替代当前样式"对话框中调整样式替代,然后单击"确定"按钮。

【例 7.10】使用替代命令改变图 7.70(a)中 $R12$ 半径尺寸标注的比例为 5。

(1)选择"标注"→"标注样式"。

(2)在标注样式管理器中,单击"替代"按钮,打开"替代当前样式"对话框。

(3)在"替代当前样式"对话框中调整标注比例为 5,单击"确定"。替代后如图 7.69 (b)所示。

命令行中输入"DIMSCALE"也可以替换标注。

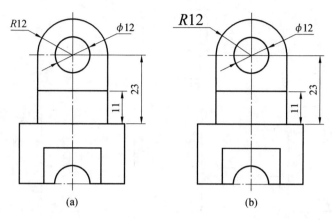

图 7.69　尺寸变量替代

7.5　形位公差标注

在机械图样中,具有装配关系的尺寸,需要精确加工,必须标注尺寸公差;同时还需要标注形位公差,因为它是评定产品质量的重要指标。

7.5.1　尺寸公差标注

尺寸公差就是尺寸误差的允许变动范围。尺寸公差取值是否恰当直接决定着机件的加工成本和使用性能,因此,每一张零件图、装配图都必须标注尺寸公差。国家标准规定,对于没有标注公差的尺寸,其加工精度由自然公差控制,自然公差比较大,对于大多数零件都难以满足使用要求。

常见的尺寸公差的标注形式有两种,即在尺寸的后面标注上、下偏差或标注公差带代号,装配图上还需要用公差带代号分子分母的形式表示配合关系,尺寸公差标注如图7.70所示。

【例 7.11】在图 7.70(a)所示的轴上标注尺寸公差。

(1)选择"标注"→"样式",弹出"标注样式管理器"对话框。

(2)单击"新建"按钮,弹出"创建新标注样式"对话框。

(3)单击"继续"按钮,弹出"新建标注样式"对话框,对"主单位"选项卡进行设置。

(4)设置"单位格式"为"小数","精度"为"0","小数分隔符"为"句点","舍入"为"0","比例因子"为"1",在"消零"选项区中选中"后续"选项,在"前缀"文本框中输入"%%c",其他选用默认设置。

(5)在"公差"选项卡中,设置"方式"为"极限偏差","精度"为"0","高度比例"为"0.7","垂直位置"为"中",上偏差为"0.018",下偏差为"0.002",其他选项不进行设置。

(6)单击"确定"按钮,在"标注样式管理器"对话框中单击"置为当前",单击"关闭"按钮。

(7)单击标注工具栏中的线性标注按钮,捕捉指定两个尺寸界线的起点后,在适当位

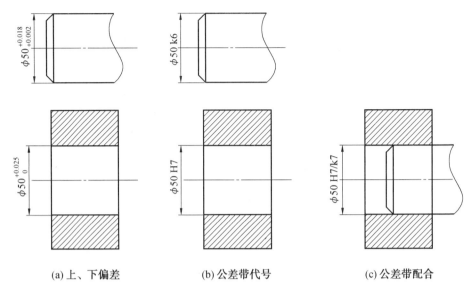

(a) 上、下偏差   (b) 公差带代号   (c) 公差带配合

图 7.70 尺寸公差标注

置单击即可标注出该轴的尺寸公差。

用户也可以在尺寸标注的过程中选择多行文本选项,利用文本的自动堆叠功能完成尺寸公差的标注。

7.5.2 形位公差标注

形位公差是指零件的实际形状和实际位置对理想形状和理想位置的允许变动量,就是实际加工的机械零件表面上的点、线、面的形状和位置相对于基准的误差范围。虽然在大多数建筑图样中几乎不存在,但在机械设计中却是非常重要的。一方面,如果形位公差不能完全控制,零件就不能正确装配;另一方面,精度过高的形位公差又会增大制造费用而造成浪费。

【执行方式】

①标注面板:公差按钮

②菜单栏:"标注"→"公差"

③命令行:TOLERANCE

打开"形位公差"对话框,如图 7.71 所示。利用该对话框,用户可以设置公差的符号、值及基准等参数。

在"形位公差"对话框中,用户通过如下方法输入公差值并修改符号:

(1)符号。单击该列的■框,将打开"特征符号"对话框,在该对话框中可以为第一个或第二个公差选择特征符号,如图 7.72 所示。

(2)公差 1 和公差 2。单击该列前面的■框将插入一个直径符号。在中间的文本框中,可以输入公差值。单击该列后面的■框将打开"包容条件"对话框,可以为公差选择包容条件符号,如图 7.73 所示。

（3）基准 1、基准 2 和基准 3。用于设置公差基准和相应的包容条件。

（4）高度。在特征控制框中可以设置投影公差带的值。投影公差带控制固定垂直部分延伸区的高度变化，并以位置公差控制公差精度。

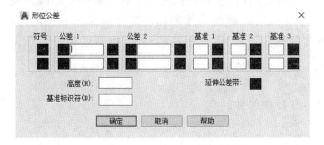

图 7.71 "形位公差"对话框

图 7.72 "特征符号"对话框

（5）延伸公差带。单击"延伸公差带"后边的■框，可在延伸公差带值的后面插入延伸公差带符号。

（6）基准标识符。用于创建由参照字母组成的基准标识符号。

图 7.73 "附加符号"对话框

【例 7.12】轴零件图上标注形位公差（右端直径为 $\phi40$ 的圆柱轴线与左端直径为 $\phi50$ 的圆柱轴线的同轴度为 $\phi0.020$），如图 7.74 所示。

（1）单击标注面板公差按钮■打开"形位公差"对话框，如图 7.71 所示。

（2）单击"符号"选项栏中上方黑框，在"特征符号"对话框中选择同轴度符号。

（3）单击"公差 1"文本框前的黑框，显示出直径符号 ϕ，在文本框中输入"0.020"，在"基准 1"文本框中输入"A"，单击"确定"按钮，即可完成形位公差的设置。

（4）系统继续提示"输入公差位置"，在图示形位公差位置单击鼠标，确定放置位置。

（5）在引线面板单击右下角 ↘ 按钮，打开"修改多重引线样式"对话框，设置引线结构并在"内容"选项卡中将多重引线内容设置成"无"，单击"确定"按钮完成引线设置。

（6）在引线面板中单击多重引线按钮 ⟋，按系统提示在尺寸线与形位公差之间绘制引线，完成标注。

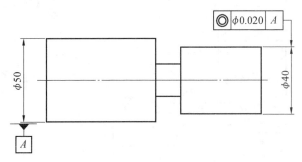

图 7.74 形位公差标注

【本章训练】

目的:熟练掌握图形尺寸标注,学会在尺寸标注前创建设定尺寸标注的类型和具体操作。尺寸界线、尺寸线、尺寸箭头和文字样式的设置使尺寸的标注符合国家标准规定,同时掌握、调整设置,正确运用线性、角度的标注方法,创建所要的尺寸、粗糙度和公差标注的形式,并熟练运用。

练习一

上机操作:绘制图7.75所示图样,并标注尺寸。

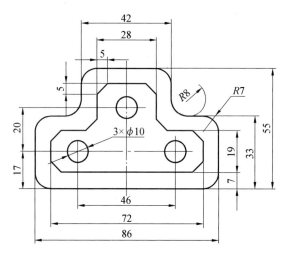

图7.75 标注练习

练习二

上机操作:绘制图7.76所示图样,并标注尺寸。

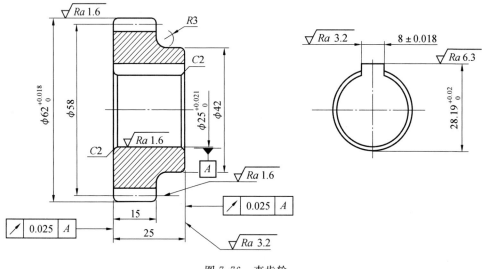

图7.76 直齿轮

练习三

上机操作:利用文字样式命令和标注样式命令确定尺寸标注的形式,结合相应编辑命令,完成图 7.77 所示法兰盘的绘制和尺寸标注。

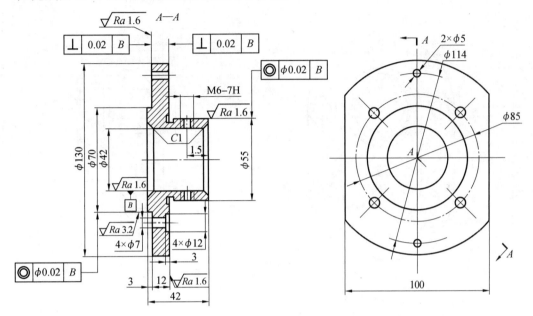

图 7.77　法兰盘

练习四

上机操作:利用文字样式命令和标注样式 命令确定尺寸标注的形式,结合相应编辑命完成图 7.78 主轴的绘制和尺寸标注。

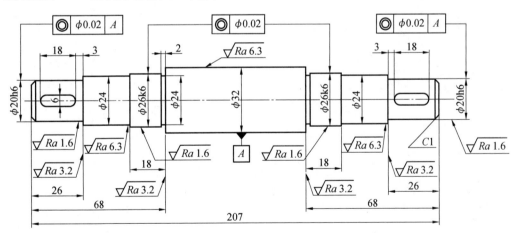

图 7.78　主轴

练习五

上机操作:绘制图 7.79 所示图样,并标注尺寸。

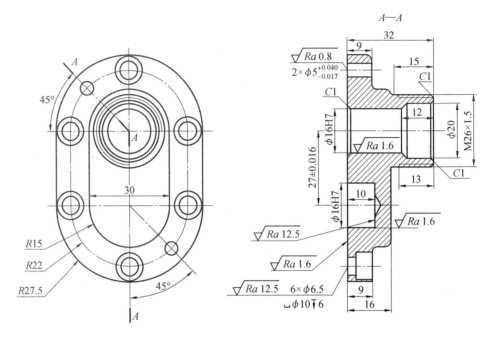

图 7.79　右端盖

第8章
集成化绘图工具

为了提高系统整体的图形设计效率,并有效地管理整个系统的所有图形设计文件,AutoCAD 经过不断的探索和完善,推出了大量的协同绘图工具,包括查询工具、设计中心、工具选项板、CAD 标准、图纸集管理器和标记集管理器等。利用设计中心和工具选项板,用户可以建立自己的个性化图库;也可以利用别人提供的强大的资源快速准确地进行图形设计。同时利用 CAD 标准管理器、图纸集管理器和标记集管理器,用户可以有效地统一管理整个系统的图形文件。

8.1 图 块

在绘制工程图的过程中,经常需要多次使用相同或类似的图形。例如,螺栓螺母等标准件、表面粗糙度符号等图形。每次需要这些图形时,都得重复绘制,不仅耗时费力,还容易发生错误。为了解决这个问题,AutoCAD 提供了图块的功能。用户可以把常用的图形创建成块,在需要时插入到当前图形文件中,从而提高绘图效率。

8.1.1 图块概述

图块是指一个或多个图形对象的集合,可以让用户在同一图形或其他图形中重复使用。用户可以对它进行移动、复制、缩放、删除等修改操作。组成图块的图形对象都有自己的图层、线型、颜色等属性。图块一旦创建好,就是一个整体的对象。

1. 图块的优点

(1)提高绘图速度。将经常使用的图形创建为图块,需要时插入到图形文件里,减少不必要的重复工作。

(2)节省磁盘空间。在图形中插入块时对块的引用,不管图形多么复杂,在图形中只保留块的引用信息和该块的定义,故使用块可以减少图形的存储空间。

(3)方便修改图形。设计是一个需要不断完善的过程,图样经常需要修改,只要对图块进行修改,图中插入的所有该块均会进行修改。

(4)方便添加属性。可以将文字信息等属性添加到图块当中,并可以在插入的块中指定是否显示这些属性,还可以从图中提取这些信息。

2. 图块的分类

(1)内部块。内部块只能存在于定义该块的图形中,而其他图形文件不能使用该图块。

(2)外部块。外部块作为一个图形文件单独存储在磁盘等媒介上,可以被其他图形引用,也可以单独被打开。

3. 图块的分类

(1)创建块。为新图块命名,选择组成图块的图形对象,确定插入点。

(2)插入块。将块插入到指定的位置。

8.1.2　图块操作

1. 创建内部块

用户可以通过块面板对块进行操作。块面板如图 8.1 所示。

【执行方式】

①块面板:单击创建块按钮

②菜单栏:"插入"→"创建块"

③命令行:BLOCK

激活命令后,打开"块定义"对话框,如图 8.2 所示。

"块定义"对话框说明:

图 8.1　块面板

图 8.2　"块定义"对话框

(1)名称。输入要定义的图块的名称。

(2)基点。设置块的插入基点。既可以单击拾取点按钮,直接在绘图窗口指定插入点,也可以通过输入 X、Y、Z 坐标值来设置插入基点。

(3)对象。可以指定新块中包含的对象,以及创建块以后是否保留选定的对象,或将它们转换成块。

①单击选择对象按钮,切换到绘图窗口,选择需要创建的对象。

②单击按钮,打开"快速选择"对话框,如图 8.3 所示,使用该对话框可以定义选择集。

③保留。在选择了组成块的对象后,保留被选择的对象不变。

④转换为块。被选中组成块的对象转换为该图块的一个实例。该项为缺省位置。

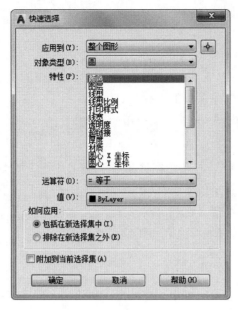

图 8.3　"快速选择"对话框

⑤删除。创建块结束后,选中的图形对象在原位置被删除。

(4)方式。

①注释性。指定块为注释性。

②按统一比例缩放。指定是否阻止块参照不按统一比例缩放。

③允许分解。指定块参照是否可以被分解。

(5)设置。

①块单位。选择块单位。

②超链接。打开"插入超链接"对话框,可以插入超链接文档,如图 8.4 所示。

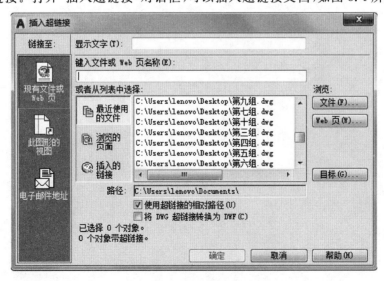

图 8.4　"插入超链接"对话框

(6)说明。

输入与块有关的文字说明。

【例8.1】将表面粗糙度符号创建成块。

(1)选择菜单栏:"绘图"→"块"→"创建",打开"块定义"对话框。

(2)在"名称"文本框中输入块的名称"粗糙度"。

(3)单击拾取点按钮 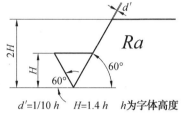，在绘图区利用端点的对象捕捉方式点取下端点。

(4)单击选择对象按钮 ，在绘图区选择3条直线，回车结束选择，返回到"块定义"对话框。

(5)在"说明"文本框中输入"粗糙度符号"。

$d'=1/10\ h$　　$H=1.4\ h$　　**h为字体高度**

图8.5　粗糙度符号

(6)单击"确定"按钮，完成图块表面粗糙度符号的创建。

2. 插入块

创建好图块后，就可以在图形中反复使用。将块插入到图形中操作简单，就如同在文档中插入图片一样，在插入块的过程中，还可以缩放和旋转块。

【执行方式】

(1)块面板:插入按钮

(2)菜单栏:"插入"→"块"

(3)命令行:INSERT

打开"插入"对话框，如图8.6所示。

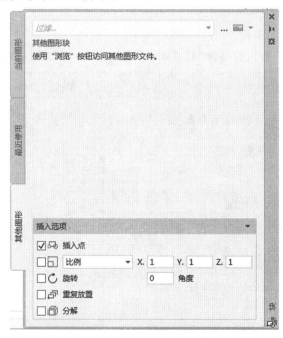

图8.6　"插入"对话框

"插入"对话框说明：

（1）插入点。可以在绘图窗口直接指定插入点，也可以通过输入 X、Y、Z 坐标值来设置插入点。

（2）比例。可以设置插入块的缩放比例。如果指定负的 X、Y、Z 比例因子，则插入块的镜像图形；勾选"在屏幕上指定"选项，可以用光标直接在屏幕上指定；勾选"统一比例"选项，则在 X、Y、Z 这 3 个方向上的比例都相同。

（3）旋转。设置插入块时的旋转角度。可以直接在文本框中输入旋转角度，也可以选"在屏幕上指定"选项，用拉动的方法，在屏幕上动态地确定旋转角度。

（4）分解。可以将插入的块分解成单独的基本图形对象。

【例 8.2】将表面粗糙度符号插入到图形当中。

（1）选择菜单栏："插入"→"块"，打开"插入"对话框。

（2）在"名称"下拉列表中选择"表面粗糙度符号"。

（3）在"插入点"中选择"在屏幕上指定"选项。

（4）在"比例"中，将 X、Y、Z 都设为 1。

（5）在"旋转"中，将角度设置为 0。单击"确定"按钮，完成插入块的设置过程。

（6）在屏幕上指定插入位置并单击鼠标，完成插入块的操作，如图 8.7 所示。

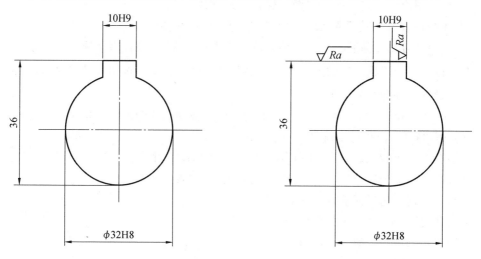

图 8.7　插入表面粗糙度

3. 外部块

通过 BLOCK 命令创建的块只能存在于定义该块的图形中，不能应用到其他图形文件中。如果要让所有的 AutoCAD 文档共用图块，可以用 WBLOCK 命令创建块为外部块，将该图块作为一个图形文件单独存储到磁盘上。

【执行方式】

命令行：WBLOCK

打开"写块"对话框，如图 8.8 所示。

"写块"对话框说明：

（1）源。

图 8.8　"写块"对话框

①块。将定义好的内部块保存为外部块,可以在下拉列表中选择。

②整个图形。将当前的全部图形保存为外部块。

上述两种情况"基点"选项区和"对象"选项区不可使用。

③对象。可以在随后的操作中设定基点并选择对象,该项为默认项。

(2)目标。用于输入块的文件名和保存文件的路径。单击按钮□□打开"浏览文件夹"对话框,设置文件保存的位置。

(3)插入单位。从下拉列表中选择由设计中心拖动图块时的缩放单位。

【例 8.3】将表面粗糙度符号图块设为外部块。

(1)在命令行键入命令 WBLOCK,回车,打开"写块"对话框。

(2)在"源"选项区选择"块",在下拉列表中选择"表面粗糙度符号"。

(3)在"目标"选项区输入文件名和路径。

(4)在"插入单位"下拉列表中选择"毫米"。

(5)单击"确定"按钮,完成操作。

4. 插入外部块

插入外部块的操作和插入内部块的操作基本相同,也是在图 8.6 所示的"插入"对话框中完成。外部块实际上是. dwg 图形文件。单击"浏览"按钮,在打开的"选择图形文件"对话框中选择所需要的图形文件,其余的步骤与插入内部块相同。

5. 多重插入块

用户可以通过 MINSERT 命令同时插入多个块。该命令是插入 INSERT 和矩形阵列 ARRAY 的组合。

【执行方式】

命令行:MINSERT

激活命令后,命令行提示:

MINSERT 输入块名或[?]:输入块名

MINSERT 指定插入点或[基点(B)/比例(S)/X Y Z 旋转(R)]:指定插入点

MINSERT 输入×比例因子,指定对角点,或[角点(C)/xyz(XYZ)]<1>:1

MINSERT 指定旋转角度<0>:0

MINSERT 输入行数(— — —)<1>:1

MINSERT 输入列数(| | |)<1>:1

注意:多重插入产生的块阵列是一个整体,不能分解和编辑。而先插入块后阵列,则每个块是一个对象。

8.1.3 图块的属性

图块包含图形信息和非图形信息。图形信息是和图形对象的几何特征直接相关的属性,如位置、图层、线型、颜色等。非图形信息不能通过图形表示,而由文本标注的方法表现出来,例如日期、表面粗糙度值、设计者、材料等。我们把这种附加的文字信息称为块属性。利用块属性可以将图形的这些属性附加到块上,成为块的一部分。

块属性的操作方法有以下几个步骤:

(1)定义属性。要创建块属性,首先要创建描述属性特征的属性定义。特征包括标记、插入块时显示的提示、值的信息、文字格式、位置和可选模式。

(2)在创建图块时附加属性。

(3)在插入图块时确定属性值。

【执行方式】

①块面板:编辑属性按钮 ♥ 编辑属性

②菜单栏:"插入"→"块"→"编辑属性"

③命令行:ATTDEF

打开"属性定义"对话框,如图 8.9 所示,可以定义属性模式、属性标记、属性值、插入点以及属性的文字设置。

"属性定义"对话框说明:

(1)模式。通过复选框设定属性的模式。

①不可见。选中此项,属性文本不在屏幕上显示。

②固定。当插入块时赋予属性固定值。

③验证。当插入块时系统提示验证属性值是否正确。

④预设。当插入包含预设属性值的块时,将属性设置为默认。

(2)属性。设置属性。

①标记。属性的标签,该项是必须要输入的。

②提示。作为输入时提示用户的信息。

③默认。属性的值。

(3)插入点。设置属性的插入位置。可以通过输入坐标值来定位插入点,也可以在屏幕上指定。

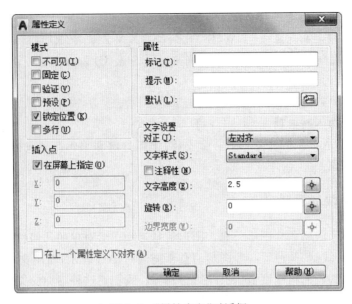

图 8.9　"属性定义"对话框

(4)文字设置。

①对正。下拉列表中包含了所有的文本对正类型,可以从中选择一种对正方式。

②文字样式。可以选择已经设定好的文字样式。

③文字高度。定义文字的高度,可以直接由键盘输入。

④旋转。设定属性文字行的旋转角度。

(5)在上一个属性定义下对齐。如果前面定义过属性则该项可以使用。将当前属性定义的插入点和文字样式继承上一个属性的性质,不需要再定义。

【例 8.4】为表面粗糙度符号添加属性,如图 8.10 所示。

(1)首先在绘图区绘制表面粗糙度符号的图形,如图 8.11 所示。

(2)选择菜单栏:"绘图"→"块"→"属性定义",打开"属性定义"对话框,如图 8.12 所示。

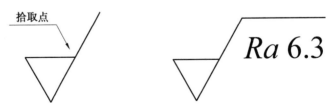

图 8.10　添加了属性的图块　　　　图 8.11　没有属性的图块

(3)属性。"标记"文本框中键入"Ra","提示"文本框中键入"输入表面粗糙度值",值的文本框中键入"6.3",如图 8.12 所示。

(4)插入点。选择"在屏幕上指定"。

(5)文字设置。对正选择"右对齐",文字样式选择"Standard",高度键入"5",旋转角度为 0,如图 8.12 所示。

(6)单击"确定"按钮,在屏幕上图 8.10 所示的符号右侧中间的位置上点取,完成属性定义操作。

(7)在命令行键入 WBLOCK,打开"写块"对话框,如图 8.13 所示。

图 8.12 "属性定义"对话框

图 8.13 "写块"对话框

(8)源。选择"对象"。

(9)基点。点取拾取点按钮,在绘图区通过捕捉模式在图形下端单击。

(10)对象。点取选择对象按钮,将图形和文字全部选中,回车。

(11)目标。为新块确定路径和名称,"插入单位"下拉列表中选择"毫米"。

(12)单击"确定"完成创建块属性的操作。该图块保存在磁盘中。

【例 8.5】把图框和标题栏创建成具有属性的图块。

(1)首先绘制出图框和标题栏,如图 8.14 所示。

(2)选择菜单栏:"绘图"→"块"→"属性定义",打开"属性定义"对话框,如图 8.15 所示。

(3)属性。在"标记"文本框中键入"零件名称",在"提示"文本框中键入"输入零件名称"。

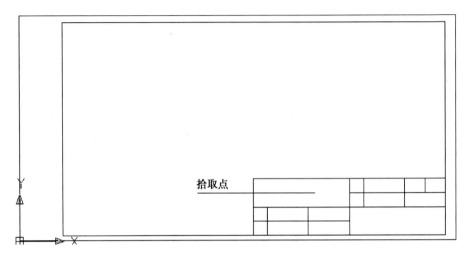

图 8.14   图框和标题栏

图 8.15   "属性定义"对话框

(4)插入点。选择"在屏幕上指定"。

(5)文字设置。对正选择"居中",文字样式选择"Standard",高度键入"10",旋转角度为 0。

(6)属性。在图 8.15 所示的"零件名称"位置中间单击,回车,返回到"属性定义"对话框,接着把其他属性都添加上(如姓名、时间、材料、比例等),完成属性定义操作。

(7)选择菜单栏。输入 WBLOCK，打开"写块"对话框，如图 8.16 所示。

(8)基点。单击拾取点按钮，在屏幕上用捕捉模式单击图框的左下角。

(9)对象。单击选择对象按钮，把图框和文字全部选中，选择转换为块选项然后回车。

(10)目标。在文本框中写入文件名和路径，单位选择"毫米"。

(11)单击"确定"按钮，完成块存储，在绘图窗口单击该图块会显示块参照面板。

(12)将块参照面板中的项目填齐，单击"确定"按钮，添加属性后的标题栏如图 8.17 所示。

图 8.16 "写块"对话框

齿轮			材料	45	比例	1:1
			数量	1	共5张第1张	
制图	刘明	2020/09	哈尔滨理工大学			
审核	杨光	2020/09				

图 8.17 添加属性后的标题栏

8.1.4 图块和属性的编辑与管理

1. 块编辑

块本身是一个整体对象，要修改块中的某个元素，必须将块分解。

分解块有两种方法，一种是在插入时指定插入的块为分解模式，另一种是在插入后用分解命令将块分解成若干个单独的图形对象。

【执行方式】

①菜单栏："修改"→"分解"

②命令行：EXPLODE

启动该命令后，选择要分解的块实例，回车，选中的块被分解。

2. 块在 0 层上的特性

在 0 层上建立的块,不论是"随层"或"随块",均在插入时自动使用当前图层的设置。如果在 0 层上显式地指定了的颜色和线型,则不会改变。

3. 块的重新定义

通过对块的重新定义可以更新所有的块实例,实现自动修改的功能。

(1)用分解命令将块分解。

(2)将图形重新进行修改编辑。

(3)重新定义图块。

注意:在重新定义块时,如不分解图块,AutoCAD 将提示操作错误。

4. 编辑块属性

利用块参照面板只能修改图块属性的属性值,不能修改属性文本的格式。用增强属性编辑器可以对属性文本的内容和格式进行修改。

【执行方式】

①块面板:单个按钮 单个

②菜单栏:"插入"→"块"→"编辑属性"→"单个"

③命令行:EATTEDIT

打开"增强属性编辑器"对话框,如图 8.18 所示。

图 8.18 "增强属性编辑器"对话框

"增强属性编辑器"对话框说明:

(1)"属性"选项卡。显示了块中每个属性的标记、提示和值。在列表框中选择某一属性后,在"值"文本框中将显示处该属性对应的属性值,可以通过它来修改属性值。

(2)"文字选项"选项卡。用于编辑属性文字的格式,包括文字样式、对正、高度、旋转、反向、倒置、宽度因子和倾斜角度等,如图 8.19 所示。

(3)"特性"选项卡。用于设置属性所在的图层、线型、线宽、颜色及打印样式等,如图 8.20 所示。

图 8.19 "增强属性编辑器""文字选项"选项卡

图 8.20 "增强属性编辑器""特性"选项卡

5. 块属性管理器

使用块属性管理器可以管理块的属性定义。

【执行方式】

①块面板:管理属性按钮

②命令行:BATTMAN

打开"块属性管理器"对话框,如图 8.21 所示。

图 8.21 "块属性管理器"对话框

"块属性管理器"对话框说明：

(1)块。在下拉列表中显示具有属性的全部块定义。

(2)同步。更新修改的属性定义。

(3)上移。向上移动选中的属性。

(4)下移。向下移动选中的属性。

(5)编辑。单击该按钮可以打开"编辑属性"对话框,使用该对话框可以修改属性特性,如图8.22所示。

(6)删除。删除块定义中选中的属性。

(7)设置。单击该按钮,打开"块属性设置"对话框,可以设置在块属性管理器中显示的属性信息,如图8.23所示。

(8)应用。将所做的属性更改应用到图形中。

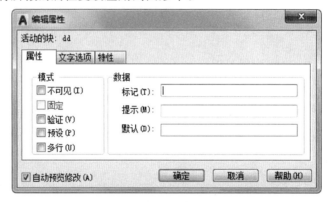

图8.22 "编辑属性"对话框

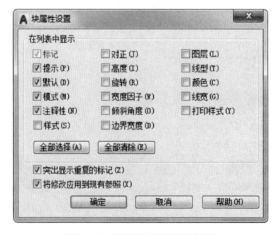

图8.23 "块属性设置"对话框

6. 块编辑器

块编辑器是一个独立的环境,用于为当前图形创建和更改块定义,还可以使用块编辑器给块添加动态行为。

动态块具有灵活性和智能性。用户在操作时可以轻松地更改图形中的动态块参照。可以通过自定义夹点或自定义特性来操作动态块参照中的几何图形。这使得用户可以根据需要在位调整块,而无须重新定义该块或插入另一个块。要成为动态块的块至少必须包含一个参数以及一个与该参数关联的动作。

【执行方式】

①块面板:编辑按钮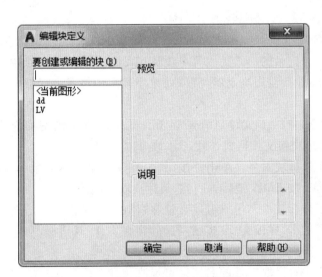

②菜单栏:"工具"→"块编辑器"

③命令行:BEDIT

打开"编辑块定义"对话框,如图 8.24 所示,选择要创建或编辑的块后单击"确定"按钮,打开块编写选项板,如图 8.25 所示。如果该块是动态的,并且定义为可调整大小,那么只需拖动自定义夹点或在"特性"选项板中指定不同的大小就可以修改它的大小。

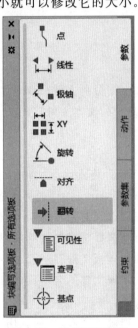

图 8.24　"编辑块定义"对话框　　　　图 8.25　块编写选项板

7. ATTEXT 命令提取属性

AutoCAD 的块及属性中含有大量的数据,可以根据需要将这些数据提取出来,并将它们写入到文件中作为数据文件保存起来,以供其他高级语言程序分析使用,也可以传送给数据库。

【执行方式】

命令行:ATTEXT

通过 ATTEXT 命令,可以提取块属性的数据。此时将打开"属性提取"对话框,如图 8.26 所示。

"属性提取"对话框说明:

(1)"文件格式"选项区。设置数据提取的文件格式。用户可以在 CDF、SDF、DXX 3 种文件格式中选择,选中相应的单选按钮即可。

①逗号分隔文件(CDF)。CDF 文件(Comma Delimited File)是 ＊.TXT 类型的数据文件,是一种文本文件。该文件以记录的形式提取每个块及其属性,其中每个记录的字段

由逗号分隔符隔开,字符串的定界符默认为单引号。

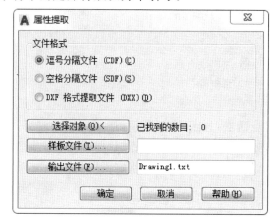

图 8.26 "属性提取"对话框

②空格分隔文件(SDF)。SDF 文件(Space Delimited File)是 *.TXT 类型的数据文件,也是一种文本文件。该文件以记录的形式提取每个块及其属性,但在每个记录中使用空格分隔符,记录中的每个字段占有预先规定的宽度(每个字段里的格式由样板文件规定)。

③DXF 格式提取文件(DXX)。DXF 文件(Drawing Interchange File 即图形交换文件)格式与 AutoCAD 的标准图形交换文件格式一致,文件类型为 *.DXX。

(2)"选择对象"按钮。用于选择块对象。单击该按钮,AutoCAD 将切换到绘图窗口,用户可以选择带有属性的块对象,按 Enter 键后返回到"属性提取"对话框。

(3)"样板文件"按钮。用于样板文件。用户可以直接在"样板文件"按钮后的文本框内输入样板文件的名字,也可以单击"样板文件"按钮,打开"样板文件"对话框,从中选择样板文件。

(4)"输出文件"按钮。用于设置提取文件的名字。可以直接在其后的文本框中输入文件名,也可以单击"输入文件"对话框,并制定存放数据文件的位置和文件名。

8.2 设计中心

8.2.1 设计中心的作用与启动

在 AutoCAD 2020 中,可以使用 AutoCAD 设计中心完成以下操作:

定位、观察和打开制定的图形资源。

根据不同的查询条件在本地计算机和网络上查找图形文件,找到后可以将它们直接加载到绘图区或设计中心。

浏览不同的图形文件,包括当前打开的图形和 Web 站点上的图形库。

能够将图块、外部参照等内容插入到当前文件中,也能够将其他文件的图层、文本样式、尺寸样式等迅速复制到当前文件中。

通过控制显示方式来控制设计中心控制板的显示效果,还可以在控制板中显示与图形文件相关的描述信息和预览图像。

【执行方式】

①命令行:ADCENTER(快捷命令:ADC)

②菜单栏:"工具"→"选项板"→"设计中心"

③工具栏:单击标准工具栏中的设计中心按钮▦

④功能区:单击"视图"选项卡选项板面板中的设计中心按钮▦

⑤快捷键:Ctrl+2 组合键

执行上述命令后,系统打开设计中心。第一次启动设计中心时,它默认打开的选项卡为"文件夹"选项卡。内容显示区采用大图标显示,左边的资源管理器采用树形显示方式显示系统的树形结构,浏览资源的同时,在内容显示区显示所浏览资源的有关细目或内容,"设计中心"对话框如图 8.27 所示。图中左边方框为 AutoCAD 2020 设计中心的资源管理器,右边方框为 AutoCAD 2020 设计中心窗口的内容显示框。其中上面窗口为文件显示框,中间窗口为图形预览显示框,下面窗口为说明文本显示框。

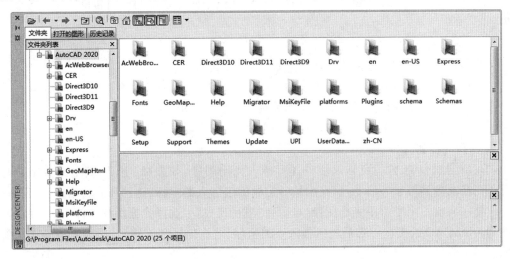

图 8.27　"设计中心"对话框

可以依靠鼠标拖动边框来改变 AutoCAD 2020 设计中心资源管理器的内容显示区以及 AutoCAD 2020 绘图区的大小,但内容显示区的最小尺寸应该能显示两列大图标。

如果要改变 AutoCAD 2020 设计中心的位置,可在 AutoCAD 2020 设计中心工具条的上部用鼠标拖动它,松开鼠标后,AutoCAD 2020 设计中心便处于当前位置,到新位置后,仍可以用鼠标改变各窗口的大小;也可以通过设计中心边框左边下方的自动隐藏按钮自动隐藏设计中心。

8.2.2　插入图形资源

1. 插入块

可以利用设计中心将图块插入图形当中。当将一个图块插入图形当中时,块定义就被复制到图形数据库当中。在一个图块被插入图形之后，如果原来的图块被修改，则插入图形当中的图块也随之改变。

当其他命令正在执行时，不能插入图块到图形当中。例如，如果在插入块时，命令行正在执行一个命令，此时光标变成一个带斜线的圆，提示操作无效。另外，一次只能插入一个图块。AutoCAD 设计中心提供了插入图块的两种方法。

（1）利用鼠标指定比例和旋转方式插入图块。

采用此方法时，AutoCAD 根据鼠标拉出的线段长度与角度确定比例与旋转角度。步骤如下：

①从文件夹列表或查找结果列表中选择要插入的图块，按住鼠标左键，将其拖动到打开的图形。

②松开鼠标左键，此时，被选择的对象被插入当前被打开的图形当中。利用当前设置的捕捉方式，可以将对象插入任何存在的图形当中。

按下鼠标左键，指定一点作为插入点，移动鼠标，鼠标位置点与插入点之间的距离为缩放比例。按下鼠标左键确定比例。同样方法移动鼠标，鼠标指定位置与插入点连线和水平线之间的角度为旋转角度。被选择的对象就根据鼠标指定的比例和角度插入图形当中。

（2）精确指定的坐标、比例和旋转角度插入图块。

利用该方法可以设置插入图块的参数，具体方法如下：

①从文件夹列表或查找结果列表中选择要插入的对象，拖动对象到打开的图形。

②在相应的命令行提示下输入比例和旋转角度等数值。

被选择的对象根据指定的参数插入图形当中。

2. 用光栅图像

在当前图形中，除了可插入块外还可插入光栅图像，如徽标、卫星、航空或数字照片等。光栅图像类似于外部参照，在引用时需要确定插入的坐标、比例和旋转角度。

要在当前图形中引用光栅图像，可以在"项目列表"中选择光栅图像文件图标，并将其拖到 AutoCAD 绘图区。然后输入插入点的坐标、缩放比例和旋转角度，即完成光栅图例的引用。

在选中图像文件的图标时，也可右击，在弹出的快捷菜单中，选择"附着图像"命令。

3. 引用外部参照

使用 AutoCAD 2020 设计中心引用外部参照和引用块很相似，外部参照在图形文件中也可以作为单一对象，在引用时也需要确定插入点坐标、缩放比例和旋转角度等参数。当外部参照出现在绘图区时，也会同时出现在 AutoCAD 2020 设计中心的外部参照区域。外部参照对图形文件的大小影响不大。

要利用 AutoCAD 2020 设计中心引用外部参照，可从"项目列表"或"查找"对话框中选择外部参照，并用鼠标右键将外部参照拖到绘图区，然后释放鼠标右键。在绘图区任意位置右击，从弹出的快捷菜单中选择"附着外部参照"命令，打开"附着外部参照"对话框。

在"附着外部参照"对话框中的"参照类型"选项区中，选中"附着型"单选按钮或"覆盖型"单选按钮，然后在"插入点"选项区中输入插入点的坐标值，在"比例"选项区中输入缩放比例,在"旋转"选项区中输入旋转角度,也可在屏幕上直接拾取以上参数值。最后单击"确定"按钮,即可完成对外部参照的引用。

8.2.3　图形复制

利用设计中心进行图形复制的方法有两种。

1.在图形之间复制图块

利用 AutoCAD 2020 设计中心可以浏览和装载需要复制的图块,然后将图块复制到剪贴板,利用剪贴板将图块粘贴到图形当中去,具体方法如下:

(1)在控制板选择需要复制的图块,单击鼠标右键,在弹出的快捷菜单中选择复制命令。

(2)将图块复制到剪贴板上,然后通过粘贴命令粘贴到当前图形上。

2.在图形之间复制图块

利用 AutoCAD 2020 设计中心可以从任何一个图形复制图层到其他图形。例如,如果已经绘制了一个包括设计所需的所有图层的图形,在绘制另外新的图形时,可以新建一个图形,并通过 AutoCAD 2020 设计中心将已有的图层复制到新的图形当中,这样可以节省时间,并保证图形间的一致性。

(1)拖动图层到已打开的图形。确认要复制图层的目标图形文件被打开,并且是当前的图形文件。在控制板或查找结果列表框中选择要复制的一个或多个图层。拖动图层到打开的图形文件。松开鼠标后被选择的图层被复制到打开的图形当中。

(2)复制和粘贴图层到打开的图形。确认要复制的图层的图形文件被打开,并且是当前的图形文件。在控制板或查找结果列表中选择要复制的一个或多个图层。右击打开快捷菜单,选复制到粘贴板命令。如果要粘贴图层,缺粘贴的目标图形文件被打开,并为当前文件。右击打开快捷菜单,选择粘贴命令。

8.3　工具选项板

工具选项板是工具选项板窗口中选项卡形式的区域,提供组织、共享和放置块及填充图案的有效方法。工具选项板还可以包含由第三方开发人员提供的自定义工具。

8.3.1　打开工具选项板

【执行方式】
①命令行:TOOLPALETTES(快捷命令:TP)
②菜单栏:"工具"→"选项板"→"工具选项板"
③工具栏:单击标准工具栏中的工具选项板按钮
④功能区:单击"视图"选项卡选项板面板中的工具选项板按钮
⑤快捷键:Ctrl+3 组合键
执行上述命令后,系统自动打开工具选项板窗口。在工具选项板中,系统设置了一些

常用图形选项卡,这些常用图形可以方便用户绘图。

8.3.2 工具选项板的显示控制

可以利用工具选项板的相关功能控制其显示。具体方法如下:

1. 移动和缩放工具选项卡窗口

用户可以用鼠标按住工具选项板窗口深色边框,拖动鼠标,即可移动工具选项板窗口。将鼠标指向工具选项板窗口边缘,出现双向伸缩箭头,按住鼠标左键拖动即可缩放工具选项板窗口。

2. 自动隐藏

在工具选项板窗口深色边框上单击自动隐藏按钮,可以自动隐藏工具选项板窗口;再次单击,则自动打开工具选项板窗口。

3. 透明度控制

在工具选项板窗口深色边框上单击特性按钮,打开快捷菜单,如图8.28所示。选择透明度命令,系统打开"透明度"对话框,如图8.29所示。通过调节按钮可以调节工具选项板窗口的透明度。

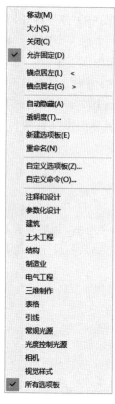

图 8.28 快捷菜单

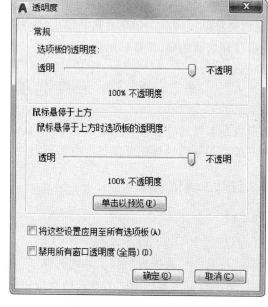

图 8.29 "透明度"对话框

4. 视图控制

将鼠标放在工具选项板窗口的空白地方,单击鼠标右键弹出快捷菜单,如图8.30所示。从中选择视图选项命令,打开"视图选项"对话框,如图 8.31 所示。选择有关选项,拖动调节按钮可以调节视图中图标或文字的大小。

图 8.30　快捷菜单

图 8.31　"视图选项"对话框

8.3.3　新建工具选项板

用户可以建立新工具版,这样有利于个性化作图,也能满足特殊作图需要。

【执行方式】

①命令行:CUSTOMIZE

②菜单栏:"工具"→"自定义"→"工具选项板"

③快捷菜单:在快捷菜单中选择自定义命令

执行上述命令后,系统打开"自定义"对话框中的"工具选项板-所有选项板"选项卡,如图 8.32 所示。

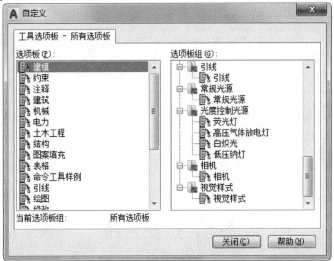

图 8.32　"自定义"对话框

在"选项板"列表框中右击,打开快捷菜单,如图 8.33 所示,选择新建选项板命令,可以在打开的对话框中为新建的工具选项板命名。确定后,工具选项板中就增加了一个新的选项卡,如图 8.34 所示。

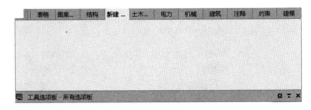

图 8.33 "新建选项板"命令   图 8.34 新增选项卡

8.3.4 向工具选项板添加内容

可以用两种方法向工具选项板添加内容,具体如下:

(1)将图形、块和图案填充从设计中心拖动到工具选项板上。

例如,在 AutoCAD 2020 文件夹上右击鼠标,系统打开右键快捷菜单,从中选择创建块的工具选项板命令,如图 8.35 所示。设计中心中存储的图元就出现在工具选项板中新建的 AutoCAD 2020 选项卡上。这样就可以将设计中心与工具选项板结合起来,建立一个快捷方便的工具选项板。将工具选项板中的图形拖动到另一个图形中时,图形将作为块插入。

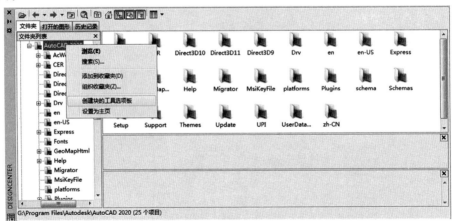

图 8.35 将存储图元创建成设计中心工具选项板

(2)使用剪切、复制和粘贴命令将一个工具选项板中的工具移动或复制到另一个工具选项板中。

8.4 对象查询

在绘制图形或阅读图形的过程中,有时需要及时查询图形对象的相关数据,例如对象之间的距离、建筑平面图室内面积等。为了方便这些查询工作,AutoCAD 提供了相关的查询命令。

8.4.1 查询距离

【执行方式】

①命令行：DIST

②菜单栏："工具"→"查询"→"距离"

③工具栏：单击查询工具栏中的距离按钮 ▦

④功能区：单击"默认"选项卡实用工具面板中的距离按钮 ▦

执行上述命令后，根据系统提示指定要查询的第一点和第二点。查询结果的各个选项的说明如下：

(1)距离。两点之间的三维距离。

(2)XY平面中的倾角。两点之间连线在 XY 平面上的投影与 X 轴的夹角。

(3)与 XY 平面的夹角。两点之间连线与 XY 平面的夹角。

(4)X 增量。第二点 X 坐标相对于第一点 X 坐标的增量。

(5)Y 增量。第二点 Y 坐标相对于第一点 Y 坐标的增量。

(6)Z 增量。第二点 Z 坐标相对于第一点 Z 坐标的增量。

面积、面域/质量特性的查询与距离查询类似，不再赘述。

8.4.2 查询对象状态

【执行方式】

①命令行：STATUS

②菜单栏："工具"→"查询"→"状态"

执行上述命令后，系统自动切换到文本窗口，显示当前文件的状态，包括文件中的各种参数状态以及文件所在磁盘的使用状态，如图 8.36 所示。

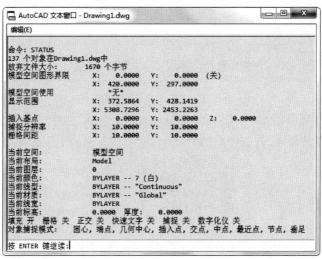

图 8.36 文本窗口

列表显示、点坐标、时间、系统变量等查询工具与查询对象状态的方法和功能类似,不再赘述。

8.5 图形的输入输出

AutoCAD 可以打开.dwg 格式的图形文件,还可以输入或输出其他格式的图形文件。

8.5.1 图形的输入

【执行方式】

①功能区:"插入"选项卡→输入面板上方的 📥输入 按钮

②菜单栏:"文件"→"插入"

执行完上述操作,系统打开"输入文件"对话框,如图 8.37 所示。在该对话框中可以选择输入的文件。

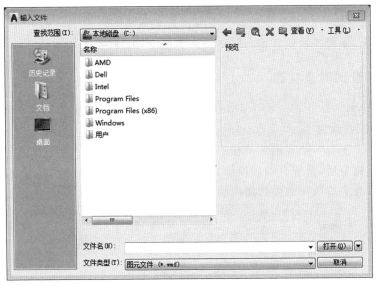

图 8.37 "输入文件"对话框

用户也可以在插入菜单中使用 3D Studio、ACIS 文件、二进制图形交换、Windows 图元文件、OLE 对象等命令,打开相应的对话框,输入所需要的图形文件,如图8.38所示。

图 8.38 插入其他格式文件菜单栏

8.5.2 图形的输出

在 AutoCAD 中，可以将编辑好的图形以多种形式输出，如三维 DWF、三维 DWFx、图元文件、ACIS、平板印刷、封装 PS、DXX 提取、位图、块、V8 DGN 及 V7 DGN 等。

【执行方式】

①功能区："输出"选项卡→输出为 DWF/PDF 面板上方的 🔵 按钮

②菜单栏："文件"→"输出"

执行完上述操作，系统打开"输出数据"对话框，如图 8.39 所示。

用户在"保存于"下拉列表中设置输出的路径，在"文件名"文本框中输入文件名称，在"文件类型"下拉列表中设置输出的文件类型。

单击"保存"按钮，切换到绘图窗口，可以选择需要以指定格式保存的对象。

图 8.39 "输出数据"对话框

8.6 模型空间和图纸空间

8.6.1 模型空间

模型空间用于建模,是用户在其中完成绘图和设计工作的工作空间,这里可以完成二维或三维模型的造型。前面所讲的绘图、编辑、标注等操作都是在模型空间完成的。模型空间是一个没有界限的三维空间,因此绘图过程中没有比例尺的概念。在模型空间用1:1的比例绘制。模型空间的视口为平铺视口,用户可以创建多个不重叠的平铺视口来展示图形的不同视图,四个平铺视口如图8.40所示。在模型空间使用多个视口时,只能激活一个视口,该视口被称为当前视口。用户只能在当前视口中输入光标和执行视图命令,视口边界亮显。

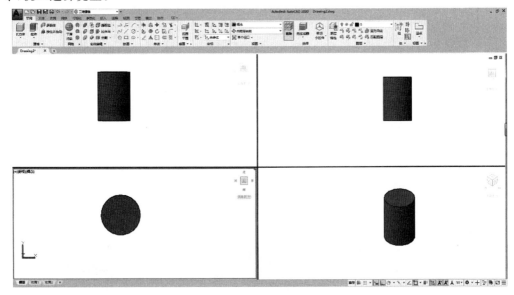

图 8.40 四个平铺视口

8.6.2 图纸空间

图纸空间是用来安排图形、绘制局部放大图及绘制图形的。AutoCAD 为了方便用户设置打印、纸张、比例尺、图纸布局以及预览效果而设置了图纸空间。图纸空间与模型空间的坐标系不同。图纸空间是纸张的模拟,是二维而有界限的,因此在图纸空间有比例尺的概念。

图纸空间为浮动视口,可以改变大小和形状,也可以设置多个视口。

8.6.3 模型窗口

在 AutoCAD 2020 中,模型窗口和布局窗口按钮位于绘图区的下面,用户单击"模型"

选项卡或"布局 1"选项卡即可实现模型窗口和布局窗口的切换,如图 8.41 所示。模型窗口是默认显示方式,只能用于建模。在模型窗口中绘制好所有的图形后,建模过程就完成了。

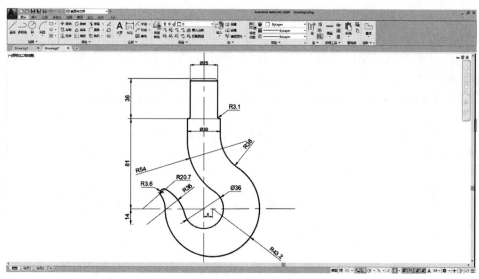

图 8.41　模型视口与布局视口的切换

8.6.4　布局窗口

布局窗口是打印图纸的预览效果。在布局窗口中,存在两种空间:

(1)模型空间。布局窗口中图形视区的边框是粗线为模型空间,如图 8.42 所示。在布局窗口模型空间状态下执行绘图编辑命令,是对模型本身的修改,改动后的效果会自动地反映在模型窗口和其他的布局窗口。

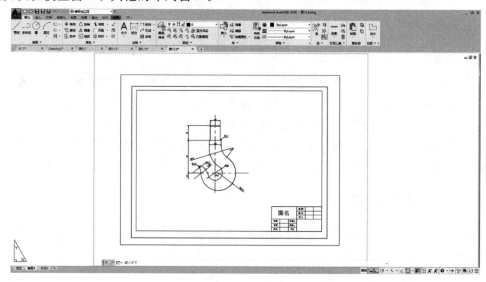

图 8.42　布局窗口显示模型空间状态

(2)图纸空间。布局窗口中图形视区的边框是细线为图纸空间。在布局窗口图纸空间状态下执行绘图编辑命令,仅仅是在布局图上绘图,没有改动模型本身。修改的图形能打印出来。

要使一个视口成为当前视口,双击该视口即可。在视口外布局内的任何地方双击,则切换到图纸空间。

提示:比例为图样中图形与其实物相应要素的线性尺寸之比,分为原值比例、放大比例和缩放比例3种。

需要按比例绘制图形时,应符合表8.1所示的规定,选取适当的比例。必要时也允许选取表8.2(GB/T 14690—1993)规定的比例。

表 8.1　标准比例系列

种类	比例
原值比例	$1:1$
放大比例	$2:1$　$5:1$　$1\times10^n:1$　$2\times10^n:1$　$5\times10^n:1$
缩小比例	$1:2$　$1:5$　$1:10$　$1:1\times10^n$　$1:2\times10^n$　$1:5\times10^n$

表 8.2　可用比例系列

种类	比例
放大比例	$2.5:1$　$4:1$　$2.5\times10^n:1$　$4\times10^n:1$
缩小比例	$1:1.5$　$1:2.5$　$1:3$　$1:4$　$1:6$　$1:1.5\times10^n$　$1:2.5\times10^n$　$1:3\times10^n$　$1:4\times10^n$　$1:6\times10^n$

① 比例一般标注在标题栏中,必要时可在视图名称的下方或右侧标出。

② 不论采用哪种比例绘制图形,尺寸数值按原值注出。

8.7　创建和管理布局

在 AutoCAD 2020 中,可以创建多种布局,每个布局都代表一张单独的打印输出图纸。在正式出图之前,要在布局窗口中创建好布局图,可以选择打印设备、打印设置、插入标题栏,以及指定视口设置。布局图显示的效果就是打印图纸的效果。

布局代表打印的页面。用户可以根据需要创建任意多个布局。每个布局都保存在自己的布局选项卡中,可以与不同图纸尺寸和不同打印机相关联。

8.7.1　创建布局

在 AutoCAD 2020 中,有下列 4 种创建布局的方式。

【执行方式】

①使用布局向导命令创建新布局。

②使用从样板命令插入基于现有布局样板的新布局。

③使用"布局"选项卡创建一个新布局。

④从设计中心已有的图形文件中把已创建好的布局拖入当前图形文件中。

"布局"选项卡(图 8.43)说明：

(1)新建布局。用于新建一个布局,但不进行设置。在默认情况下,每个模型空间允许创建 255 个布局。

(2)来自样板的布局。用于将图形样板中的布局插入图形中。选择该选项后,将弹出"从文件选择样板"对话框,如图 8.44 所示。在该对话框中选择要导入的布局样板文件后,单击"打开"按钮,在弹出的"插入布局"对话框中,选择需要插入的布局,单击"确定"按钮将布局插入图形中。

(3)创建布局向导。用于引导用户创建布局。在 AutoCAD 2020 中,用户可以通过选择"插入"选项卡→布局面板→"创建布局向导"或在命令行中输入"LAYOUTWIZARD"启用命令。

图 8.43 "布局"选项卡

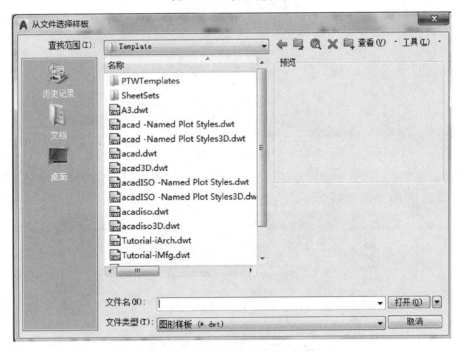

图 8.44 "从文件选择样板"对话框

【例 8.6】使用创建布局向导建立一个减速器布局。

(1)选择菜单栏："插入"选项卡→布局面板→"创建布局向导"。

(2)在"输入新布局的名称"文本框中输入"减速器","创建布局－开始"对话框如图 8.45 所示。

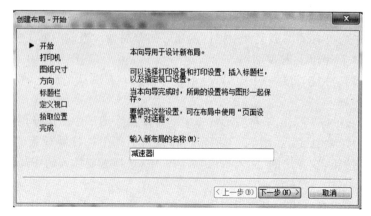

图 8.45 "创建布局－开始"对话框

(3)单击"下一步"按钮,打开"创建布局－打印机"对话框,选择当前所配置的打印机,如图 8.46 所示。

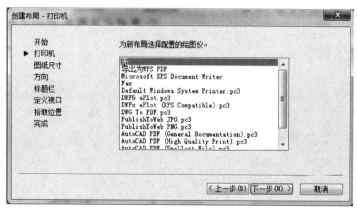

图 8.46 "创建布局－打印机"对话框

(4)单击"下一步"按钮,打开"创建布局－图纸尺寸"对话框,选择要打印图纸的尺寸,确定图形的单位,如图 8.47 所示。

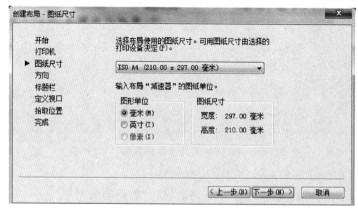

图 8.47 "创建布局－图纸尺寸"对话框

（5）单击"下一步"按钮，打开"创建布局－方向"对话框，确定横向打印或纵向打印，如图 8.48 所示。

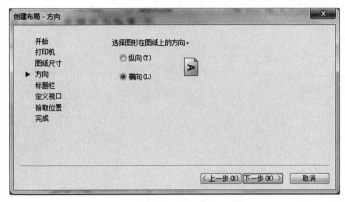

图 8.48　"创建布局－方向"对话框

（6）单击"下一步"按钮，打开"创建布局－标题栏"对话框，选择图纸的边框和标题栏的样式，右边的预览框中显示了所选定的样式预览图形，如图 8.49 所示。

图 8.49　"创建布局－标题栏"对话框

（7）单击"下一步"按钮，打开"创建布局－定义视口"对话框，确定视口设置和视口比例，如图 8.50 所示。

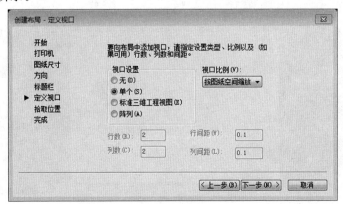

图 8.50　"创建布局－定义视口"对话框

　　(8)单击"下一步"按钮,打开"创建布局－拾取位置"对话框,单击"选择位置"按钮,在绘图区域确定视口的位置,如图 8.51 所示。

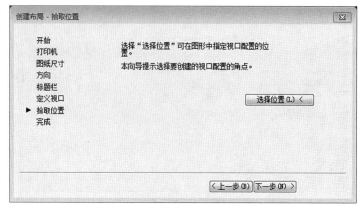

图 8.51　"创建布局－拾取位置"对话框

　　(9)单击"下一步"按钮,打开"创建布局－完成"对话框,单击"完成"按钮,结束"减速器"布局的创建,如图 8.52 所示。创建的减速器布局实例如图 8.53 所示。

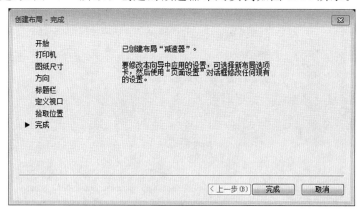

图 8.52　"创建布局"完成

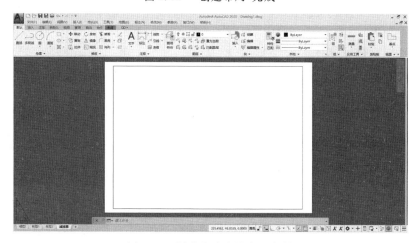

图 8.53　创建的减速器布局实例

8.7.2　管理布局

在 AutoCAD 2020 中,用户可以通过下列 2 种方式启用布局管理命令:

(1)在左下角"模型"选项卡上单击鼠标右键,在弹出的快捷菜单中进行修改,包括新建布局、删除、重命名、移动和复制等,用户双击布局的名称也可以对其进行重命名。

(2)在命令行中输入 LAYOUT,并按回车键启用布局管理命令。

在准备打印之前,用户可以通过"页面设置管理器"对话框修改当前布局或图纸的页面设置。用户可以通过下列 5 种方式打开"页面设置管理器"对话框:

(1)选择菜单栏中的"文件"→"页面设置管理器"。

(2)单击"输出"选项卡→打印面板→页面设置管理器按钮。

(3)单击"菜单浏览器"下拉按钮→"打印"→页面设置管理器按钮。

(4)在"模型"选项卡上单击鼠标右键,在弹出的快捷菜单中选择"页面设置管理器"命令。

(5)在命令行中输入 PAGESETUP,并按回车键。

选择"页面设置管理器"命令后,系统弹出"页面设置管理器"对话框,如图 8.54 所示。

单击"新建"按钮,在弹出的"新建页面设置"对话框(图 8.55)中,在"新页面设置名"文本框中输入"布局 2 设置","基础样式"选择"减速器",单击"确定"按钮,系统弹出"页面设置-布局 2 设置"对话框,该对话框包括"页面设置""图纸尺寸""打印区城""打印比例""打印选项""图形方向"等 10 个选项区,如图 8.56 所示。

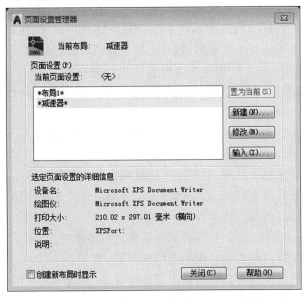

图 8.54　"页面设置管理器"对话框

图 8.55　"新建页面设置"对话框

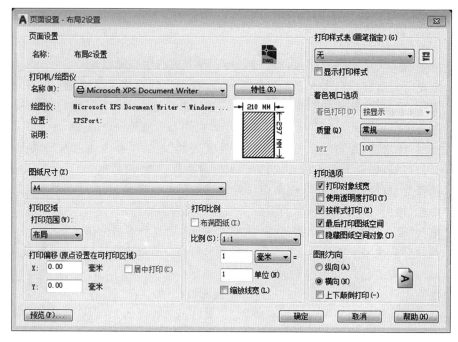

图 8.56 "页面设置-布局 2 设置"对话框

"页面设置-布局 2 设置"对话框说明：

(1)"页面设置"选项区显示当前页面设置的名称和图标。本节是从"布局 2"打开的
"页面设置"对话框,所以显示的名称为自定义的"布局 2 设置"。

(2)"打印机/绘图仪"选项区用于指定打印或发布布局,以及图纸时使用的已配置的
打印设备。用户可在"名称"下拉列表中选择打印机的名称,单击特性按钮打开"绘图仪配
置编辑器"对话框,该对话框包括"常规""端口"及"设备和文档设置"3 个选项卡。

(3)"打印区域"选项区用于指定图纸的打印区域。通过"打印范围"下拉列表进行设
置,其选项说明如下：

①布局。选择该选项将打印指定图纸的可打印区域内的所有内容,其原点从布局中
(0,0)点计算得出。

②窗口。指定打印区域的对角点确定打印范围,仅打印所选区域内的对象。

③范围。打印包含图形对象的部分当前空间,当前空间内的全部图形对象都被打印。

④显示。打印"模型"选项卡或"布局"选项卡当前视口中的视图。

(4)"打印选项"选项区用于指定打印对象线宽、打印样式和对象的打印次序。

①"打印对象线宽"复选框。设置是否打印指定对象和图层的线宽。

②"使用透明度打印"复选框。仅当打印的对象具有透明度特性时,该复选框才可用。

③"按样式打印"复选框。设置是否按照对象和图层的打印样式打印。

④"最后打印图纸空间"复选框。勾选该复选框,则先打印模型空间的图形,后打印图
纸空间的图形。

⑤"隐藏图纸空间对象"复选框。此复选框仅在"布局"选项卡中可用,在打印预览中
显示隐藏效果。

（5）"打印偏移（原点设置在可打印区域）"选项区指定打印区域相对于可打印区域图纸边界的偏移距离。在"X""Y"文本框中输入正值或负值，可以偏移图纸上的几何图形，勾选"居中打印"复选框，系统将自动设定 X、Y 值，使图纸位于居中位置。

（6）"图形方向"选项区指定图形在图纸上的打印方向。图形的打印方向可在该选项区右侧预览区中预览，如图 8.57 所示。勾选"上下颠倒打印"复选框，则图纸在纵向或横向的基础上，上下颠倒地放置并打印图形。

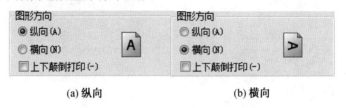

(a) 纵向　　　　　　　　　(b) 横向

图 8.57　图形的打印方向

8.8　平铺视口和浮动视口

8.8.1　平铺视口

在模型空间中，平铺视口为用户提供同时观察多个图形的功能，用户可以将绘图区分割成多个矩形视口，并且可以对每个视口进行编辑，不影响其他视口的显示。用户可以通过选择菜单栏中的"视图"→"视口"子菜单，如图 8.58 所示，或者通过选择"视图"选项卡→模型视口面板，或者在命令行中输入 VPORTS 并按回车键创建和管理平铺视口。

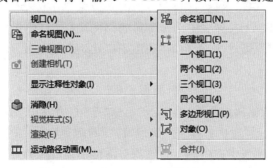

图 8.58　"视口"子菜单

8.8.2　浮动视口

在 AutoCAD 2020 中，布局空间的浮动视口不受形状和数量的限制，可以是任意形状、任意数量，也可以放置在任意指定的位置。用户可以根据需要在布局中创建多个新视口，布局中的新视口主要用于显示图形对象的细节部分，以便清晰、详细地描述在模型空间中绘制的图形。

【执行方式】

①"布局"选项卡→布局视口面板

②命令行:VPORTS

布局视口面板(图 8.59)包括"矩形""插入视图""剪裁"和"锁定"4 个选项,"矩形"下拉列表(图 8.60)中包括"矩形""多边形"和"对象"选项。

图 8.59　布局视口面板

图 8.60　"矩形"下拉列表

8.8.3　调整视口的显示比例

上述内容介绍了创建布局、平铺视口和浮动视口的方法,本节主要介绍如何调整视口的显示比例,以便用户通过多个视口来展现多张图纸的不同效果。

调整视口显示比例的方法有下列 3 种:

(1)选择视口边框,选择状态栏右下角的"选定视口比例",在弹出的下拉列表中选择相应的比例。

(2)选择视口边框,单击鼠标右键,在弹出的快捷菜单中选择特性命令,在弹出的"特性"选项板的"标准比例"下拉列表中选择合适的比例。

(3)双击视口,选择状态栏右下角的"选定视口比例",在弹出的下拉列表中选择相应的比例。

若选择"自定义"选项,将弹出"编辑图形比例"对话框,如图 8.61 所示。用户可通过该对话框对现有的缩放比例进行编辑,单击"添加"按钮,将弹出"添加比例"对话框,如图 8.62 所示,该对话框包括"比例名称"和"比例特性"两个选项区,在"比例名称"选项区中,可以设置"显示在比例列表中的名称",通过该对话框用户可以自定义比例的显示名称;在"比例特性"选项区中包括"图纸单位"和"图形单位"两部分,用户可以自定义图形比例,例如,将"图纸单位"设置为"1",将"图形单位"设置为"1",则生成 1∶1 的图形比例。

图 8.61 "编辑图形比例"对话框

图 8.62 "添加比例"对话框

8.9 面 域

在 AutoCAD 2020 中,可以将由某些对象围成的封闭区域转换为面域,这些封闭区域可以是圆、椭圆、封闭的二维多段线和封闭的样条曲线等对象,也可以是由圆弧、直线、二维多段线、椭圆弧、样条曲线等对象构成的封闭区域。

8.9.1 创建面域

【执行方式】

①功能区选项板:"常用"选项卡→绘图面板→面域按钮●

②菜单栏:"绘图"→"面域"

激活命令后,选择一个或多个用于转换为面域的封闭图形,按下 Enter 键后即可将它们转换为面域。因为圆、多边形等封闭图形属于线框模型,而面域属于实体模型,因此它们在选中时表现的形式也不相同,图 8.63 所示为选中圆与圆形面域时的效果。

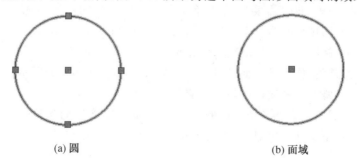

(a) 圆   (b) 面域

图 8.63 选中圆与圆形面域时的效果

【执行方式】

①功能区选项板:"常用"选项卡→绘图面板→边界按钮▢

②菜单栏:"绘图"→"边界"

激活命令后,打开的"边界创建"对话框,如图 8.64 所示,也可以用来定义面域。此时,在"对象类型"下拉列表框中选择"面域"选项,单击"确定"按钮后创建的图形将是一个面域,而不是边界。

图 8.64 "边界创建"对话框

在 AutoCAD 中,面域是二维实体模型,它不但包含边界的信息,还有边界内的信息。可以利用这些信息计算工程属性,如面积、质心、惯性等。

8.9.2 对面域进行布尔运算

布尔运算是数学上的一种逻辑运算,在 AutoCAD 绘图中,它对提高绘图效率具有很大作用,尤其当绘制比较复杂的图形时。布尔运算的对象只包括实体和共面的面域,普通的线条图形对象无法使用布尔运算。

在 AutoCAD 2020 中,可以使用"修改"菜单中的相关命令,对面域进行布尔运算,它们的功能如下:

(1)菜单栏:"修改"→"实体编辑"→"并集"

创建面域的并集,此时需要连续选择要进行并集操作的面域对象,直到按下 Enter 键,即可将选择的面域合并为一个图形并结束命令,如图 8.65(a)所示。

(2)菜单栏:"修改"→"实体编辑"→"差集"

创建面域的差集,使用一个面域减去另一个面域,如图 8.65(b)所示。

(3)菜单栏:"修改"→"实体编辑"→"交集"

创建多个面域的交集即各个面域的公共部分,此时需要同时选择两个或两个以上的面域对象,然后按下 Enter 键即可,如图 8.65(c)所示。

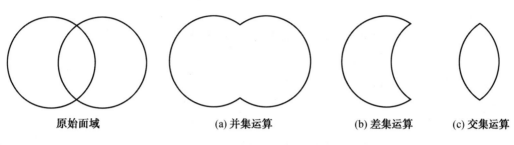

原始面域   (a) 并集运算   (b) 差集运算   (c) 交集运算

图 8.65 　面域的布尔运算

8.10　插入字段

　　字段是一种可以更新的文字,用于设计中需要改变的文字信息,如图纸的编号、设计日期、注释等。

【执行方式】

　　①功能区选项板:"插入"选项卡→数据面板→字段按钮 🔳

　　②菜单栏:"插入"→"字段"

　　③命令行:FIFLD

　　打开"字段"对话框,如图 8.66 所示。在"字段类别"下拉列表中选择所需字段种类,在"字段名称"列表中选择所需字段内容,单击"确定"按钮,在绘图区指定插入位置即可。

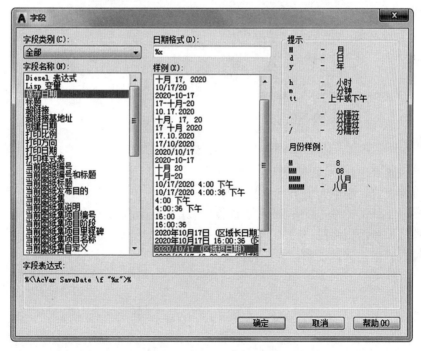

图 8.66 　"字段"对话框

　　字段数据可以包括的内容为时间、日期、文件名等信息。

8.11　电子打印与发布

8.11.1　页面设置

【执行方式】

①功能区选项板:"输出"选项卡→打印面板→页面设置管理器按钮

②菜单栏:"文件"→"页面设置"

③鼠标:右键单击"模型"或"布局"选项卡,在弹出的快捷菜单中选择"页面设置管理器"

执行完上述操作,系统弹出"页面设置管理器"对话框,如图 8.67 所示。

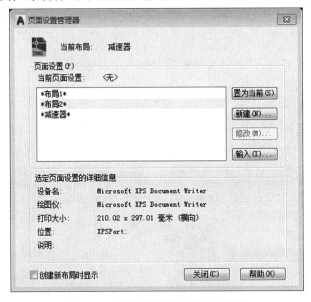

图 8.67　"页面设置管理器"对话框

"页面设置管理器"对话框说明:

(1)页面设置。表中列出了当前所有的布局。

(2)新建。单击该按钮打开"新建页面设置"对话框,如图 8.68 所示。

(3)修改。单击该按钮,打开"页面设置－减速器"对话框,如图 8.69 所示。

(4)输入。用于选择设置好的布局设置。

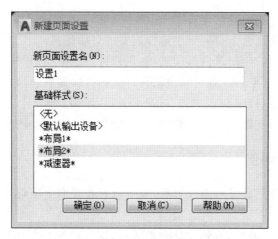

图 8.68 "新建页面设置"对话框

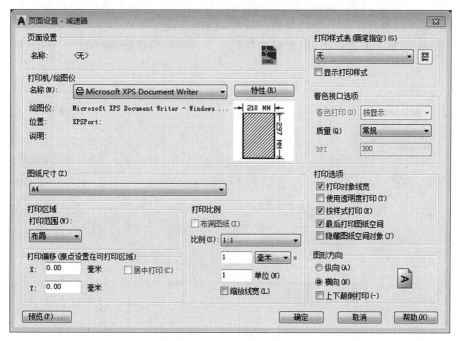

图 8.69 "页面设置"对话框

"页面设置－减速器"对话框说明：

(1)打印机/绘图仪。在下拉列表中,选择当前配置的打印设备。

(2)图纸尺寸。在图纸尺寸列表中选择所用图纸大小。

(3)打印范围。

①布局。打印当前布局图中的所有内容。

②范围。打印模型空间中绘制的所有图形对象。

③显示。打印模型窗口当前视图状态下显示的图形对象。

④窗口。用窗选的方法确定打印区域。

(4)打印偏移。如果图形位置偏向一侧,通过输入 X、Y 的偏移量可以调整到正确位置。

（5）打印比例。在比例下拉列表中选择需要的打印比例。

（6）着色视口选项。使用着色打印选项,用户可以选择使用"按显示""线框""消隐"或"渲染"选项打印着色对象集。着色和渲染视口包括打印预览、打印、打印到文件以及包含全着色和渲染的批处理打印。

（7）图形方向。指定图形方向是横向还是纵向。

8.11.2　视口调整

布局图创建好,并完成了页面设置后,就可以对布局图上图形对象的位置和大小进行调整和布置。

布局图中存在三个边界,最外边是图纸边界,虚线线框是打印边界,图形对象四周的线框是视口边界,布局图组成如图 8.70 所示。在打印时,虚线不会被打印出来,但视口边界被当成图形对象打印。可以利用夹点拉伸调整视口边界的位置,如图 8.71 所示,单击视口边界,四个角上出现夹点,用鼠标拖动某个夹点到指定位置,视口大小发生变化。

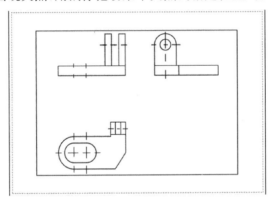

图 8.70　布局图组成

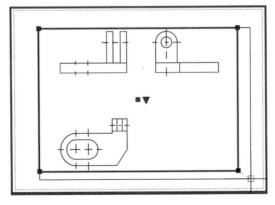

图 8.71　调整视口边界

8.11.3　设置比例尺

在模型空间绘制对象时通常使用实际的尺寸。也就是说,用户决定使用何种单位(英寸、毫米或米)并按 1∶1 的比例绘制图形。例如,如果测量单位为毫米,那么图形中的一个单位代表 1 mm。打印图形时,可以指定精确比例,也可以根据图纸尺寸调整图像。按图纸尺寸缩放图形。

在审阅草图时,通常不需要精确的比例。可以使用"布满图纸"选项,按照能够布满图纸的最大可能尺寸打印视图。AutoCAD 将使图形的高度和宽度与图纸的高度和宽度相适应。

在模型空间始终是按照 1∶1 的实际尺寸绘制图形,在要出图时,才按照比例尺将模型缩放到布局图上,然后打印出图。

如果要确定布局图上的比例大小,可以切换到布局窗口模型状态下,在底部菜单栏中显示的数值,就是在图纸空间相对于模型空间的比例尺。

在布局窗口模型状态下,使用缩放工具将图形缩放到合适的大小,并将图形平移到视口中间,这时如果显示的比例尺不是一个整数,还需要选择一个整数的比例尺,在下拉列表中选择接近该值的整数比例尺数值。选定后,回车确认即可。图形的大小会根据该数值自动调整。

8.11.4　打印预览

在打印绘制好的图形之前,用户可以通过打印预览功能在打印预览窗口中查看打印效果,检查线型、线宽和标注等细节是否存在错误。

【执行方式】

①功能区:功能区选项板→"输出"选项卡→打印面板→预览按钮

②菜单栏:"文件"→"打印预览"

③命令行:PREVIEW

④菜单浏览器:菜单浏览器下拉按钮→"打印"→"打印预览"

执行完上述操作,将显示打印预览窗口,如图 8.72 所示。回车结束预览。

用户可能会遇到单击预览按钮后系统没有反应,无法弹出打印预览窗口的问题。出现上述情况的原因是用户没有预先指定打印机或绘图仪。用户可通过以下步骤指定打印机或绘图仪:单击"输出"选项卡→打印面板→页面设置管理器按钮 📄 ,在弹出的"页面设置管理器"对话框中,单击"修改"按钮,弹出"页面设置－布局 2"对话框,如图 8.73 所示,在"打印机/绘图仪"选项组的"名称"下拉列表中,选择"DWF6 ePlot.pc3"选项。

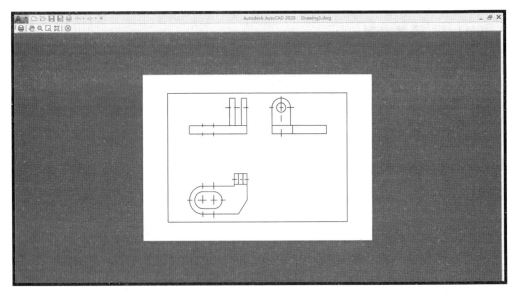

图 8.72　打印预览窗口

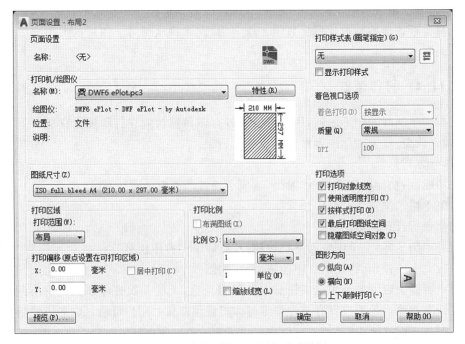

图 8.73　"页面设置－布局 2"对话框

8.11.5　打印输出

【执行方式】

①菜单栏:"文件"→"打印"

②功能区:"输出"选项卡→打印面板→打印按钮 🖶

③菜单浏览器:菜单浏览器下拉按钮 **A** →"打印"

④快速访问工具栏:打印按钮

⑤命令行:PLOT

执行完上述操作,系统弹出"打印－模型"对话框,如图 8.74 所示。

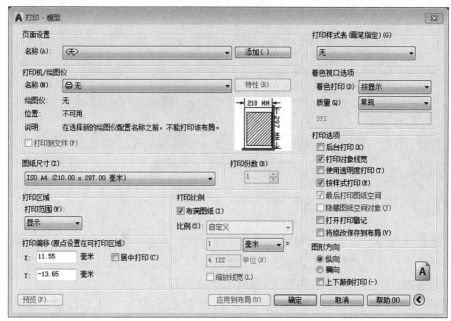

图 8.74 "打印－模型"对话框

"打印"对话框与"页面设置"对话框类似,包括"页面设置""打印机/绘图仪""图纸尺寸""打印区域""打印偏移(原点设置在可打印区域)""打印比例""打印样式表(画笔指定)""着色视口选项""打印选项"和"图形方向"选项区。

在某些情况下,用户只需要打印出图纸的一部分对象,并不需要打印出图纸上的全部对象,用户可以在"打印区域"选项区中进行相应的设置。"打印范围"下拉列表包括"窗口""范围""视图""图形界限"和"显示"5 个选项,默认情况下"打印范围"设置为"范围",用户可以根据需要进行相应的更改。

在"打印选项"选项区中,相比"页面设置"对话框,增加了"后台打印""打开打印戳记"和"将修改保存到布局"3 个复选框。

打开打印戳记,即在每个图形的指定角点处放置打印戳记,同时将打印戳记记录到文件中。勾选"打开打印戳记"复选框,将显示打印戳记设置按钮 ,单击此按钮,将弹出"打印戳记"对话框,如图 8.75 所示。

在"打印戳记"对话框的"打印戳记字段"选项区中,勾选"图形名""设备名"等复选框,可在打印预览窗口中查看打印戳记的样式;在"用户定义的字段"选项区中选择自定义的戳记;在"打印戳记参数文件"选项区中设置打印戳记参数文件的保存路径。

图 8.75 "打印戳记"对话框

8.11.6 电子打印

电子打印为用户提供了一种通过电子传递技术以 DWG 图形文件的形式交流图形信息的途径。用户可以把图形打印成一个 DWF 文件,用特定的浏览器进行浏览。前面几节中所选择的"DWF6 ePlot.pc3"打印机就用于电子打印。

DWF 文件使用户可以完全控制设计信息,非常灵活,保留了大量压缩数据和所有其他种类的设计数据。DWF 是一种开放的格式,可由多种不同的设计应用程序发布,同时它又是一种紧凑的、可以快速共享和查看的格式。除了 Autodesk 软件,用户还可以在其他软件上查看 DWF 文件。

电子打印的特点:①方便快捷,通过特定的浏览器查看,无须安装 AutoCAD 2020 就可以查看对象的功能,并能完成缩放、平移等显示命令;②智能化,DWF 包含了具有内嵌套智能设计的多页图纸;③节约成本,用户可以通过网络传输的方式进行图纸的交流。

8.11.7 批处理打印

批处理打印又称为发布,在打印时选择"DWF6 ePlot.pc3"电子打印机可以将图形打印到单页的 DWF 文件中,批处理打印图形技术可以将一个文件的多个布局,或者多个文件的多个布局打印到一个图形集中。这个图形集可以是一个多页的 DWF 文件,也可以是多个单页的 DWF 文件。

对于异机或者异地接收到的 DWF 文件,用户可以通过 Autodesk Design Review 软件进行图形浏览。当连接了实体打印机后,用户即可将该图形集打印出来。

【执行方式】

①功能区:"输出"选项卡→打印面板→批处理打印按钮

②菜单栏:"文件"→"发布"

③命令行:PUBLISH

8.11.8 发布文件

在 AutoCAD 2020 中,用户可以将完成绘制的图形输出为 DWFx、DWF、PDF 文件。
(1)输出 DWFx 文件。
【执行方式】
①功能区:"输出"选项卡→输出 DWF/PDF 面板→DWFx 按钮
②菜单栏:"文件"→"输出",在弹出的"输出数据"对话框的"文件类型"下拉列表中
选择"三维 DWFx"选项
③命令行:EXPORTDWFX
(2)输出 DWF 文件。
【执行方式】
①功能区:"输出"选项卡→输出 DWF/PDF 面板→DWF 按钮
②菜单栏:"文件"→"输出",在弹出的"输出数据"对话框的"文件类型"下拉列表中
选择"三维 DWF"选项
③命令行:EXPORTDWF
④在"打印机/绘图仪"选项区的"名称"下拉列表中选择"DWF6 dPlot.pc3"打印设
备,则系统打印输出的文件类型为 DWF 文件。
(3)输出 PDF 文件。
PDF 是 Adobe 公司发布的一种文件格式,AutoCAD 2020 为用户提供了将 DWG 文
件另存为 PDF 文件的方式。
【执行方式】
①功能区:"输出"选项卡→输出 DWF/PDF 面板→PDF 按钮
②命令行:EXPORTPDF
执行上述任意一种操作后,系统弹出"另存为 PDF"对话框,如图 8.76 所示,在该对
话框中,用户可以更改文件名、设置文件保存路径、设置输出控制和选择文件输出范围等。

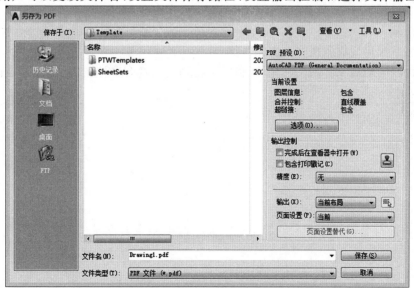

图 8.76 "另存为 PDF"对话框

【本章训练】

一、简答题

1. 什么是图块? 有哪些优点?

2. 内部块和外部块的区别是什么? 各自使用的命令是什么?

3. 什么是块属性? 如何编辑块属性?

4. 图块操作分几步?

5. 如何插入块?

6. 属性操作分成几步完成?

7. 简述 AutoCAD 设计中心的功能和使用方法。

8. 利用 AutoCAD 设计中心,将某个图形中定义的图层类型和标注样式复制到一幅新建图形中。

9. 利用 AutoCAD 设计中心,在当前图形中以块方式插入选定图形。

10. 如何为图纸添加图框和标题栏?

11. 为何采用 1∶1 的比例绘制? 按照 1∶1 绘图在 A4 大小的图纸中放不下应如何处理?

12. 如何确定布局图中的比例尺? 该比例尺是打印后的图纸的比例吗?

13. 有几种方法可以确定打印的范围?

14. 模型空间与图纸空间主要区别是什么? 如何进行切换?

15. 模型窗口和布局窗口有什么区别? 如何进行切换?

16. 图纸空间视口是什么视口?

17. 试将前几章所绘图形打印出来。

二、图块练习

练习一

目的:掌握定义块属性的方法。

上机操作:把图 8.77 所示的图框和标题栏创建成具有属性的图块,标题栏内容参看图 8.78。

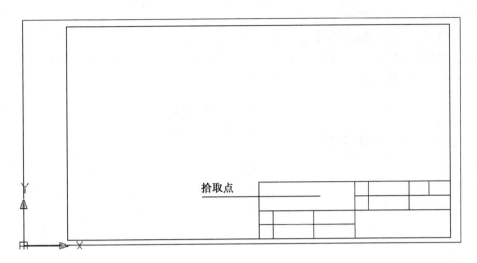

图 8.77　图框和标题栏

齿轮			材料	45	比例	1:1
			数量	1	共5张第1张	
制图	张大伟	2020/09	哈尔滨理工大学			
审核	李华	2020/09				

图 8.78　添加属性后的结果

练习二

目的：掌握图块的创建方法。

上机操作：把图 8.79 所示形位公差符号创建成带属性的图块。

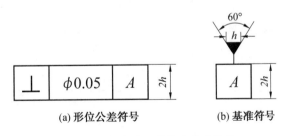

(a) 形位公差符号　　　　　　(b) 基准符号

图 8.79　形位公差符号和基准符号

练习三

目的：掌握图块的创建方法。

上机操作：将图 8.80 所示标高符号创建成带属性的图块。图中，标高符号为等腰直角三角形，顶点到底边的垂直距离为 300 mm。

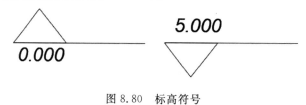

图 8.80   标高符号

第 9 章

综合应用

　　装配图是表达机器或部件的图样,是进行设计、装配、检验、安装、调试和维修的重要技术文件。它表达机器或部件的工作原理、性能要求、零件间的装配关系和技术要求。AutoCAD 没有提供绘制装配图的专用命令,只要掌握了以前所学习的机械制图知识和 CAD 制图方法就可以熟练地绘制装配图。

9.1　绘制零件图准备工作

　　本章将使用 AutoCAD 绘制一张完整的零件图,泵体零件图如图 9.1 所示,系统地介绍绘制零件图样的完整过程,以帮助读者建立 AutoCAD 绘制平面图样的整体概念,总结其中的绘图规律和技巧,巩固前面所学的知识,提高实际绘图的能力。

　　绘制零件图的准备:

　　用 AutoCAD 绘图与手工绘图的过程大体相同,但是为了充分利用 AutoCAD 提供的绘图工具和功能,在具体的操作过程中,要根据 AutoCAD 的特点,增加一些特有的方法。主要绘图流程如下。

　　(1)绘图之前要先分析零件的特点,确定表达方案。

　　(2)绘制样板图。将图幅、标题栏、图层、绘图单位、绘图的精度、文字样式、标注样式等内容进行初步或标准设置,绘制出一幅基础图形,这种基础图形称为样板图。

　　(3)绘制及标注零件图。

　　(4)填写标题栏。

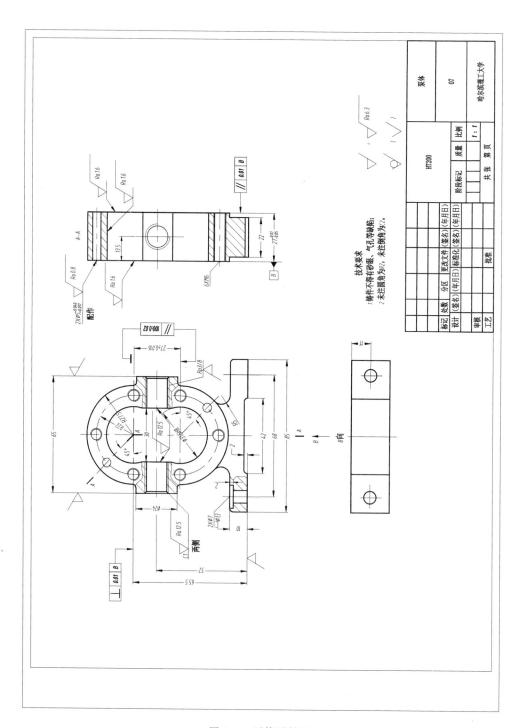

图 9.1　泵体零件图

9.2　绘制样板图

9.2.1　设置绘图单位和精度

【执行方式】

①菜单栏："格式"→"单位"

②命令行：UN

执行完上述命令，系统自动打开"图形单位"对话框，如图 9.2 所示。

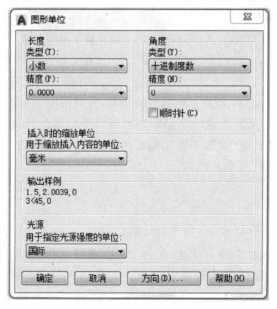

图 9.2　"图形单位"对话框

"图形单位"对话框说明：

(1)"长度"选项区。

"类型"列表下选择"小数"；"精度"为小数点后 0 位。

(2)"角度"选项区。

"类型"列表下选择"十进制度数"；"精度"列表下选择"0"。

(3)插入时的缩放单位。控制插入到当前图形中的块和图形的测量单位。如果块和图形创建时使用的单位与该选项指定的单位不同，则在插入这些块和图形时，将对其按比例缩放。插入比例是源块或图形使用的单位与目标图形使用的单位之比。如果插入块时不按指定单位缩放，则选择"无单位"；若用于缩放插入内容的单位，则选择"毫米"。

(4)输出样例。显示用当前单位和角度设置的例子。

(5)光源。控制当前图形中光度控制光源强度的测量单位。一般选择"国际"。

注意：一般用 AutoCAD 绘图的过程中经常会用到阵列、修剪、复制等命令，为了提高这些命令的绘图精度，建议绘制实际工程图样时使用较高的精度。

9.2.2　设置图形界限

用 AutoCAD 绘制图形时,设计者应根据图形的大小和复杂程度,合适地选择绘图的区域。一般以国家标准规定的图纸幅面的大小设置绘图区域。例如,以国家标准 A3 图纸幅面设置图形边界,即 420 mm×297 mm。

【执行方式】

①菜单栏:"格式"→"图形界限"

②命令行:LIMITS

执行完上述命令,命令行提示:

重新设置模型空间界限:

指定左下角点或[开(ON)/关(OFF)]〈0,0〉:(按 Enter 键使用默认设置)

指定右上角点〈210,297〉:@420,297↙　　　(指定图形界限右上角点坐标,确定图形界限)

将图形界限设置完成后,为了方便图形的绘制,可以使用 ZOOM 命令,将绘图区域放大至全屏。ZOOM 命令可放大或缩小显示当前视口中对象的外观尺寸。可以通过放大和缩小操作更改视图的比例,类似于使用相机进行缩放。使用 ZOOM 不会更改图形中对象的绝对大小。它仅更改视图的比例。

【执行方式】

命令行:ZOOM

执行完上述命令,AUTOCAD 命令行提示:

指定窗口的角点,输入比例因子 (nX 或 nXP),或者

[全部(A)/中心(C)/动态(D)/范围(E)/上一个(P)/比例(S)/窗口(W)/对象(O)]
＜实时＞:A

正在重生成模型。

9.2.3　设置图层

图层是绘制图形的一个重要的辅助工具,用于管理、控制图形中的不同对象。创建图层一般包括设置图层名、颜色、线型和线宽。在本例中要用到的图层有点划线层、细实线层、虚线层、尺寸标注层。

【执行方式】

①命令行:LAYER

②菜单栏:"格式"→"图层"

③工具栏:单击"图层"工具栏中的图层特性管理器按钮 ▧

执行完上述命令,系统将自动打开"图层特性管理器"对话框,如图 9.3 所示。在对话框中单击新建按钮 ▧,创建 4 种图层,并根据各图层对线型、颜色、线宽的要求,进行逐一设置。设置完毕,单击"确定"按钮。

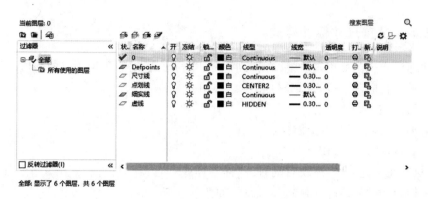

图 9.3 "图层特性管理器"对话框

9.2.4 设置文字样式

国家制图标准要求：

汉字字体：长仿宋体

字体高度：一般零件名称用 10 mm，注释用 7 mm，标题栏文字、尺寸文字用 5 mm

【执行方式】

①菜单栏："格式"→"文字样式"

②命令行：STYLE

执行完上述命令，系统自动打开"文字样式"对话框，如图 9.4 所示。单击"新建"按钮，创建文字样式。

图 9.4 "文字样式"对话框

"新建文字样式"对话框说明：

(1)注释。长仿宋体，高度 7 mm。

(2)零件名称。长仿宋体，高度 10 mm。

(3)标题栏。长仿宋体，高度 5 mm。

(4)尺寸标注。长仿宋体，高度 5 mm。

单击"应用"按钮。

9.2.5　设置尺寸标注样式

尺寸标注样式主要用来设置标注图形中尺寸的形式,对于不同种类的图形,尺寸标注的要求也不尽相同。一般采用 ISO 标准。

【执行方式】

①菜单栏:"格式"→"标注样式"

②命令行:DIMSTYLE

(1)执行完上述命令,系统自动打开"标注样式管理器"对话框,如图 9.5 所示。单击"修改"按钮,打开"修改标注样式"对话框,如图 9.6 所示。

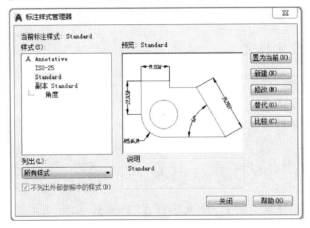

图 9.5　"标注样式管理器"对话框

图 9.6　"修改标注样式"对话框

(2)打开对话框中"文字"选项卡,设置文字样式,并在"文字对齐"选项区中选择"ISO标准"单选按钮。

(3)设置完后单击"确定"按钮。

9.2.6　绘制图框

虽然前边设置了图形界限,但是不能直观地显示出来,所以使用 AutoCAD 绘图时还需要通过图框来确定绘图的范围,使所有的图形绘制在图框线之内。通常图框要小于或等于图形图限。例如:设置国家标准 A3 图幅。

1. **边框(0 图层)**

将图层切换到 0 图层。

菜单栏:"绘图"→"矩形"

命令行提示:

指定第一个角点或 [倒角(C)/标高(E)/圆角(F)/厚度(T)/宽度(W)]: 0,0

指定另一个角点或 [尺寸(D)]: @420,297↙

命令: Z/ ZOOM

指定窗口的角点,输入比例因子 (nX 或 nXP),或者

[全部(A)/中心(C)/动态(D)/范围(E)/上一个(P)/比例(S)/窗口(W)/对象(O)]

<实时>: A↙

2. **图框(0 图层)**

将图层切换到 0 图层。

菜单栏:"绘图"→"矩形"

在"标准"工具栏处单击右键,打开"对象捕捉"工具栏,单击按钮⬚。

命令行提示:

指定第一个角点或 [倒角(C)/标高(E)/圆角(F)/厚度(T)/宽度(W)]: _from 基点:0,0↙

<偏移>: @ 25,5↙

指定另一个角点或 [尺寸(D)]: @ 390,287↙

完成创建 A3 图幅。

注意:由于实际机件的尺寸各种各样,为了能按 1∶1 的比例绘图,有的样板图中不包含图幅。画完图后再根据打印比例确定图幅的大小,用矩形命令画图框,用移动命令调整图形在图框内的位置。

9.2.7　绘制标题栏

AutoCAD 的表格样式是设置标题栏及其他表格的一种非常有效的工具。

【执行方式】

①菜单栏:"格式"→"表格样式"

②命令行:TABLESTYLE

(1)在图层中新添加"标题栏"层,并设为当前层。

(2)菜单栏:"格式"→"表格样式"。

(3)完成上述命令后,系统自动打开"表格样式"对话框,如图 9.7 所示。从中单击"新

建"按钮,打开"创建新的表格样式"对话框,如图9.8所示。

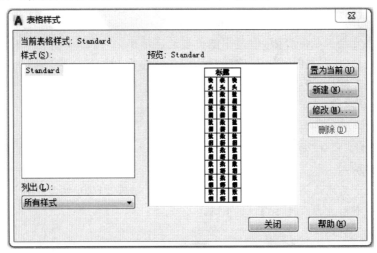

图 9.7　"表格样式"对话框

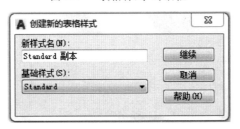

图 9.8　"创建新的表格样式"对话框

(4)单击"继续"按钮,打开"新建表格样式"对话框,如图9.9所示。在"单元样式"选项区下拉列表里包括"数据""标题"和"表头"等选项,分别填充其内容。

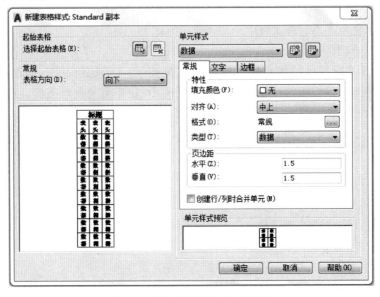

图 9.9　"新建表格样式"对话框

①"数据"选项。

在"常规"选项卡特性栏的"对齐"下拉列表中选择"正中";在"文字"选项卡特性栏的"文字样式"下拉列表中选择"标题栏";在"边框"选项卡特性栏中设置线宽,先在"线宽"下拉列表中选择 0.3 mm,再单击所有边框按钮。

②"标题"选项。

在 AutoCAD 2020 里,表格的标题栏不能取消,可以将其默认的"文字"高度改为和"数据"选项卡相同。

③"表头"选项。

在 AutoCAD 2020 里,表格的表头也不能取消,可以将其特性设置与"数据"选项卡相同。

(5)单击"确定"按钮,返回到"表格样式"对话框,在"样式"列表框中选中创建的新样式,单击"置为当前"按钮。

(6)设置完毕,单击"关闭"按钮,关闭"表格样式"对话框。

(7)菜单栏:"绘图"→"表格"。

打开"插入表格"对话框,如图 9.10 所示。在"插入方式"选项区中选择"指定插入点"单选按钮;在"列和行设置"选项区中分别设置"列数"和"数据行数"文本框中的数值为 6 和 1,单击"确定"按钮,在绘图文档中插入一个 3 行 6 列的表格,如图 9.11 所示。

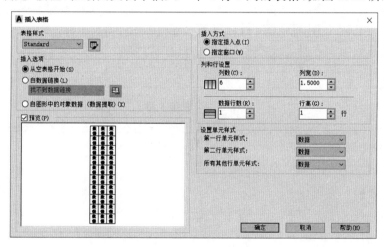

图 9.10　"插入表格"对话框

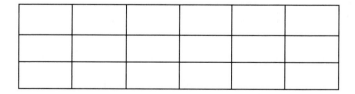

图 9.11　插入表格

(8)编辑表格。拖动鼠标选中表中的第 1 行、前 4 列表单元,合并表格图如图 9.12 所示。

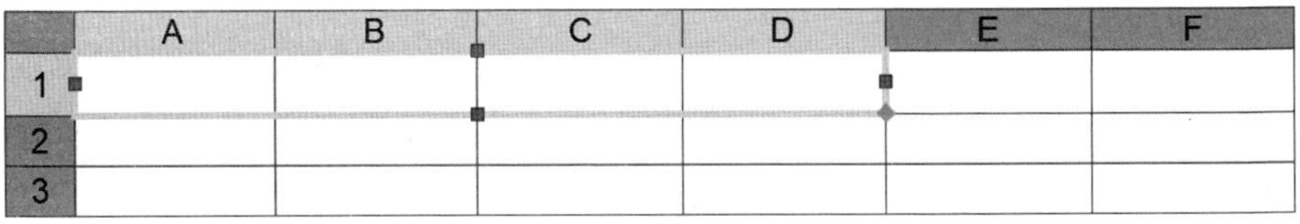

	A	B	C	D	E	F
1						
2						
3						

图 9.12　合并表格图

(9)单击合并面板中合并单元按钮 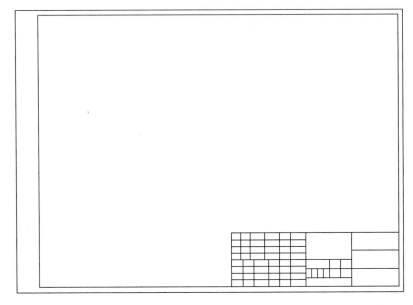,将选中的表格单元合并为一个表格单元。使用同样方法,继续编辑,完成标题栏的设置,如图 9.13 所示。

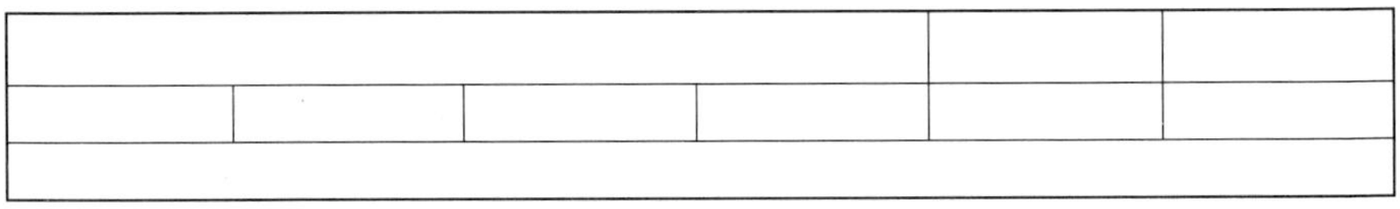

图 9.13　编辑表格

(10)使用同样的方法,完成其他表格绘制,最终表格如图 9.14 所示。选中绘制的表格,然后将其拖放到图框右下角。绘制的图框和标题栏如图 9.15 所示。

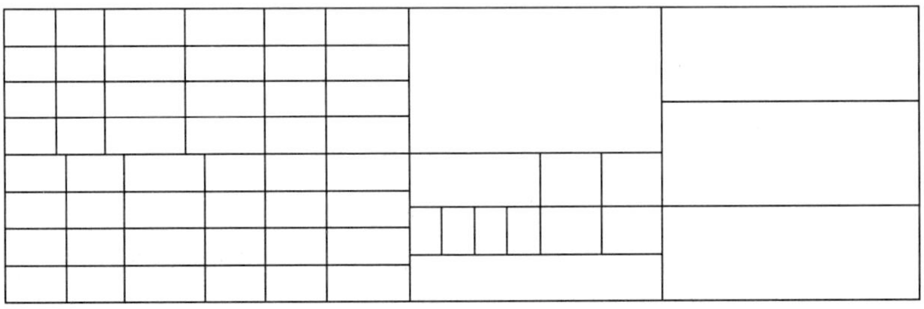

图 9.14　最终表格

图 9.15　图框和标题栏

9.2.8 保存样板图

前面设置好了绘图环境,我们把它保存成样板图文件。

【执行方式】

①菜单栏:"文件"→"另存为"

②图标:图标  →"另存为"

执行完上述操作,系统自动打开"图形另存为"对话框,如图 9.16 所示。在"文件类型"下拉列表框中,选择"AutoCAD 图形样板(* . dwt)"选项;在"文件名"文本框中输入文件名称 A3;单击"保存"按钮,打开"样板选项"对话框,在"说明"选项区中输入对样板图形的描述和说明,如图 9.17 所示。此时就创建好一个标准的 A3 幅面的样板文件。

图 9.16 "图形另存为"对话框

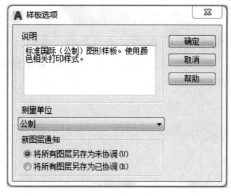

图 9.17 "样板选项"对话框

9.3 绘制零件图

1. 绘制泵体的主视图

(1)打开点划线层。在绘图区适当位置绘制定位线（圆中心线）。

工具栏:绘图工具栏直线按钮 ✏ 。

命令行提示：

命令：_line 指定第一点：　　　　　　　　　　　　　　　　　　（输入第一点）

指定下一点或［放弃(U)］：　　　　　　　　　　　　　　　　　　（输入第二点）

指定下一点或［放弃(U)］：

命令：_line 指定第一点：　　　　　　　　　　　　　　　　　　（输入第一点）

指定下一点或［放弃(U)］：　　　　　　　　　　　　　　　　　　（输入第二点）

指定下一点或［放弃(U)］：

(2)打开"对象捕捉""对象追踪""0 图层"。以中心线交点为圆心,分别绘制 $R21.9$、$R38.3$ 的同心圆,如图 9.18 所示。

工具栏:绘图工具栏圆按钮 ⊙ 。

命令行提示：

命令：_circle 指定圆的圆心或［三点(3P)/两点(2P)/相切、相切、半径(T)］：

指定圆的半径或［直径(D)］:21.9

命令：_circle 指定圆的圆心或［三点(3P)/两点(2P)/相切、相切、半径(T)］：

指定圆的半径或［直径(D)］<30.0000>:38.3↙

(3)绘制泵体上半部分。

工具栏:绘图工具栏偏移按钮 ⊑ 、圆按钮 ⊙ 、修剪按钮 ✂ 、倒角按钮 ╱ 、圆角按钮 ⌐ 。

①把水平中心线向下偏移 18.8,得到一条辅助线 L_1;以点 O 为圆心绘制半径为 30.6 的圆;将水平中心线旋转 $135°$,得 L_2;最后通过修剪命令完成辅助线绘制。绘制辅助线如图 9.19 所示。

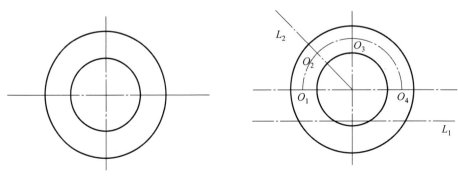

图 9.18　中心线与同心圆　　　　　　图 9.19　绘制辅助线

命令行提示：

命令：_offset　　　　　　　　　　　　（水平中心线向下偏移，得到 L_1、L_2）

指定偏移距离或［通过(T)］＜通过＞:18.8

选择要偏移的对象或 ＜退出＞:

指定点以确定偏移所在一侧:

选择要偏移的对象或 ＜退出＞:

命令：_circle

指定圆的圆心或［三点(3P)/两点(2P)/相切、相切、半径(T)］:

指定圆的半径或［直径(D)］:30.6↙

命令：_rotate

选择对象:

指定基点:

指定旋转角度或［复制(C)/参照(R)］:C↙

指定旋转角度或［复制(C)/参照(R)］:135↙

命令：_trim

选择对象或＜全部选择＞:↙

选择要修剪的对象或者按住 Shift 键选择要延伸的对象，或者［栏选(F)/窗交(C)/投影(P)/边(E)/删除(R)］:

②分别以 O_1、O_2、O_3、O_4 为圆心绘制半径分别为 4.2、3.5、4.2、4.2 的圆,绘制图形如图 9.20 所示。

命令行提示：

命令：_circle

指定圆的圆心或［三点(3P)/两点(2P)/相切、相切、半径(T)］:

指定圆的半径或［直径(D)］:4.2↙

命令：_circle

指定圆的圆心或［三点(3P)/两点(2P)/相切、相切、半径(T)］:

指定圆的半径或［直径(D)］:3.5↙

命令：_circle

指定圆的圆心或［三点(3P)/两点(2P)/相切、相切、半径(T)］:

指定圆的半径或［直径(D)］:4.2↙

命令：_circle

指定圆的圆心或［三点(3P)/两点(2P)/相切、相切、半径(T)］:

指定圆的半径或［直径(D)］:4.2↙

③绘制辅助线将垂直中心线分别向左和向右偏移 20.85,得到辅助线 L_3、L_4,如图 9.21所示。

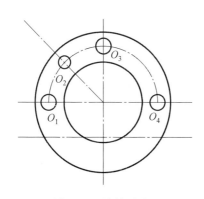

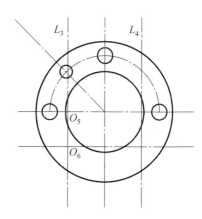

图 9.20   绘制图形   图 9.21   绘制辅助线

命令行提示：

命令：_offset   （垂直中心线向左、向右偏移,得到 L_3、L_4）

指定偏移距离或［通过(T)］＜通过＞:20.85✓

选择要偏移的对象或 ＜退出＞:

指定点以确定偏移所在一侧:

选择要偏移的对象或 ＜退出＞:

命令：_offset

指定偏移距离或［通过(T)］＜通过＞:20.85✓

选择要偏移的对象或 ＜退出＞:

指定点以确定偏移所在一侧:

选择要偏移的对象或 ＜退出＞:

④使用直线命令连接 O_5 和 O_6(O_5 为 L_3 与小圆交点、O_6 为 L_1 与 L_3 交点)。将辅助线 L_1 向上平移8.3,得到辅助线 L_5。使用直线命令,以 L_3 与 L_5 的交点为起始点,水平向左绘制 23 mm 长的线段。将垂直中心线向左平移45.2,得到辅助线 L_6。使用直线命令,以 L_6 与 L_1 的交点为起始点,垂直向上绘制 16.7 mm 长的线段,再水平向右绘制长度为4.2的线段。使用倒角命令,基于直线 L_6 与 L_5,绘制距离为1.4的倒角。使用圆角命令,基于线段 L_7 与大圆,绘制半径为2.8的圆角。上述命令执行完,泵体左上部分绘制完成,如图 9.22 所示。最后,通过镜像命令得到右上部分,泵体上半部分如图9.23所示。

命令行提示：

命令：_line

指定第一点：   （输入第一点）

指定下一点或［放弃(U)］：   （输入第二点）

指定下一点或［放弃(U)］：

命令：_offset

指定偏移距离或［通过(T)］＜通过＞:8.3✓

选择要偏移的对象或 ＜退出＞:

指定点以确定偏移所在一侧:

选择要偏移的对象或 ＜退出＞：

命令：_line

指定第一点：　　　　　　　　　　　　　　　　　　　　　　（输入第一点）

指定下一点或 ［放弃(U)］：23✓

指定下一点或 ［放弃(U)］：

命令：_offset

指定偏移距离或 ［通过(T)］＜通过＞：45.2✓

选择要偏移的对象或 ＜退出＞：

指定点以确定偏移所在一侧：

选择要偏移的对象或 ＜退出＞：

命令：_line

指定第一点：　　　　　　　　　　　　　　　　　　　　　　（输入第一点）

指定下一点或 ［放弃(U)］：16.7✓

指定下一点或 ［放弃(U)］：

命令：_line

指定第一点：　　　　　　　　　　　　　　　　　　　　　　（输入第一点）

指定下一点或 ［放弃(U)］：4.2✓

指定下一点或 ［放弃(U)］：

命令：_chamfer

选择第一条直线或［放弃(U)/多段线(P)/距离(D)/角度(A)/修剪(T)/方式(E)/多个(M)］：D✓

指定第一个倒角距离＜1.0000＞：1.4✓

指定第二个倒角距离＜1.0000＞：1.4✓

选择第一条直线或［放弃(U)/多段线(P)/距离(D)/角度(A)/修剪(T)/方式(E)/多个(M)］：

选择第二条直线，或按住 Shift 键选择直线以应用角点或［距离(D)/角度(A)/方法(M)］：

命令：_fillet

选择第一个对象或［放弃(U)/多段线(P)/半径(R)/修剪(T)/多个(M)］：R✓

指定圆角半径＜0.0000＞：2.8✓

选择第一个对象或［放弃(U)/多段线(P)/半径(R)/修剪(T)/多个(M)］：

选择第二个对象，或按住 Shift 键选择对象以应用角点或［半径(R)］：

命令：_mirror

选择对象：

指定镜像线的第一点：

指定镜像线的第二点：

要删除源对象吗？［是(Y)否(N)］＜否＞：N✓

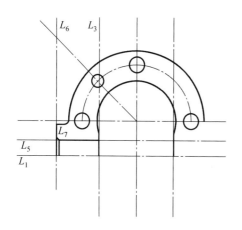

图 9.22　泵体左上部分图

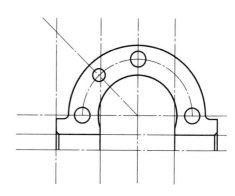

图 9.23　泵体上半部分

(4)绘制泵体下半部分。

工具栏:绘图工具栏镜像按钮　。

通过镜像命令,完成泵体下半部分的绘制,如图 9.24 所示。

命令行提示:

命令：_mirror

选择对象：

指定镜像线的第一点：

指定镜像线的第二点：

要删除源对象吗？[是(Y)否(N)]<否>:N↙

①画泵体底座部分。

a.使用偏移命令将垂直中心线水平向左偏移 3 次,距离分别为 29.2、47.3、59.1,得到辅助线 L_8、L_9、L_{10}。将 L_1 垂直向下平移 72.3 得到辅助线 L_{11}。再将 L_{11} 垂直向上平移 2.8、13.9 得到辅助线 L_{12}、L_{13}。辅助线绘制如图 9.25 所示。

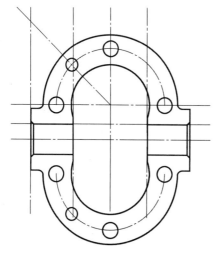

图 9.24　泵体下半部分

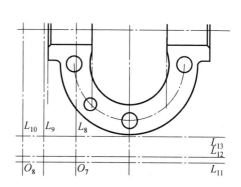

图 9.25　辅助线绘制

命令行提示：

命令：_offset

指定偏移距离或［通过（T）］＜通过＞：29.2✓

选择要偏移的对象或＜退出＞：

指定点以确定偏移所在一侧：

选择要偏移的对象或＜退出＞：

命令：_offset

指定偏移距离或［通过（T）］＜通过＞：47.3✓

选择要偏移的对象或＜退出＞：

指定点以确定偏移所在一侧：

选择要偏移的对象或＜退出＞：

命令：_offset

指定偏移距离或［通过（T）］＜通过＞：59.1✓

选择要偏移的对象或＜退出＞：

指定点以确定偏移所在一侧：

选择要偏移的对象或＜退出＞：

命令：_offset

指定偏移距离或［通过（T）］＜通过＞：72.3✓

选择要偏移的对象或＜退出＞：

指定点以确定偏移所在一侧：

选择要偏移的对象或＜退出＞：

命令：_offset

指定偏移距离或［通过（T）］＜通过＞：2.8✓

选择要偏移的对象或＜退出＞：

指定点以确定偏移所在一侧：

选择要偏移的对象或＜退出＞：

命令：_offset

指定偏移距离或［通过（T）］＜通过＞：13.9✓

选择要偏移的对象或＜退出＞：

指定点以确定偏移所在一侧：

选择要偏移的对象或＜退出＞：

b. 将 L_9 分别水平向左、向右偏移一次，偏移距离为 4.9。将 L_{13} 垂直向下偏移 2.8。使用直线命令连接 O_7 和 O_8。利用圆角命令基于辅助线 L_{10} 和 L_{13} 绘制半径为 2.8 的圆角。再次利用圆角命令基于辅助线 L_{13} 和大圆绘制半径为 7 的圆角。利用圆角命令参照点 O_7 基于辅助线 L_{11} 和 L_{12} 绘制半径为 2.8 的圆角。再利用直线命令连接需要连接的点。最后利用修剪命令裁去多去线段。底座左半部分如图 9.26 所示。

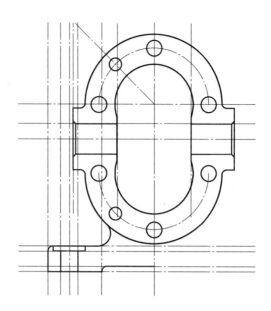

图 9.26　底座左半部分

命令行提示：

命令：_offset

指定偏移距离或［通过(T)］<通过>:4.9↙

选择要偏移的对象或 <退出>：

指定点以确定偏移所在一侧：

选择要偏移的对象或 <退出>：

命令：_offset

指定偏移距离或［通过(T)］<通过>:4.9↙

选择要偏移的对象或 <退出>：

指定点以确定偏移所在一侧：

选择要偏移的对象或 <退出>：

命令：_offset

指定偏移距离或［通过(T)］<通过>:2.8↙

选择要偏移的对象或 <退出>：

指定点以确定偏移所在一侧：

选择要偏移的对象或 <退出>：

命令：_line

指定第一点：　　　　　　　　　　　　　　　　　　　　　　　（输入第一点）

指定下一点或［放弃(U)］：　　　　　　　　　　　　　　　　（输入第二点）

指定下一点或［放弃(U)］：

命令：_fillet

选择第一个对象或［放弃(U)/多段线(P)/半径(R)/修剪(T)/多个(M)］:R↙

指定圆角半径<0.0000>:2.8↙

选择第一个对象或[放弃(U)/多段线(P)/半径(R)/修剪(T)/多个(M)]：

选择第二个对象,或按住 Shift 键选择对象以应用角点或[半径(R)]：

命令：_fillet

选择第一个对象或[放弃(U)/多段线(P)/半径(R)/修剪(T)/多个(M)]：T↙

输入修剪模式选项[修剪(T)/不修剪(N)]<修剪>：N↙

选择第一个对象或[放弃(U)/多段线(P)/半径(R)/修剪(T)/多个(M)]：R↙

指定圆角半径<0.0000>：7↙

选择第一个对象或[放弃(U)/多段线(P)/半径(R)/修剪(T)/多个(M)]：

选择第二个对象,或按住 Shift 键选择对象以应用角点或[半径(R)]：

命令：_fillet

选择第一个对象或[放弃(U)/多段线(P)/半径(R)/修剪(T)/多个(M)]：T↙

输入修剪模式选项[修剪(T)/不修剪(N)]<修剪>：T↙

选择第一个对象或[放弃(U)/多段线(P)/半径(R)/修剪(T)/多个(M)]：R↙

指定圆角半径<0.0000>：2.8↙

选择第一个对象或[放弃(U)/多段线(P)/半径(R)/修剪(T)/多个(M)]：

选择第二个对象,或按住 Shift 键选择对象以应用角点或[半径(R)]：

命令：_line

指定第一点：   (输入第一点)

指定下一点或 [放弃(U)]：   (输入第二点)

指定下一点或 [放弃(U)]：

命令：_line

指定第一点：   (输入第一点)

指定下一点或 [放弃(U)]：   (输入第二点)

指定下一点或 [放弃(U)]：

命令：_line

指定第一点：   (输入第一点)

指定下一点或 [放弃(U)]：   (输入第二点)

指定下一点或 [放弃(U)]：

命令：_line

指定第一点：   (输入第一点)

指定下一点或 [放弃(U)]：   (输入第二点)

指定下一点或 [放弃(U)]：

命令：_line

指定第一点：   (输入第一点)

指定下一点或 [放弃(U)]：   (输入第二点)

指定下一点或 [放弃(U)]：

这样将底座的左半部分就绘制完成了,最后利用镜像命令绘制完成,底座右半部分如图 9.27 所示。

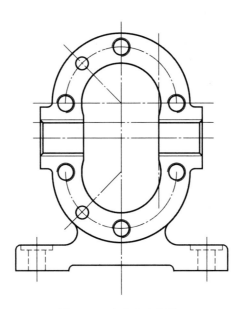

图 9.27   底座右半部分

命令行提示：

命令：_mirror

选择对象：

指定镜像线的第一点：

指定镜像线的第二点：

要删除源对象吗？［是(Y)否(N)］＜否＞：N↙

②在左面阶梯孔处进行局部剖。

工具栏：绘图工具栏样条曲线按钮、圆按钮、直线按钮绘制局部剖，将细实线层置为当前图层。

命令行提示：

命令：_spline(重复 5 次)

指定第一个点或［对象(O)］：　＜对象捕捉 关＞

指定下一点：

指定下一点或［闭合(C)/拟合公差(F)］＜起点切向＞：

指定下一点或［闭合(C)/拟合公差(F)］＜起点切向＞：

指定下一点或［闭合(C)/拟合公差(F)］＜起点切向＞：

指定起点切向：

指定端点切向：

命令：_line(重复 4 次)

指定第一点：　　　　　　　　　　　　　　　　　　　　（输入第一点）

指定下一点或［放弃(U)］：　　　　　　　　　　　　　（输入第二点）

指定下一点或［放弃(U)］：

命令：_circle (重复 6 次)

指定圆的圆心或 [三点(3P)/两点(2P)/相切、相切、半径(T)]:

指定圆的半径或 [直径(D)]: 4.9↙

用修剪命令修剪掉出轮廓的线,绘制剖线如图 9.28 所示。

③填充图案。

工具栏:绘图工具栏图案填充按钮▨。

打开"图案填充和渐变色"对话框,选择拾取点▣,确定填充范围;选择剖面线形式为 ANSI31,比例为 1。

命令行提示:

命令:_hatch

选择内部点:正在选择所有对象...

正在选择所有可见对象...

正在分析所选数据...

正在分析内部孤岛..

选择内部点:

正在分析内部孤岛...

选择内部点:

最后镜像泵体左侧下部销孔,裁剪多余线,图案填充后泵体主视图如图 9.29 所示。

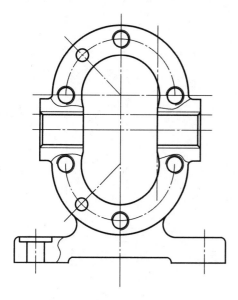

图 9.28　绘制剖线　　　　　　　图 9.29　图案填充

2. 绘制左视图

左视图的绘制方法可以参照主视图的方法,详细的绘制过程就不再详细叙述。下面概括叙述一下绘制左视图的要点。

(1)充分利用 AutoCAD 的对象追踪和对象捕捉功能。根据主、左视图高平齐的投影规律以及对称性绘制用旋转剖表达的全剖左视图。

（2）根据绘制的图线切换图层,绘制符合国家制图标准的图形。

（3）图形绘制完后,按零件图的要求编辑完善图形,修剪多余的线,主视图和左视图如图 9.30 所示。

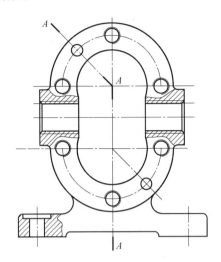
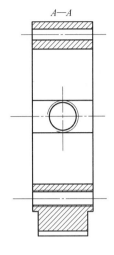

图 9.30　主视图和左视图

3. 绘制 B 向局部视图

用前面的绘制方法绘制 B 向局部视图。至此完成了基本图形的绘制,完整视图如图 9.31 所示。

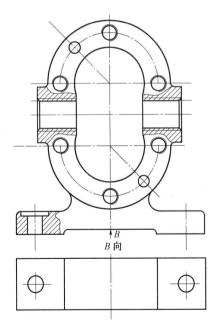
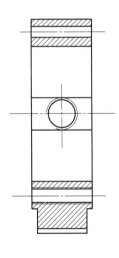

图 9.31　完整视图

4．调用样板文件

【执行方式】

①菜单栏:"文件"→"新建"

②图标:图标 → "新建"

执行完上述操作,系统自动打开"选择样板"对话框,在文件列表中选择创建的样板文件 A3,然后单击"打开"按钮,即可创建一个新的图形文档。此时在绘图窗口中将显示图框和标题栏,并包含了样板图中的所有设置。将绘制完成的图形复制进来,调整好位置,准备下一步操作。

5．标注尺寸

图形绘制完成后,利用标注工具栏或标注菜单,用前边学到的方法进行尺寸标注。工程图样中的尺寸标注一般包括尺寸标注、公差标注及粗糙度标注等。其注意事项如下:

(1)标注的形式要符合有关国家技术制图标准。

(2)为了便于图形的编辑和修改,在图层特性管理器中创建尺寸标注层。

(3)为了使剖面线不影响捕捉目标点,标注尺寸与尺寸公差时经常临时关闭剖面线所在的图层。

(4)当图线穿过尺寸数字时,要用打断命令将图线打断。

(5)标注尺寸公差。一般用文字或多行文字命令。

(6)标注形位公差。用快速引线命令。

(7)标注表面粗糙度。在 AutoCAD 中没有直接定义粗糙度的标注功能。这时可以将粗糙度符号制作成带属性的图块,然后在需要的地方插入块即可。

(8)填写技术要求和标题栏,完成全图,如图 9.1 所示。

9.4 绘制装配图

装配图是表达机器或部件的图样,是进行设计、装配、检验、安装、调试和维修的重要技术文件。它可以表达机器或部件的工作原理、性能要求、零件间的装配关系和技术要求。AutoCAD 没有提供绘制装配图的专用命令,但只要掌握了以前所学习的机械制图知识和 CAD 制图方法就可以熟练地绘制装配图。

9.4.1 装配图的绘制方法

装配图可以直接进行绘制,也可以按拼装法绘制。鉴于直接法与绘制零件图的相似性,本节将主要介绍拼装法绘制装配图。

1．直接绘制装配图

直接法类似于传统绘制装配图的顺序,依次绘制各零件在装配图中的投影。考虑方便看图和绘图,在绘图时,应当将不同的零件绘制在不同的图层上,以便关闭或冻结某些图层,简化图面。需要注意的是,由于关闭或冻结图层上的图片无法编辑,所以在进行编辑操作以前必须先打开或解冻相应的图层。

2.拼装法绘制装配图

首先绘制出零件图,再将每个零件图定义为图块,以插入图块的方式拼装装配图。该步骤的关键是恰当合理地选择图块上的基点,修剪掉插入后被遮挡的图线。

【**例** 9.1】根据齿轮油泵的示意图(图 9.32)和零件图绘制装配图,明细参考表 9.1。工作原理说明:当齿轮转动时,齿轮脱开侧的空间的体积从小变大形成真空,将液体吸入齿轮啮合侧的空间的体积从大变小,而将液体挤入管路中去。

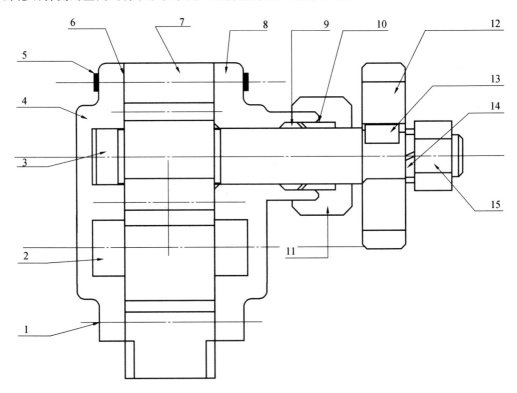

图 9.32　齿轮油泵的示意图

1—螺钉;2—齿轮轴;3—传动齿轮轴;4—左端盖;5—销;6—垫片;7—泵体;8—右端盖;9—密封圈;10—衬套;11—压紧螺母;12—传动齿轮;13—键;14—垫圈;15—螺母

表 9.1　明细表

序号	名称	材料	数量	代号
1	螺钉 M6×16	Q235	12	GB/T 70.1—2008
2	齿轮轴	45	1	
3	传动齿轮轴	45	1	
4	左端盖	45Cr	1	
5	销 5×18	45	4	GB/T 119.2—2000
6	垫片	纸	2	
7	泵体	HT200	1	

续表 9.1

序号	名称	材料	数量	代号
8	右端盖	通孔	1	
9	密封圈	橡胶	1	
10	衬套	ZCuSn5Pb5Zn5	1	
11	压紧螺母	35	1	
12	传动齿轮	45	1	
13	键 5×5×10	45	1	GB/T 1096—2003
14	垫圈 12	65Mn	1	GB/T 93—1987
15	螺母 M12	Q235	2	GB/T 6170—2015

9.4.2 绘制装配图的操作过程

1. 准备工作

由设计及制造机器或部件的一般过程可知,在制造机器或部件前,必须先设计绘制整理一套完整的图样等技术资料,其中图样主要指装配图和零件图。所以画出装配图后,必须由装配图再拆画出一套完整的零件图,或者当零件的形状和大小都已确定,可以先画出全部零件图,最后拼装成装配图。

需要注意的是,绘制装配图和拆画零件图不是简单的拼凑工作,而是一个相互制约、相互参考、相互修改、统一定制的一体化的设计绘图过程。在绘图前,我们需要进行如下几个方面的准备工作:

(1)通过学习来熟悉所绘制的机器或部件。装配图一般比较复杂,并且与手工绘图相同的是,绘图前要先思考熟悉机器或部件的工作原理,零件的形状、连接关系等,以便我们准确定位基点。

(2)选择表达方案(确定视图)。一般是以部件的功用为线索,从装配干线入手,优先考虑和部件功用密切相关的主要装配干线,然后考虑次要装配干线,最后考虑连接定位等方面的表达,如图 9.32 所示。图 9.32 中的传动齿轮轴(件 3)的轴线为装配干线。绘制装配图要以装配干线为单元进行拼装,如果装配图中有多条装配干线,先拼装主要装配干线,再拼装次要装配干线。相应视图按投影规律一起进行绘制。同一装配干线上的零件,要按实际装配关系确定拼装顺序,如图 9.32 所示的示意图,如果把泵体(件 7)作为基准件,将其余的零件定义为图块,插入到件 7 零件图中,先插入传动齿轮轴(件 3),再依次插入齿轮轴(件 2)、左端盖(件 4)、右端盖(件 8)、螺钉(件 1)、销(件 5)、密封圈(件 9)、衬套(件 10)、压紧螺母(件 11)、键(件 13)、传动齿轮(件 12)、垫圈(件 14)、螺母(件 15)。

(3)对零件图的各视图和尺寸标注进行修剪整理,并将其定义为图块。

(4)分析零件的遮挡关系,在装配图中一般不画虚线。

(5)按装配图的要求,标注尺寸和配合关系。

2. 将零件图定义为图块文件

(1)将传动齿轮轴定义为图块,文件名为 CDCLZ。

①打开传动齿轮轴的零件图,如图 9.33 所示。为了拼装装配图,需要对零件图进行修剪、整理。例如,去掉装配图中不用的尺寸标注等。另存为名为 CDCLZ.dwg 的文件,如图 9.34 所示。

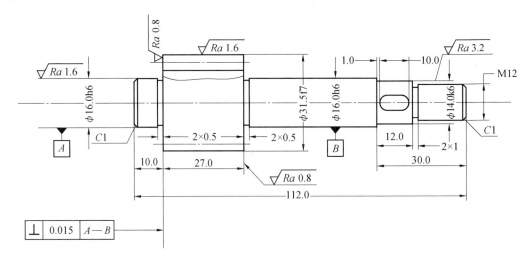

图 9.33 传动齿轮轴的零件图

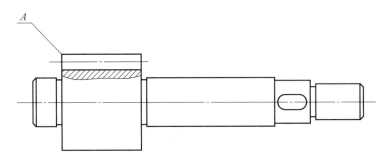

图 9.34 传动齿轮轴图块文件 CDCLZ.dwg

②在命令行输入 W,显示"写块"对话框,单击单选"对象"选项。

③单击拾取点按钮 ，系统暂时隐去"写块"对话框,捕捉 A 点为图块基点,系统又返回"写块"对话框(选择插入图块时的定位点作为基点)。

④单击选择对象按钮 ，系统再一次隐去"写块"对话框,以窗口方式,选择全部图形(不包括点 A),选择完对象以后回车,系统又返回到"写块"对话框。

⑤在"文件名和路径"下拉列表中选择存放文件的文件夹,或单击按钮,在浏览图形文件对话框中选择存放文件的文件夹,设置结果如图 9.35 所示。

⑥单击"确定"按钮,退出"写块"对话框,建立图形文件"CDCLZ.dwg"。

(2)将其他零件图定义为图块。

用与传动齿轮轴同样的方法将零件分别定义成块。各零件的基点要根据零件装配关系而定,如图 9.36 所示,A 点为基点。

图 9.35　传动齿轮轴零件图

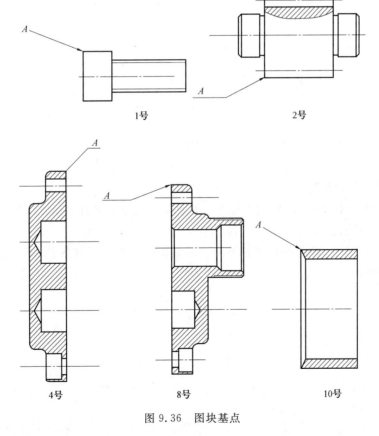

图 9.36　图块基点

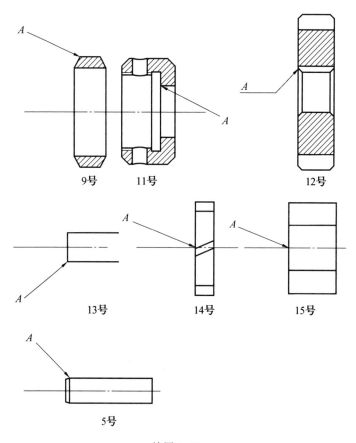

续图 9.36

3. 拼装法画装配图

下面以泵体(件 7)为主体,将上述各零件图块文件插入到件 7 所在的图形文件中。

(1)插入传动齿轮轴(件 3)。

①打开泵体(件 7)零件图,修剪掉与拼装装配图无关的尺寸标注和图线。修剪结果如图 9.37 所示。

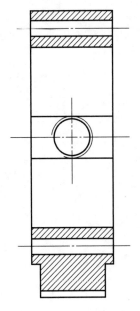

图 9.37　修剪后的泵体零件图

②单击插入块按钮，打开"插入"对话框,如图 9.38 所示。

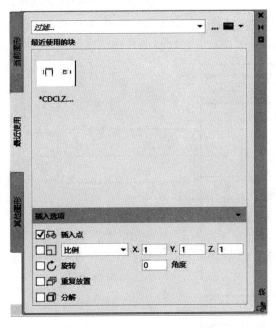

图 9.38　"插入"对话框

③单击浏览按钮,显示"选择图形文件"对话框,如图 9.39 所示。

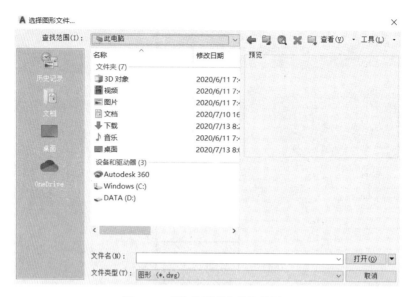

图 9.39   "选择图形文件"对话框

    ④单击"搜索"下拉列表,选择要打开的图块文件所在的文件夹,双击图块文件名"CDCLZ.dwg",返回"插入"对话框,单击"确定"退出对话框。

    ⑤刚插入的图块随鼠标移动而移动,注意基点对正。

    ⑥选择传动齿轮轴(件3),单击按钮分解图块,编辑修剪图中的被遮挡线段。插入传动齿轮轴如图 9.40 所示。修剪时可以用窗口方式放大显示图形,修剪完以后,单击按钮 返回前一显示状态,由于图形是按同样的比例绘制的,不说明时,插入比例都是 1。

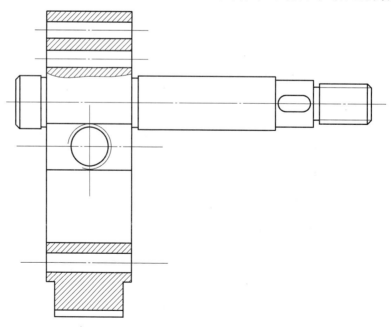

图 9.40   插入传动齿轮轴

（2）插入齿轮轴（件 2）。

①单击插入图块按钮，插入齿轮轴定义的图块文件"CLZ.dwg"，捕捉 A 点作为插入基点。

②分解刚插入的图块，修剪掉泵体中被遮挡的线条，插入齿轮轴如图 9.41 所示。

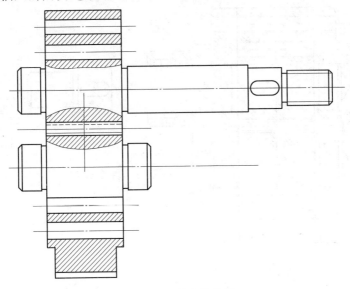

图 9.41 插入齿轮轴

（3）插入左端盖（件 4）。

①单击插入图块按钮，插入左端盖定义的图块文件"ZDG.dwg"，捕捉 A 点作为插入基点。

②分解刚插入的图块，修剪掉被遮挡的线条，插入左端盖如图 9.42 所示。

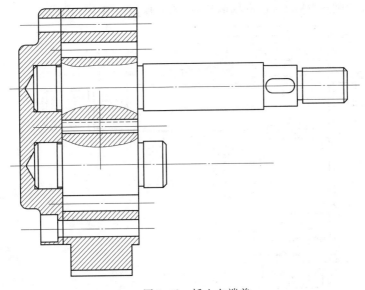

图 9.42 插入左端盖

（4）插入右端盖（件 8）。

①单击插入图块按钮，插入右端盖定义的图块文件"YDG. dwg"，捕捉 A 点作为插入基点。

②分解插入的图块，修剪掉被遮挡的线条，插入右端盖如图 9.43 所示。

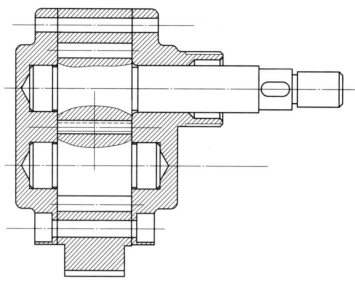

图 9.43　插入右端盖

（5）插入螺钉（件 1）。

①插入螺钉定义的图块文件"LD1. dwg"，捕捉 A 点作为插入基点，将螺钉插入到靠近左端盖的位置；再将螺钉的图块文件在任意空白区域插入，并将其镜像处理，最后捕捉 A 点为插入点将螺钉插入到靠近右端盖的位置。

②分解插入的图块，修剪掉被遮挡的线条，插入螺钉如图 9.44 所示。

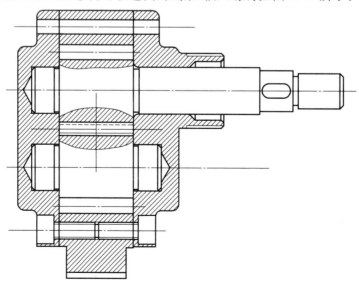

图 9.44　插入螺钉

（6）插入销（件 5）。

①插入销定义的图块文件"X. dwg"，捕捉 A 点作为插入基点，将销插入到靠近左端盖的位置；再将销的图块文件在任意空白区域插入，并将其镜像处理，最后捕捉 A 点为插入点将销插入到靠近右端盖的位置。

②分解插入的图块，修剪掉被遮挡的线条，插入销如图 9.45 所示。

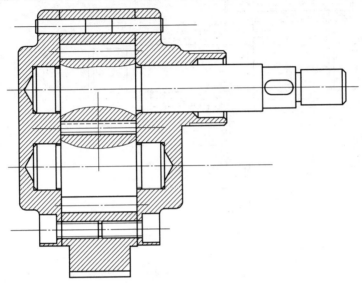

图 9.45　插入销

（7）插入密封圈（件 9）。

①单击插入图块按钮，插入密封圈定义的图块文件"MFQ. dwg"，捕捉 A 点作为插入基点。

②分解插入的图块，修剪掉被遮挡的线条，插入密封圈如图 9.46 所示。

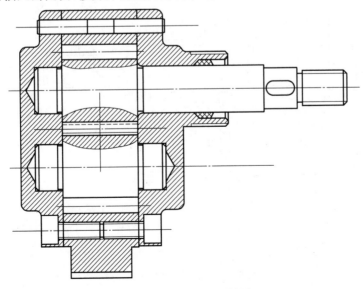

图 9.46　插入密封圈

(8)插入衬套(件 10)。

①单击插入图块按钮,插入衬套定义的图块文件"CT.dwg",捕捉 A 点作为插入基点。

②分解插入的图块,修剪掉被遮挡的线条,插入衬套如图 9.47 所示。

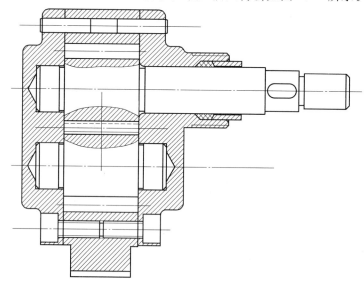

图 9.47　 插入衬套

(9)插入压紧螺母(件 11)。

①单击插入图块按钮,插入压紧螺母定义的图块文件"YJLM.dwg",捕捉 A 点作为插入基点。

②分解插入的图块,修剪掉被遮挡的线条,插入压紧螺母如图 9.48 所示。

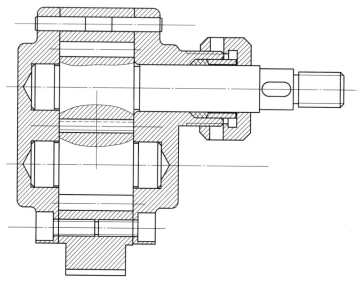

图 9.48　 插入压紧螺母

（10）插入键（件 13）。

①修改装配图中传动齿轮轴上的键槽，使原本方向朝外的键槽改为方向朝上，以便键的绘制。

②单击插入图块按钮，插入键定义的图块文件"J.dwg"，捕捉 A 点作为插入基点。

③分解插入的图块，修剪掉被遮挡的线条，插入键如图 9.49 所示。

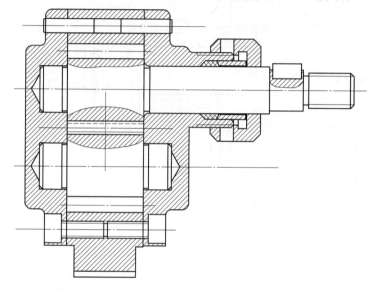

图 9.49   插入键

（11）插入传动齿轮（件 12）。

①单击插入图块按钮，插入传动齿轮定义的图块文件"CDCL.dwg"，捕捉 A 点作为插入基点。

②分解插入的图块，修剪掉被遮挡的线条，插入传动齿轮如图 9.50 所示。

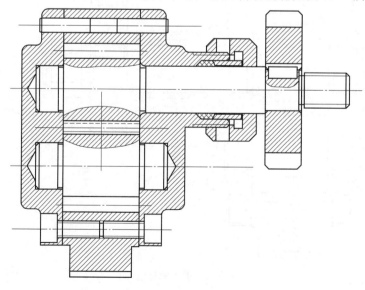

图 9.50   插入传动齿轮

(12)插入垫圈(件 14)。

①单击插入图块按钮,插入垫圈定义的图块文件"DQ.dwg",捕捉 A 点作为插入基点。

②分解插入的图块,修剪掉被遮挡的线条,插入垫圈如图 9.51 所示。

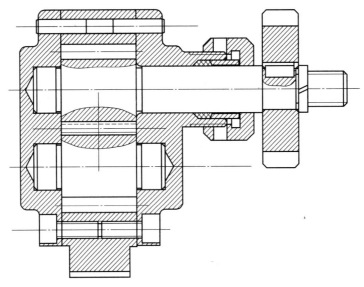

图 9.51　插入垫圈

(13)插入螺母(件 15)。

①单击插入图块按钮,插入垫圈定义的图块文件"DQ.dwg",捕捉 A 点作为插入基点。

②分解插入的图块,修剪掉被遮挡的线条,插入螺母如图 9.52 所示。

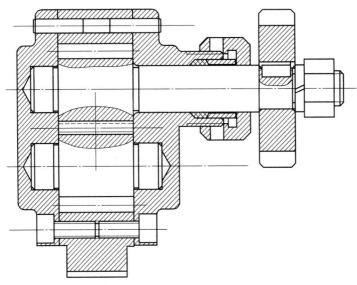

图 9.52　插入螺母

（14）按齿轮啮合规定画法绘制两齿轮啮合部分。

4. 检查

由于装配图是由零件图拼凑而成的,当各个零件拼到一起后,一定存在不符合装配图要求的地方,所以在拼装完成后,我们要通过检查来对装配图进行修改。灵活使用放大显示主视图以便检查各零件是否有遮挡线,相邻零件的剖面线是否符合要求等。检查装配图的步骤为:

（1）放大视图。

（2）根据零件图和装配图各自的特点,在放大的主视图中分析拼装后的装配图常见的错误:

①剖面线进入螺纹内。

②相邻的零件剖面线方向一致。

③内外螺纹连接画法不符合标准。

④"盖"在装配图中不要用局部剖。

⑤弹簧丝剖涂黑表示。

此外,还要查看定位是否准确。

（3）修改装配图。

针对上述的常见错误,修改的方法:

①修改剖面线区域。

②调整剖面线的间隔或倾斜方向。

③调整零件表达方案。

④调整重叠的图线。

（4）布置视图、标注尺寸和技术要求。

①布置视图。

根据视图表达方案以及部件的大小与复杂程度,适当地选择比例,安排各视图的位置,既要使各视图均匀地分布在图面上,又要留下标注尺寸、零件序号、技术要求、绘制标题栏和明细表的空间。可以调用样板图,将图形创建成块插入到样板图中。在图框中充分利用 AutoCAD 对象捕捉和对象追踪的功能,并可以随时调动移动命令,反复进行调整。

需要注意的是,在布置视图前,要打开所有的图层。

②标注尺寸。

装配图不是制造零件的直接依据,因此不需要标注出零件的全部尺寸,而只需标注出一些必要的尺寸,如规格尺寸、装配尺寸、安装尺寸、外形尺寸等。标注尺寸时,为了能准确地捕捉点,需要先关闭剖面线层。

③技术要求。

标注与机器或部件总体性能有关的技术要求,利用多行文字编写功能编写技术要求。

（5）标注零件序号,填写标题栏和明细表。

在装配图中标注零件序号有多种形式,快速引线命令可以很方便地标注零件的序号。图 9.53 所示为完整的装配图。

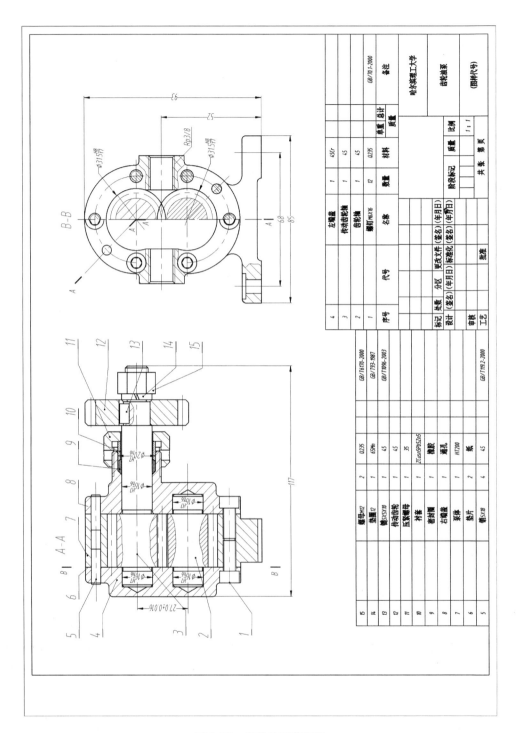

图 9.53　齿轮油泵装配图

【本章训练】

练习一

用下面所给的零件图拼画钩形压板装配图,并将零件图、装配图整理出一套完整的符合国标的图样。零件图如图 9.54 所示,工作原理如图 9.55 所示。

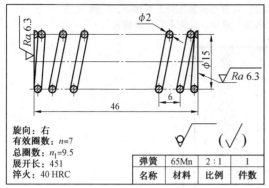

旋向:右
有效圈数:n=7
总圈数:n_1=9.5
展开长:451
淬火:40 HRC

弹簧	65Mn	2：1	1
名称	材料	比例	件数

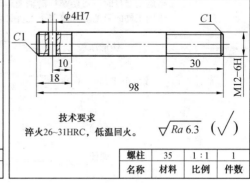

技术要求
淬火26~31HRC,低温回火。

螺柱	35	1：1	1
名称	材料	比例	件数

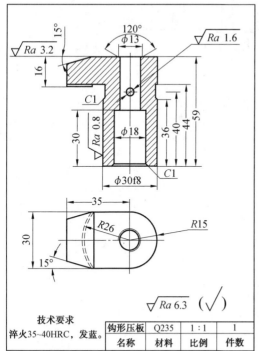

技术要求
淬火35~40HRC,发蓝。

钩形压板	Q235	1：1	1
名称	材料	比例	件数

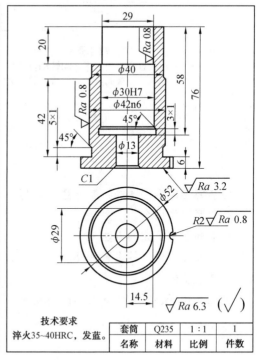

技术要求
淬火35~40HRC,发蓝。

套筒	Q235	1：1	1
名称	材料	比例	件数

图 9.54　钩形压板零件图

要求:

(1)描述出绘制过程,总结出绘制技巧。

(2)将图形放在 A3 的图幅中,标注出必要的尺寸和技术要求。

(3)标注出零件序号,填写明细栏和标题栏。

钩形压板工作原理

　　钩形压板是机床夹具中通用的夹紧装置。此装置固定在夹具体上,当旋动螺母时,可使螺柱沿轴向运动,并带动钩形压板上下移动,达到压紧工件的目的。如要取下工件,可旋松螺母,使钩形压板旋转90°。

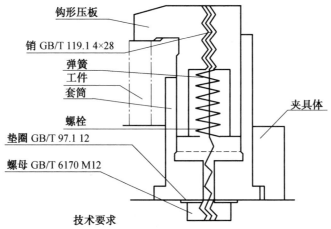

钩形压板

销 GB/T 119.1 4×28

弹簧

工件

套筒

螺栓

垫圈 GB/T 97.1 12

螺母 GB/T 6170 M12

夹具体

技术要求

1.压板在套筒内上下运动转动自如。

2.此钩形压板夹紧工件的最大厚度为30 mm。

图 9.55　钩形压板装配示意图

练习二

目的:

1.掌握绘制零件图的绘制方法和技巧。

2.掌握镜像命令。

3.掌握图案填充的方法。

4.掌握文字样式的设置和注写。

5.掌握块的插入。

上机操作:绘制图 9.56 所示的齿轮零件图。

模数	m	2.5
齿数	z	20
压力角	α	20°
精度等级		877FJ

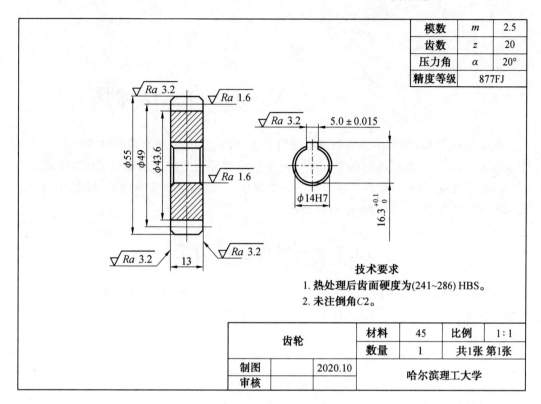

技术要求

1. 热处理后齿面硬度为(241~286) HBS。
2. 未注倒角C2。

齿轮		材料	45	比例	1:1
		数量	1	共1张 第1张	
制图		2020.10	哈尔滨理工大学		
审核					

图 9.56 齿轮零件图

第 10 章
//AutoCAD 三维建模

虽然 AutoCAD 中二维建模和三维建模是统一的,但由于三维建模时需要多考虑一个坐标参数,因此三维模型的创建和观察比二维模型复杂一些。为此 AutoCAD 提供了专门的视点变换工具,以便在三维模型空间中观察模型,还提供了专门的坐标变换工具,以便在三维模型空间中创建和修改模型。

10.1   三维模型的分类

AutoCAD 支持三种类型的基本模型——线框模型、表面模型、实体模型。现实生活中的工程项目或产品在 AutoCAD 中都可以简化为这三类基本模型。

10.1.1   线框模型

线框模型完全由三维空间中的直线或曲线构成。这些线段或曲线没有粗细,而且由这些直线或曲线首尾相连形成的封闭图形也不能形成表面积,所以线框模型既没有体积,也没有表面积,就像用细铁丝围成的鸟笼一样。线框模型示例如图 10.1 所示。

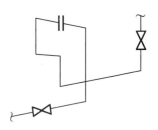

图 10.1   线框模型示例

实际工程中,通常将那些截面积与其长度相比可忽略不计的实体对象简化为线框模型。例如,在反映管线构筑物中的走向布置图中,常常将管线简化为线框模型。

10.1.2   表面模型

表面模型由三维平面或三维曲面构成。表面模型具有边界,但是其本身没有厚度,因此表面模型虽有面积,但却不能形成体积,就像一个没有壁厚的、中空的盒子一样。表面模型示例如图 10.2 所示。表面模型可以通过线框模型拉伸生成。

图 10.2   表面模型示例

在实际工程中,通常将那些厚度与其表面积相比可以忽略不计的实体对象简化为表面模型。例如,在体育馆、博物馆等大型建筑的三维效果图中,屋顶、墙面、格间等就可以被简化为表面模型。

10.1.3　实体模型

实体模型是最符合现实情况的模型表达方式。实体模型不仅具有线和面的特征,还具有实体特征(体积、重心和惯性矩等)。例如,实心的立方体、圆柱、四棱锥等都是实体模型。实体模型示例如图 10.3 所示。实体模型也是三维建模中使用最多的模型。实体模型由基本的表面模型经过拉伸、旋转等操作生成。

图 10.3　实体模型示例

注意:线框模型不能直接拉伸成实体模型,必须首先将封闭的线框转换成表面模型,再将表面模型拉伸成实体模型。可以将封闭的线框转化为闭合多段线。一旦封闭线框转化为闭合多段线,线框模型也就转化为表面模型了。

10.2　三维坐标系统

AutoCAD 使用的是笛卡儿坐标系,又称直角坐标系。AutoCAD 中存在两种直角坐标系——世界坐标系(WCS)和用户坐标系(UCS)。WCS 又称通用坐标系或绝对坐标系,是 AutoCAD 模型空间中唯一的、固定的坐标系,WCS 的原点和坐标轴方向不允许改变,对于二维图的绘制,WCS 足以满足要求。为了便于创建三维模型,AutoCAD 允许用户根据自己的需要设定坐标系,即 UCS,其原点和坐标轴方向可以按照用户的要求改变。合理地创建 UCS 可以使用户更加方便地创建三维模型。

10.2.1　坐标系设置

(1)UCS 显示设置。

【执行方式】

①功能区:"视图"→"视图工具"→"UCS 图标"

②菜单栏:"视图"→"显示"→"UCS 图标"

③命令行:UCSICON

打开"UCS 图标"对话框可以控制 UCS 图标是否显示,并设置 UCS 图标的显示外观。

通过观察工作区中显示的坐标系图标,可以知道当前模型空间中使用的坐标系类型。当模型空间处在 WCS 中时,坐标系图标的原点上有一个小方块,坐标系显示方式如图 10.4(a)和图 10.4(b)所示。当模型空间处在 UCS 中时,坐标系图标的原点上没有小方块,坐标系显示方式如图 10.4(c)、(d)、(e)所示。

UCS 图标可以用两种不同的外观显示。如图 10.4(c)是二维显示方式,而图 10.4(d)、(e)是 UCS 图标的三维显示方式。

(2)命名 UCS。

【执行方式】

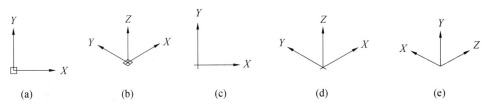

图 10.4　坐标系显示方式

①功能区:"常用"→"坐标"→"命名 UCS"

②菜单栏:"工具"→"命名 UCS"

③命令行:UCSMAN

"命名 UCS"选项卡用于显示已有的 UCS、设置当前坐标系,"UCS"对话框如图 10.5 所示。

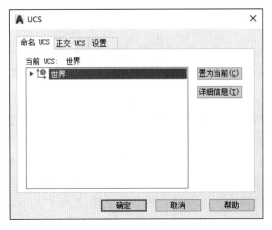

图 10.5　"UCS"对话框

在"命名 UCS"选项卡中,用户可以将世界坐标系、上一次使用的 UCS 或某一命名的 UCS 设置为当前坐标,其具体方法是:从列表框中选择某一坐标系,单击"置为当前"按钮即可。通过单击选项卡中"详细信息"按钮可以查看指定坐标系相对于某一坐标系的详细信息,图 10.6 所示为"UCS 详细信息"对话框,该对话框详细说明用户选择的坐标系的原点及 X、Y 和 Z 轴的方向。

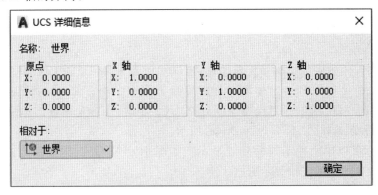

图 10.6　"UCS 详细信息"对话框

10.2.2　创建坐标系

在三维绘图过程中,有时根据操作的要求需要转换坐标系,这时就需要建立一个新的坐标系来取代原来的坐标系。进行 UCS 变换可以改变 UCS 原点的位置和三个坐标轴的方向。UCS 变换的方式非常多,我们可以利用 UCS 工具栏进行操作。UCS 工具栏如图10.7 所示。

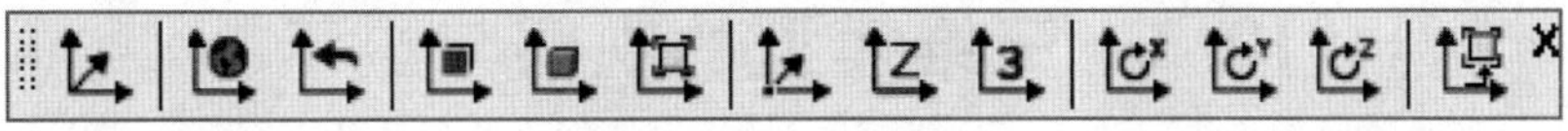

图 10.7　UCS 工具栏

【执行方式】

①功能区:"常用"→"坐标"→"UCS"

②菜单栏:"工具"→"新建 UCS"

③命令行:UCS

命令行提示:

命令:UCS

指定 UCS 的原点或 [面(F)/命名(NA)/对象(OB)/上一个(P)/视图(V)/世界(W)/X/Y/Z/Z 轴(ZA)]<世界>:

下面对 UCS 各选项按钮进行说明:

①UCS 按钮。单击该按钮执行 UCS 命令。

②世界 UCS 按钮。单击该按钮可以从当前的用户坐标系恢复到世界坐标系。

③上一个 UCS 按钮。进行了 UCS 变换后,单击此按钮可恢复到上一个 UCS 设置。

④面 UCS 按钮。单击该按钮可以让新 UCS 的某个坐标轴平面与一个选定的图形对象表面重合。命令执行过程中,要选择图形对象的一个面,在此面的边界内或边界上单击即可。

⑤对象 UCS 按钮。单击该按钮可以利用选定三维图形的拉伸方向定义新的UCS。新 UCS 的 Z 轴正方向将与选定图形对象的拉伸方向重合。

⑥视图 UCS 按钮。单击该按钮可以将模型空间中当前视区所在的平面作为 XY平面,从而定义新的 UCS。新 UCS 的 Z 轴方向与计算机屏幕垂直,而 XY 平面与计算机平面重合。

⑦原点 UCS 按钮。该按钮可以进行坐标系平移。即保持 X、Y、Z 三个坐标轴的方向不变,改变 UCS 坐标原点的设置。在命令执行过程中,需要用对象捕捉或坐标输入的方法确定新原点的位置。

⑧Z 轴矢量 UCS 按钮。单击该按钮可以通过确定 Z 轴正方向来定义新的 UCS。在 UCS 转换时,要求输入新 UCS 的原点坐标和 Z 轴正方向上一点的坐标。

⑨三点 UCS 按钮。单击该按钮可以通过确定新 UCS 的原点、X 轴上的一点来定

义新的 UCS。新 UCS 的 Z 轴方向可由右手螺旋定则确定。

⑩ $X(Y、Z)$ 轴旋转 UCS 按钮 。单击该按钮可以保持 UCS 原点位置和其中一个坐标轴的方向不变,其余两个坐标轴绕着不变的坐标轴旋转指定的角度。

⑪应用 UCS 按钮。当其他视口保存有不同的 UCS 时,单击该按钮可以将当前 UCS 设置应用到指定的视口或所有活动视口。

10.3 三维模型的观察与显示

为了从不同的角度观察三维模型,AutoCAD 提供了视点变换工具,视图工具栏如图 10.8 所示,可以在空间坐标系不变的情况下,从不同的角度观察模型。

图 10.8 视图工具栏

10.3.1 基本视点

在三维空间中绘图时,经常要显示几个不同的视图,以便可以轻易地验证图形的三维效果。最常用的视点是等轴测视图,使用它可以减少视觉上重叠的对象的数目。通过选定的视点可以创建新的对象、编辑现有对象、生成隐藏线或着色视图。AutoCAD 提供了上方、下方、右方、左方、前方、后方 6 个基本视点,不同视点观察图形如图 10.9 所示。

快速设置视图的方法是选择预定义的三维视图。可以根据名称或说明选择预定义的标准正交视图和等轴测视图。这些视图代表常用的选项有俯视、仰视、主视、左视、右视、后视。此外,还可以从等轴测选项设置视图:SW(西南)等轴测、SE(东南)等轴测、NE(东北)等轴测和 NW(西北)等轴测。从这 6 个基本视点来观察图形非常方便,因为这 6 个基本视点的方向都与 X、Y、Z 三坐标轴之一平行,而与坐标轴平面正交,从这 6 个基本视点观察到的图形实际上是三维模型投影在 XY 平面、XZ 平面或 YZ 平面上的二维模型。这样,就将三维模型转化为了二维模型。从这个视点对模型进行绘制或修改就如同绘制二维图形一样,这符合前面讲到的三维建模的基本思想。

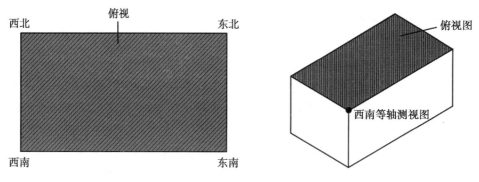

图 10.9 不同视点观察图形

10.3.2　视点设置

对三维造型而言,不同的角度和视点观察的效果完全不同。为了以合适的角度观察物体,需要设置观察的视点,AutoCAD 为用户提供了利用对话框设置视点的方法。

【执行方式】

①菜单栏:"视图"→"三维视图"→"视点预设"

②命令行:DDVPOINT

执行 DDVPOINT 命令或选择相应的菜单,AutoCAD 弹出"视点预设"对话框,如图 10.10 所示。

在"视点预设"对话框中,左侧的图形用于确定视点和原点的连线在 XY 平面投影与 X 轴正方向的夹角;右侧的图形用于确定视点和原点的连线与其在 XY 平面投影的夹角。用户也可以在"自:X 轴"和"自:XY 平面"两个文本框中输入相应的角度。"设置为平面视图"按钮用于将三维视图设置为平面视图。用户设置好视点的角度后,单击"确定"按钮,AutoCAD 2020 按该点显示图形。

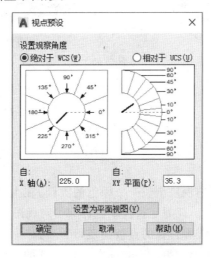

图 10.10　"视点预设"对话框

10.3.3　动态观察

AutoCAD 2020 提供具有交互控制功能的三维动态观测器,用户利用三维动态观测器可以实时地控制和改变当前视口中创建的三维视图,以得到期望的效果。动态观察分为 3 类,分别是动态观察、自由动态观察和连续动态观察。三种动态观察图标如图 10.11 所示。

(1)动态观察。

图 10.11　三种动态观察图标

【执行方式】

①功能区:"视图"→"导航"→"动态观察"

②菜单栏:"视图"→"动态观察"→"受约束的动态观察"

③命令行:3DORBIT

执行上述操作后,视图的目标保持静止,而视点围绕目标移动。但是,从用户的视点来看就像三维模型正在随着光标的移动而旋转,用户可以用这种方式指定模型的任意视图。

系统显示三维动态观察光标图标。如果水平拖动鼠标,相机将平行于世界坐标系(WCS)的 XY 平面移动;如果垂直拖动鼠标,相机将沿 Z 轴移动,受约束的三维动态观察如图 10.12 所示。

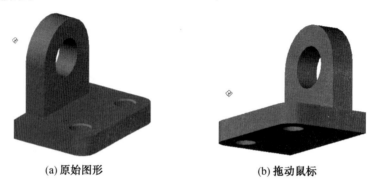

(a) 原始图形   (b) 拖动鼠标

图 10.12   受约束的三维动态观察

(2)自由动态观察。

【执行方式】

①功能区:"视图"→"导航"→"自由动态观察"

②菜单栏:"视图"→"动态观察"→"自由动态观察"

③命令行:3DFORBIT

执行上述操作后,在当前视口出现一个绿色的大圆,在大圆上有 4 个绿色的小圆,自由动态观察如图 10.13 所示。此时通过拖动鼠标即可对视图进行旋转观察。

在三维动态观测器中,查看目标的点被固定,用户可以利用鼠标控制相机的位置,绕观察对象运动得到动态的观测效果。当光标在绿色大圆的不同位置进行拖动时,光标呈现不同的表现形式,视图的旋转方向也不同。视图的旋转由光标的表现形式和其位置决定,光标在不同位置有 ⬦、☉、⬦、⊕ 等几种表现形式,可分别对对象进行不同形式的旋转。

(3)连续动态观察。

【执行方式】

①功能区:"视图"→"导航"→"连续动态观察"

②菜单栏:"视图"→"动态观察"→"连续动态观察"

③命令行:3DCORBIT

执行上述操作后,绘图区出现动态观察图标,按住鼠标拖动,图形按鼠标拖动方向匀速持续旋转,旋转速度为鼠标拖动速度,再次单击鼠标停止旋转,连续动态观察如图10.14所示。

图 10.13   自由动态观察   图 10.14   连续动态观察

10.3.4   视图控制器

【执行方式】

命令行：NAVVCUBE

上述命令控制视图控制器的打开与关闭，打开该功能时，绘图区的右上角自动显示视图控制器，如图 10.15 所示。

单击控制器的显示面或指示箭头，界面图形自动转换到相应的方向视图。图 10.16(a)显示了单击控制器"上"面后，系统转换到上视图的情形，图 10.16(b)为单击控制器上的顺时针旋转按钮，系统顺时针旋转视图，逆时针旋转同理，图 10.16(c)为单击控制器上的主页按钮，系统返回西南等轴测视图。

图 10.15   显示视图控制器

(a) 单击控制器"上"面后的视图   (b) 单击旋转按钮后的视图

(c) 单击主页按钮后的视图

图 10.16   视图控制器功能

10.3.5 消　隐

在模型空间中,所有的三维面和三维实体都是完全透明的,因此不能表现前、后物体之间相互遮盖和隐藏的关系。这种形式的优点是不需要改变视点而直接选择任何图形对象,并对其进行操作;缺点是模型的立体感不强。

为此,AutoCAD提供了消隐命令。通过该命令可以消除选定的图形对象上的隐藏线,增强图形的立体感,消隐前后效果如图10.17所示。但是,消隐命令生成的消隐视图仅是1个临时视图。在消隐状态下图形对象不能编辑,也不能保存和输出。

【执行方式】

①功能区:"可视化"→"视觉样式"→"隐藏"

②菜单栏:"视图"→"消隐"

③命令行:HIDE

取消消隐命令在命令行输入REGEN。

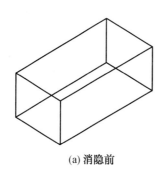 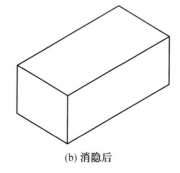

(a) 消隐前　　　　　　　　(b) 消隐后

图10.17　消隐前后效果

10.3.6 视觉样式管理器

【执行方式】

①功能区:"可视化"→"视觉样式"→"视觉样式管理器"

②菜单栏:"视图"→"视觉样式"→"视觉样式管理器"

③命令行:VISUALSTYLES

执行此命令后,系统打开视觉样式管理器,可以对视觉样式的各个参数进行设置,视觉样式管理器如图10.18所示。图10.19所示为进行设置的灰度图显示结果。

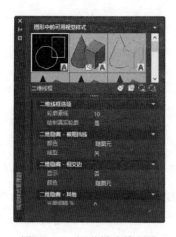
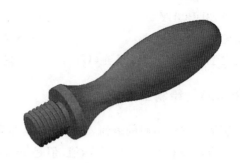

图 10.18   视觉样式管理器   图 10.19   灰度图显示结果

10.4   基本三维图形的绘制

在三维图形中,有一些基本的图形元素,它们组成三维图形的最基本要素。下面依次进行讲解。

10.4.1   绘制三维点

点是图形中最简单的单元。前面已经学习了二维点的绘制方法,三维点的绘制方法与二维点类似。

【执行方式】

①功能区:"常用"→"绘图"→"多点"

②菜单栏:"绘图"→"点"

③命令行:POINT

命令行提示:

命令:POINT

指定点:(指定点的位置或输入点的坐标即可)

二维绘图过程中使用的点、直线、构造线和样条曲线的命令都可以绘制三维点和三维线。唯一的区别是,在确定点的坐标时要考虑 Z 坐标。

10.4.2   绘制三维多段线

三维多段线与二维多段线类似,也是具有宽度的线段和圆弧组成的,只是这些段线和圆弧是空间的。AutoCAD 提供了一个专门的 3DPOLY 命令,用于绘制连续的三维多段线。3DPOLY 命令的使用方法和 PLINE 命令基本相似,用对象捕捉或输入坐标的方法分别确定各段三维多段线节点的 X、Y、Z 坐标即可。

【执行方式】

①功能区:"常用"→"绘图"→"三位多段线"

②菜单栏:"绘图"→"三维多段线"

③命令行:3DPOLY

命令行提示:

命令:3DPOLY

指定多段线的起点: 　　　　　　（指定某一点或输入坐标点）

指定直线的端点或［放弃(U)］: 　　（指定端点坐标,按 Enter 键结束）

10.4.3　绘制三维面

三维面是三维空间的表面,它没有厚度和质量属性。由三维面命令创建的每个表面的各个顶点可以有不同的 Z 坐标值,但是,构成各个面的顶点数不能超过 4 个。如果构成面的 4 个顶点共面,消隐命令则认为该面是透明的,可以消隐。反之,消隐命令无法实现对其操作。

【执行方式】

①菜单栏:"绘图"→"建模"→"网格"→"三维面"

②命令行:3DFACE

命令行提示:

命令:3DFACE

指定第一点或［不可见(I)］: 　　　　　　　（指定第一点或输入坐标点）

指定第二点或［不可见(I)］: 　　　　　　　（指定第二点或输入坐标点）

指定第三点或［不可见(I)］＜退出＞: 　　　（指定第三点或输入坐标点）

指定第四点或［不可见(I)］＜创建三侧面＞:（指定第四点或输入坐标点）

……

按＜Enter＞键结束。

【例 10.1】创建图 10.20 所示的三维面线框图形。

绘制图形前,先将视图切换到东南等轴测图,应用三维面命令绘制图形,消隐后即可得到图 10.21 的效果。

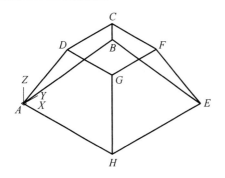

图 10.20　三维面线框图形

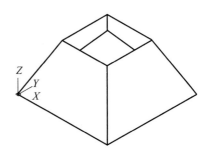

图 10.21　消隐后的效果

命令:3DFACE

指定第一点或［不可见(I)］: 　　　　　　　（输入 A 点坐标(0,0,0)）

指定第二点或［不可见(I)］：　　　　　　　（输入 D 点坐标(20,20,40)）

指定第三点或［不可见(I)］＜退出＞：　　　（输入 C 点坐标(20,60,40)）

指定第四点或［不可见(I)］＜创建三侧面＞：（输入 B 点坐标(0,80,0)）

指定第三点或［不可见(I)］＜退出＞：　　　（输入 E 点坐标(80,80,0)）

指定第四点或［不可见(I)］＜创建三侧面＞：（输入 F 点坐标(60,60,40)）

指定第三点或［不可见(I)］＜退出＞：　　　（输入 G 点坐标(60,20,40)）

指定第四点或［不可见(I)］＜创建三侧面＞：（输入 H 点坐标(80,0,0)）

指定第三点或［不可见(I)］＜退出＞：　　　（输入 A 点坐标(0,0,0)）

指定第四点或［不可见(I)］＜创建三侧面＞：（输入 B 点坐标(20,20,40)）

指定第三点或［不可见(I)］＜退出＞：　　　（按 Enter 键结束三维面命令）

应用三维面命令只能生成 3 条或 4 条边的三维面，要生成多边的曲面，应使用 PFACE 命令。

10.4.4　绘制三维网格

使用三维网格命令 3DMESH 可以在 M 和 N 方向（类似于 XY 平面的 X 轴和 Y 轴）上创建开放的多边形网格。可以根据指定的 M 行 N 列个顶点和每一顶点的位置生成三维空间多边形网格。M 和 N 的最小值为 2，表明定义多边形网格至少要 4 个点，其最大值为 256。

【执行方式】

命令行：3DMESH

命令行提示：

命令：3DMESH

输入 M 方向上的网格数量：　　　　　（输入 2～256 任意值）

输入 N 方向上的网格数量：　　　　　（输入 2～256 任意值）

为顶点(0,0)指定位置：　　　　　　　（输入第一行第一列的顶点坐标）

为顶点(0,1)指定位置：　　　　　　　（输入第一行第二列的顶点坐标）

为顶点(0,2)指定位置：　　　　　　　（输入第一行第三列的顶点坐标）

……

为顶点(0,n−1)指定位置：　　　　　　（输入第一行第 n 列的顶点坐标）

为顶点(1,0)指定位置：　　　　　　　（输入第二行第一列的顶点坐标）

为顶点(1,1)指定位置：　　　　　　　（输入第二行第二列的顶点坐标）

……

为顶点(1,n−1)指定位置：　　　　　　（输入第二行第 n 列的顶点坐标）

……

为顶点(m−1,n−1)指定位置：　　　　（输入第 m 行第 n 列的顶点坐标）

【例 10.2】绘制图 10.22 所示的 4×4 网格。

命令：3DMESH

输入 M 方向上的网格数量：4

输入 N 方向上的网格数量:4

为顶点(0,0)指定位置:输入第一行第一列的顶点坐标(0,0.5,0.2)

为顶点(0,1)指定位置:输入第一行第二列的顶点坐标(1,0,0.1)

为顶点(0,2)指定位置:输入第一行第三列的顶点坐标(2,0,0)

为顶点(0,3)指定位置:输入第一行第四列的顶点坐标(3,0,0.2)

为顶点(1,0)指定位置:输入第二行第一列的顶点坐标(0,1,0)

为顶点(1,1)指定位置:输入第二行第二列的顶点坐标(1,1,0.3)

为顶点(1,2)指定位置:输入第二行第三列的顶点坐标(2,1,0.2)

为顶点(1,3)指定位置:输入第二行第四列的顶点坐标(3,1,0)

为顶点(2,0)指定位置:输入第三行第一列的顶点坐标(0,2,0.2)

为顶点(2,1)指定位置:输入第三行第二列的顶点坐标(1,2,0)

为顶点(2,2)指定位置:输入第三行第三列的顶点坐标(2,2,0.3)

为顶点(2,3)指定位置:输入第三行第四列的顶点坐标(3,2,0)

为顶点(3,0)指定位置:输入第四行第一列的顶点坐标(0,3,0)

为顶点(3,1)指定位置:输入第四行第二列的顶点坐标(1,3,0.2)

为顶点(3,2)指定位置:输入第四行第三列的顶点坐标(2,3,0)

为顶点(3,3)指定位置:输入第四行第四列的顶点坐标(3,3,0.2)

设置 M 方向上的网格数量为4,N 方向上的网格数量为4,然后依次指定16个顶点的位置。选择"修改"→"对象"→"多段线"命令,则可以编辑绘制的网格。例如,使用该命令的"平滑曲面(S)"选项可以平滑曲面,三维网格平滑后的效果如图10.23所示。

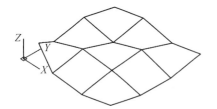
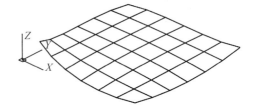

图 10.22　绘制网格　　　　图 10.23　三维网格平滑后的效果

10.4.5　绘制直纹网格

【执行方式】

①功能区:"网格"→"图元"→"直纹曲面"

②菜单栏:"绘图"→"建模"→"网格"→"直纹网格"

③命令行:RULESURF

三维空间存在两条曲线,使用直纹网格命令可以以这两条曲线为边界,创建成直纹网格。用来创建直纹曲面的曲线可以是直线段、点、圆弧、圆、样条曲线、二维多段线及三维多段线等对象,直纹网格样例如图10.24所示。

如果一条曲线边界是封闭的,另一条曲线也必须是封闭的或为一个点。

如果曲线是非闭合的,直纹网格总是从曲线上离拾取点近的一端画出。

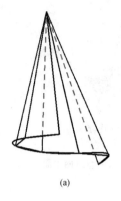 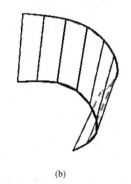 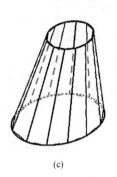

(a)　　　　　　　　　(b)　　　　　　　　　(c)

图 10.24　直纹网格样例

如果曲线是闭合的,当曲线为圆时,直纹网格从圆的零度角位置开始画起;当曲线是闭合的多段线时,直纹网格则从该多段线的最后一个顶点开始画起。

直纹网格的线框密度由系统变量 SURFTAB1、SURFTAB2 确定。

命令行提示:

命令:RULESURF

设置当前线框密度:

命令:SURFTAB1:12

选择第一条定义曲线:(指定第一条线)

选择第二条定义曲线:(指定第二条线)

下面介绍如何生成一个简单的直纹曲面。首先选择菜单栏中的"视图"→"三维视图"→"西南等轴测"命令,将视图转换为西南等轴测视图,然后绘制如图 10.25(a)所示的两条直线作为草图,执行 RULESURF 命令,分别选择绘制的两条直线作为第一条和第二条定义线,最后生成的直纹网格面如图 10.25(b)所示。

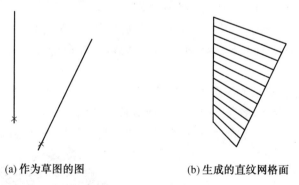

(a) 作为草图的图　　　　　　　(b) 生成的直纹网格面

图 10.25　绘制直纹网格

通过图 10.25(a)、图 10.26(a)的两个直线绘制直纹网格,拾取点的位置不同,其效果也不同,如图 10.25(b)、图 10.26(b)所示。

(a) 拾取对角位置点   (b) 生成的直纹网格面

图 10.26 绘制直纹网格

10.4.6 绘制边界网格

【执行方式】

①功能区:"网格"→"图元"→"边界曲面"

②菜单栏:"绘图"→"建模"→"网格"→"边界网格"

③命令行:EDGESURF

命令行提示:

命令:EDGESURF

设置当前线框密度:

命令:SURFTAB1:20　SURFTAB2:20

选择作用曲面边界的对象 1:(选择第一条边界线)

选择作用曲面边界的对象 2:(选择第二条边界线)

选择作用曲面边界的对象 3:(选择第三条边界线)

选择作用曲面边界的对象 4:(选择第四条边界线)

系统变量 SURFTAB1 和 SURFTAB2 分别控制 M、N 方向的网格分段数。通过在命令行中输入 SURFTAB1 来改变 M 方向的默认值,在命令行中输入 SURFTAB2 来改变 N 方向的默认值。

下面介绍如何生成一个简单的边界曲面。首先选择菜单栏中的"视图"→"三维视图"→"西南等轴测"命令,将视图转换为西南等轴测视图,绘制 4 条首尾相连的边界,如图 10.27(a)所示。在绘制边界的过程中,为了方便绘制,可以首先绘制一个基本三维表面中

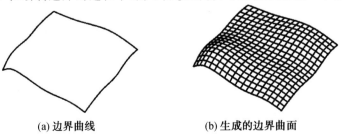

(a) 边界曲线   (b) 生成的边界曲面

图 10.27 绘制边界网格

的立方体作为辅助立体,在它上面绘制边界,然后再将其删除。执行 EDGESURF 命令,
分别选择绘制的 4 条边界,则得到图 10.27(b)所示的边界曲面。

10.4.7　绘制旋转网格

将一个二维的线框模型沿着某旋转轴旋转一定的角度,形成一个旋转网格。要创建
旋转网格,首先在 XY 二维平面上绘制一个用于旋转的二维线框模型,然后还需要创建一
条直线作为旋转轴。

【执行方式】
①功能区:"网格"→"图元"→"旋转曲面"
②菜单栏:"绘图"→"建模"→"网格"→"旋转网格"
③命令行:REVSURF
命令行提示:
命令:REVSURF
设置当前线框密度:
命令:SURFTAB1:15　　SURFTAB2:15
选择要旋转的对象:　　　　　　　　　　　　(选择已绘制好的直线、圆弧、圆或二
　　　　　　　　　　　　　　　　　　　　　　维、三维多段线)
选择定义旋转轴的对象:　　　　　　　　　　(选择已绘制好用作旋转轴的直线或
　　　　　　　　　　　　　　　　　　　　　　是开放的二维、三维多段线)
指定起点角度<0>:　　　　　　　　　　　　(输入值或直接按 Enter 键接受默认
　　　　　　　　　　　　　　　　　　　　　　值)
指定夹角(＋＝逆时针,－＝顺时针)<360>:(输入值或直接按 Enter 键接受默认
　　　　　　　　　　　　　　　　　　　　　　值)

启动旋转网格命令,将 XY 平面中的二维图形沿着旋转轴旋转一定的角度。旋转时
需要输入的参数有:选择用于旋转的二维线框模型、旋转矢量、旋转起始角度、旋转角度。
顺时针旋转时,旋转角度取负值;逆时针旋转时,旋转角度取正值。

图 10.28 为利用 REVSURF 命令绘制的酒杯。

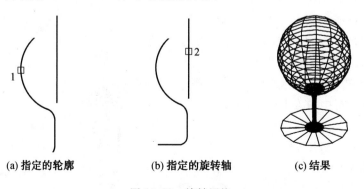

(a) 指定的轮廓　　　　　　(b) 指定的旋转轴　　　　　　(c) 结果

图 10.28　旋转网格

注意:旋转轴不能与旋转平面垂直。

10.5   绘制三维基本图元

三维基本图元与三维基本形体表面类似,有长方体表面、圆柱体表面、棱锥面、楔体表面、球面、圆锥面、圆环面等。

10.5.1   绘制网格长方体

【执行方式】

①功能区:"网格"→"图元"→"网格长方体"

②菜单栏:"绘图"→"建模"→"网格"→"图元"→"长方体"

③命令行:MESH

命令行提示:

命令:MESH

当前平滑度设置为:0

输入选项[长方体(B)/圆锥体(C)/圆柱体(CY)/棱锥体(P)/球体(S)/楔体(W)/圆环体(T)/设置(SE)]<长方体>:B

指定第一个角点或[中心(C)]:   (给出长方体角点)

指定其他角点或[立方体(C)/长度(L)]:(给出长方体其他角点)

指定长度:<正交 开>

指定宽度:

指定高度或[两点(2P)]:   (给出长方体的高度)

命令行中主要选项的功能如下:

①指定第一个角点。设置网格长方体的第一个角点。

②中心(C)。设置网格长方体的中心。

③立方体(C)。将长方体的所有边设置为长度相等。

④宽度。设置网格长方体沿 Y 轴的宽度。

⑤高度。设置网格长方体沿 Z 轴的高度。

⑥两点(2P)。基于两点之间的距离设置高度。

【例 10.3】绘制图 10.29 所示的三阶魔方。

(1) 单击"视图控件"选择"西南等轴测"方向为视图方向。

(2) 在命令行中输入 DIVMESHCYLAXIS,将圆柱网格的边数设置为 20,命令行提示:

命令:DIVMESHCYLAXIS

输入 DIVMESHCYLAXIS 的新值<8>:20

(3) 单击菜单栏中"绘图"→"建模"→"网格"→ "图元"→"长方体"或工具栏中"网格"→"图元"→网格长方体按钮▨。

（4）指定一个角点或中心：直接输入某一坐标如（100，100）或用鼠标单击任意位置选择某一点。

（5）指定其他角点或长度：输入长度 56，Tab 切换，输入宽度 56。

（6）指定高度：输入高度 56。

通过以上步骤可绘制长、宽、高均为 56 的网格长方体，结果如图 10.30 所示。

命令行提示：

命令：MESH

当前平滑度设置为：0

输入选项 ［长方体（B）/圆锥体（C）/圆柱体（CY）/棱锥体（P）/球体（S）/楔体（W）/圆环体（T）/设置（SE）］＜长方体＞：B

指定第一个角点或 ［中心（C）］：（输入角点坐标或单击任意位置处）

指定其他角点或 ［立方体（C）/长度（L）］：L

指定长度：＜正交 开＞：56

指定宽度：56

指定高度或 ［两点（2P）］：56

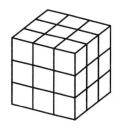
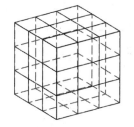

图 10.29　三阶魔方　　　　图 10.30　绘制网格长方体

10.5.2　绘制网格圆柱体

【执行方式】

①功能区："网格"→"图元"→"网格圆柱体"

②菜单栏："绘图"→"建模"→"网格"→"图元"→"圆柱体"

③命令行：MESH

命令行提示：

命令：MESH

当前平滑度设置为：0

输入选项 ［长方体（B）/圆锥体（C）/圆柱体（CY）/棱锥体（P）/球体（S）/楔体（W）/圆环体（T）/设置（SE）］＜圆柱体＞：CYLINDER

指定底面的中心点或 ［三点（3P）/两点（2P）/切点、切点、半径（T）/椭圆（E）］：

指定底面半径或 ［直径（D）］：

指定高度或 ［两点（2P）/轴端点（A）/顶面半径（T）］：

命令行中主要选项的功能如下：

①指定底面的中心点。设置网格圆柱体底面的中心点。

②三点(3P)。通过指定三点设置网格圆柱体的位置、大小和平面。

③两点(直径)。通过指定两点设置网格圆柱体底面的直径。

④两点(高度)。通过指定两点之间的距离定义网格圆柱体的高度。

⑤切点、切点、半径(T)。定义具有指定半径且半径与两个对象相切的网格圆柱体的底面。如果指定的条件可生成多种结果,则使用最近的切点。

⑥椭圆(E)。指定网格圆柱体的椭圆底面。

⑦指定底面半径。设置网格圆柱体底面的半径。

⑧直径(D)。设置圆柱体的底面直径。

⑨指定高度。设置网格圆柱体与底面所在平面垂直的轴的高度。

⑩轴端点(A)。设置圆柱体顶面的位置。轴端点的方向可以为三维空间中的任意位置。

10.5.3　绘制网格圆锥体

【执行方式】

①功能区:"网格"→"图元"→"网格圆锥体"

②菜单栏:"绘图"→"建模"→"网格"→"图元"→"圆锥体"

③命令行:MESH

命令行提示:

命令:MESH

当前平滑度设置为:0

输入选项[长方体(B)/圆锥体(C)/圆柱体(CY)/棱锥体(P)/球体(S)/楔体(W)/圆环体(T)/设置(SE)]<圆柱体>:CONE

指定底面的中心点或[三点(3P)/两点(2P)/切点、切点、半径(T)/椭圆(E)]:

指定底面半径或[直径(D)]:

指定高度或[两点(2P)/轴端点(A)/顶面半径(T)]:

命令行中主要选项的功能如下:

①指定底面的中心点。设置网格圆柱体底面的中心点。

②三点(3P)。通过指定三点设置网格圆柱体的位置、大小和平面。

③两点(直径)。通过指定两点设置网格圆柱体底面的直径。

④两点(高度)。通过指定两点之间的距离定义网格圆锥体的高度。

⑤切点、切点、半径(T)。定义具有指定半径且半径与两个对象相切的网格圆柱体的底面。如果指定的条件可生成多种结果,则使用最近的切点。

⑥椭圆(E)。指定网格圆柱体的椭圆底面。

⑦指定底面半径。设置网格圆锥体底面的半径。

⑧直径(D)。设置圆锥体的底面直径。

⑨指定高度。设置网格圆锥体与底面所在平面垂直的轴的高度。

⑩轴端点(A)。设置圆柱体顶面的位置。轴端点的方向可以为三维空间中的任意位置。

⑪顶面半径(T)。指定创建圆锥体平截面时圆锥体的顶面半径。

其他基本实体如网格棱锥面、网格球面、网格半球面、网格圆环面、网格楔体表面等的绘制方法与上述过程类似,此处不再赘述。

【例 10.4】利用三维网格绘制方法绘制图 10.31 所示的足球门。

图 10.31　足球门

(1)选择菜单栏中的"视图"→"三维视图"→"视点"命令进行视点设置。

命令行提示:

命令:VPOINT

当前视图方向:VIEWDIR=0.0000,0.0000,1.0000

指定视点或[旋转(R)]<显示指南针和三轴架>:1,0.5,-0.51

(2)选择绘图面板中的直线按钮,绘制坐标点为(150,0,0)、(@-150,0,0)、(@0,0,260)、(@0,300,0)、(@0,0,260)和(@150,0,0)的直线,重复直线命令,绘制坐标点为(0,0,260)、(@70,0,0)和坐标点为(0,300,260)、(@70,0,0)的直线,绘制直线如图10.32所示。

说明:"@"表示相对坐标,可以直接在输入坐标前输入"@",也可以单击状态栏上的动态输入开关按钮 后直接输入相对坐标。

(3)选择绘图面板中的圆弧按钮,绘制起点坐标为(150,0,0),第二点坐标为(200,150),端点坐标为(150,300)的圆弧,重复圆弧命令,绘制起点坐标为(70,0,260),第二点坐标为(50,150),端点坐标为(70,300)的圆弧,绘制圆弧如图 10.33 所示。

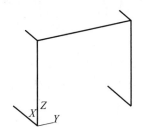

图 10.32　绘制直线

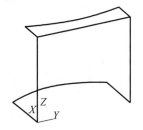

图 10.33　绘制圆弧

(4)调整当前坐标系,选择菜单栏中的"工具"→"新建 UCS"→"X"命令。

命令行提示:

命令:UCS

当前 UCS 名称:＊世界＊

输入选项[面(F)/命名(NA)/对象(OB)/上一个(P)/视图(V)/世界(W)/XYZZ 轴(ZA)]＜世界＞:X

指定绕 X 轴的旋转角度＜90＞:90(绕 X 轴旋转 90°,使 Y 轴与原 Z 轴重合)

(5) 单击绘图面板中的圆弧按钮,绘制起点坐标为(150,0,0),第二点坐标为(50,130),端点坐标为(70,260)的圆弧,重复圆弧命令,绘制起点坐标为(150,0,-300),第二点坐标为(50,130),端点坐标为(70,260)的圆弧,绘制弧线如图 10.34 所示。

(6) 绘制边界曲面设置网格数,在命令行中输入 SURFTAB1 和 SUPFTAB2。

命令行提示:

命令:SURFTAB1

输入 SURFTAB1 的新值＜6＞:8

命令: SURFTAB2

输入 SURFTAB2 的新值＜6＞:5

(7) 选择"绘图"→"建模"→"网格"→"边界网格"命令。

命令行提示:

命令:EDGESURF

当前线框密度:SURFTAB1＝8 SURFTAB2＝5

选择用作曲面边界的对象 1:(选择第一条边界线)

选择用作曲面边界的对象 2:(选择第二条边界线)

选择用作曲面边界的对象 3:(选择第三条边界线)

选择用作曲面边界的对象 4:(选择第四条边界线)

选择图形最左边 4 条边,绘制边界曲面如图 10.35 所示。

(8) 重复上述命令,填充效果如图 10.36 所示。

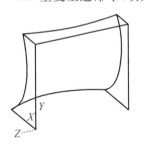  

图 10.34　绘制弧线　　　　图 10.35　绘制边界曲面　　　　图 10.36　填充效果

(9)选择菜单栏中的"绘图"→"建模"→"网格"→"图元"→"圆柱体"命令绘制门柱。

命令行提示:

命令:MESH

当前平滑度设置为:0

输入选项[长方体(B)/圆锥体(C)/圆柱体(CY)/棱锥体(P)/球体(S)/楔体(W)/圆环体(T)/设置(SE)]＜圆柱体＞:CYLINDER

指定底面的中心点或[三点(3P)/两点(2P)/切点、切点、半径(T)/椭圆(E)]:0,0,0

指定底面半径或［直径(D)］:5

指定高度或［两点(2P)/轴端点(A)］:A

指定轴端点:0,260,0

命令:MESH

当前平滑度设置为:0

输入选项［长方体(B)/圆锥体(C)/圆柱体(CY)/棱锥体(P)/球体(S)/楔体(W)/圆环体(T)/设置(SE)］<圆柱体>:CYLINDER

指定底面的中心点或［三点(3P)/两点(2P)/切点、切点、半径(T)/椭圆(E)］:0,0,
-300

指定底面半径或［直径(D)］:5

指定高度或［两点(2P)/轴端点(A)］:A

指定轴端点:@0,260,0

命令:MESH

当前平滑度设置为:0

输入选项［长方体(B)/圆锥体(C)/圆柱体(CY)/棱锥体(B)/球体(S)/楔体(W)/圆环体(T)/设置(SE)］<圆柱体>:CYLINDER

指定底面的中心点或［三点(3P)/两点(2P)/切点、切点、半径(T)/椭圆(E)］:0,260,
0

指定底面半径或［直径(D)］:5

指定高度或［两点(2P)/轴端点(A)］:A

指定轴端点:@0,0,-300

最终效果图如图 10.37 所示。

图 10.37　最终效果图

10.6　绘制三维曲面

　　AutoCAD 2020 提供了基准命令来创建和编辑曲面,下面主要介绍几种常用的绘制和编辑曲面的方法,以熟悉三维曲面的功能。

10.6.1　平面曲面

【执行方式】
①功能区:"曲面"→"创建"→"平面"
②菜单栏:"绘图"→"建模"→"曲面"→"平面"
③命令行:PLANESURF

命令行提示:

命令:PLANESURF

指定第一个角点或［对象(O)］＜对象＞:
　　　　　　　　　　(指定第一角点)

指定其他角点:　　(指定第二角点)

平面曲面的绘制十分简单,首先将视图转换为西南等
轴测视图,然后执行平面曲面命令,确定第一角点和第二
角点位置即可,图 10.38 所示为绘制出的平面曲面图。

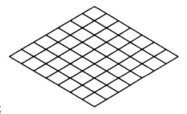

图 10.38　平面曲面图

10.6.2　偏移曲面

【执行方式】
①功能区:"曲面"→"创建"→"偏移"
②菜单栏:"绘图"→"建模"→"曲面"→"偏移"
③命令行:SURFOFFSET

命令行提示:

命令:SURFOFFSET

连接相邻边＝否

选择要偏移的曲面或面域:　　　　(选择要偏移的曲面)

指定偏移距离或［翻转方向(F)/两侧(B)/实体(S)/连接(C)/表达式(E)］＜0.0000＞:
　　　　　　　　　　(指定偏移距离)

命令行中主要选项的功能如下:
①指定偏移距离。指定偏移曲面和原始曲面之间的距离。
②翻转方向(F)。反转箭头显示的偏移方向。
③两侧(B)。沿两个方向偏移曲面。
④实体(S)。从偏移创建实体。
⑤连接(C)。如果原始曲面是连接的,则连接多个偏移曲面。

图 10.39 所示为利用 SURFOFFSET 命令创建偏移曲面的过程。

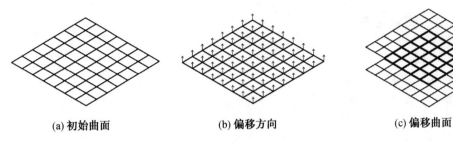

(a) 初始曲面　　　　　　　(b) 偏移方向　　　　　　　(c) 偏移曲面

图 10.39　绘制偏移曲面的过程

10.6.3　过渡曲面

【执行方式】

①功能区："曲面"→"创建"→"过渡"

②菜单栏："绘图"→"建模"→"曲面"→"过渡"

③命令行：SURFBLEND

命令行提示：

命令：SURFBLEND

连续性＝G1－相切,凸度幅值＝ 0.5

选择要过渡的第一个曲面的边或 ［链(CH)］:(选择图 10.40(a)所示第一个曲面上的
　　　　　　　　　　　　　　　　　　边 1、2,Enter 键进行下一步)

选择要过渡的第二个曲面的边或 ［链(CH)］:(选择图 10.40(b)所示第二个曲面上
　　　　　　　　　　　　　　　　　的边 3、4,Enter 键完成选择)

按＜Enter＞键接受过渡曲面或 ［连续性(CON)/凸度幅值(B)］:
　　　　　　　　　　　　　　　　　　　(按 Enter 键确认)

过渡曲面绘制的过程如图 10.40 所示。

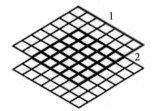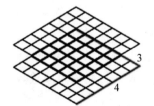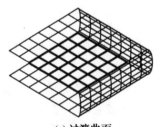

(a) 选择第一个曲面的边　　　　(b) 选择第二个曲面的边　　　　(c) 过渡曲面

图 10.40　过渡曲面绘制的过程

命令行中主要选项的功能如下：

①选择曲面边。选择边对象或者曲面或面域作为第一条和第二条边。

②链(CH)。选择连续的连接边。

③连续性(CON)。测量曲面彼此融合的平滑程度。有三个值可供选择,分别为 G0、
G1 和 G2。选择一个值或使用夹点来更改连续性。

④凸度幅值(B)。设定过渡曲面边与其原始曲面相交处该过渡曲面边的圆度。

10.6.4　圆角曲面

【执行方式】

①功能区:"曲面"→"编辑"→"圆角"

②菜单栏:"绘图"→"建模"→"曲面"→"圆角"

③命令行:SURFFILLET

命令行提示:

命令:SURFFILLET

半径＝0.0000,修剪曲面＝是

选择要圆角化的第一个曲面或面域或者[半径(R)/修剪曲面(T)]:R

指定半径:　　　　　　　　　　　　　　　　(指定半径值)

选择要圆角化的第一个曲面或面域或者[半径(R)/修剪曲面(T)]:

　　　　　　　　　　　　　　　　(选择图 10.41(a)中曲面 1)

选择要圆角化的第二个曲面或面域或者[半径(R)/修剪曲面(T)]:

　　　　　　　　　　　　　　　　(选择图 10.41(a)中曲面 2)

创建的圆角曲面如图 10.41(b)所示。

(a) 已有曲面　　　　　　　　　(b) 创建的圆角曲面

图 10.41　创建圆角曲面

命令行中主要选项的功能如下:

①第一个和第二个曲面或面域。指定第一个和第二曲面或面域。

②半径(R)。指定圆角半径。使用圆角夹点或输入值来更改半径。输入的值不能小于曲面之间的间隙。

③修剪曲面(T)。将原始曲面或面域修剪到圆角曲面的边。

10.6.5　曲面修补

创建修补曲面是指通过在已有的封闭曲面边上构成一个曲面的方式来创建一个新曲面,如图 10.42 所示,图 10.42(a)所示是已有曲面,图 10.42(b)所示是创建出的修补曲面。

【执行方式】

①功能区:"曲面"→"创建"→"修补"

(a) 已有曲面   (b) 修补曲面

图 10.42   创建修补曲面

②菜单栏:"绘图"→"建模"→"曲面"→"修补"

③命令行:SURFPATCH

命令行提示:

命令:SURFPATCH

选择要修补的曲面边或［链(CH)/曲线(CU)］<曲线>:(选择对应的曲面边或曲线)

选择要修补的曲面边或［链(CH)/曲线(CU)］<曲线>:（也可以继续选择曲面边或曲线)

按<Enter>键接受修补曲面或［连续性(CON)/凸度幅值(B)/约束几何图形(CONS)］:

命令行中主要选项的功能如下:

①连续性(CON)。设置修补曲面的连续性。

②凸度幅值(B)。设置修补曲面边与原始曲面相交时的圆滑程度。

③约束几何图形(CONS)。选择附加的约束曲线来构成修补曲面。

10.7   创建三维实体模型

实体模型是三维建模中最重要的一部分,是最符合真实情况的模型。实体模型不再像表面模型那样只有空壳,而是具有厚度,因此也具有体积的实体。AutoCAD 中也提供了直接创建基本形状的实体模型命令。对于非基本形状的实体模型,可以通过表面模型旋转、拉伸、扫掠等得到。

创建实体模型可以在功能区中选择"常用"选项卡,在建模面板中单击相应的按钮,或在快速访问工具栏中激活建模工具,或在菜单栏中选择绘图菜单,再选择建模命令,三维建模工具如图 10.43 所示。

(a) 功能区"常用"选项卡建模面板

图 10.43   三维建模工具

(b) 激活工具栏建模面板

(c) 菜单栏绘图建模面板

续图 10.43

10.7.1　创建基本实体

基本实体模型包括多段体、长方体、楔体、圆锥体、球体、圆柱体、圆环体和棱锥体。

AutoCAD 提供了直接创建这些基本实体的命令，这些命令集中在菜单栏"绘图"→"建模"下和三维建模空间的功能区选项板→"常用"选项卡→建模面板中选择。这些命令创建出的三维图形不是表面模型的空壳，而是具有了实体的特征。基本实体绘制比较简单，本书不再单独介绍，下面将通过几个例题了解实体创建过程。

【例 10.5】绘制图 10.44 所示二维多段线为轮廓的多段体，其中高度设置为 5，宽度设置为 0.5。

（1）绘制图 10.44 所示的多段线。

（2）命令行输入 POLYSOLID，或直接单击多段线按钮 ▱。

（3）指定起点或［对象（O）/高度（H）/宽度（W）/对正（J）］＜对象＞：$H=5$，Enter 键，$W=0.5$，Enter 键，指定起点位置。

（4）指定下一个点［圆弧（A）/放弃（U）]：指定下一个点位置，A，Enter 键。

（5）指定圆弧的端点或［闭合（C）/方向（D）/直线（L）/第二个点（S）/放弃（U）]：S。

（6）指定圆弧上的第二个点［圆弧（A）/放弃（U）]：指定第一段圆弧中的一点，Enter 键，指定第一段圆弧端点。

（7）指定下一个点［圆弧（A）/闭合（C）/放弃（U）]：指定圆弧的端点或［闭合（C）/方向（D）/直线（L）/第二个点（S）/放弃（U）]：S。

（8）指定圆弧上的第二个点［圆弧（A）/放弃（U）]：指定第二段圆弧中的一点，Enter

键,指定第二段圆弧端点。

(9) 指定下一个点［圆弧(A)/闭合(C)/放弃(U)］:指定圆弧的端点或［闭合(C)/方向(D)/直线(L)/第二个点(S)/放弃(U)］:L。

(10) 指定下一个点［圆弧(A)/闭合(C)/放弃(U)］:指定终点位置,Enter 键。

绘制的多段体如图 10.45 所示。

图 10.44　二维多段线　　　　　图 10.45　绘制的多段体

【例 10.6】绘制图 10.46 所示的凸形平块。

(1) 单击"常用"选项卡视图面板中的西南等轴测按钮,将当前视图切换到西南等轴测视图。

(2) 单击"常用"选项卡建模面板中的长方体按钮,绘制长方体 1 如图 10.47 所示。命令行提示:

命令:box

指定第一个角点或［中心(C)］:0,0,0

指定其他角点或［立方体(C)/长度(L)］:100,50,50

(注意观察坐标,与向右和向上方向为正值,相反则为负值)

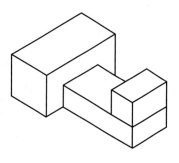

图 10.46　凸形平块

(3) 单击"三维工具"选项卡建模面板中的长方体按钮,绘制长方体 2 如图 10.48 所示。命令行提示:

命令:box

指定第一个角点或［中心(C)］:25,0,0

指定其他角点或［立方体(C)/长度(L)］:L

指定长度<100.0000>:<正交 开> 100(鼠标位置指定在 X 轴的右侧)

指定宽度<150.0000>:50　　　　　(鼠标位置指定在 Y 轴的右侧)

指定高度或［两点(2P)］<50.00>:25　(鼠标位置指定在 Z 轴的上侧)

(4) 单击"三维工具"选项卡建模面板中的长方体按钮,绘制长方体 3 如图 10.49 所示。命令行提示:

命令:box

指定第一个角点或［中心(C)］:　　　　(指定点 1)

指定其他角点或［立方体(C)/长度(L)］:L

指定长度<50.0000>:<正交 开>　　(指定点 2)

指定宽度<70.0000>:30

指定高度或［两点(2P)］<50.0000>:30

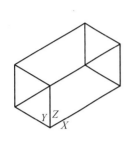 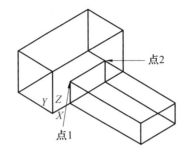 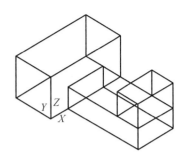

图 10.47   绘制长方体 1   图 10.48   绘制长方体 2   图 10.49   绘制长方体 3

(5)用消隐命令对图形进行处理,最终结果如图 10.46 所示。

螺旋体是一种特殊的三维实体,如果没有专门的命令,要绘制一个螺旋体还是很困难的,AutoCAD 2020 提供一个螺旋绘制功能来完成螺旋体的绘制。

【例 10.7】绘制图 10.50 所示的两种(顺时针/逆时针)螺旋体。

 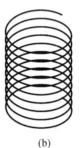

(a)   (b)

图 10.50   螺旋体

(1)单击"常用"选项卡视图面板中的西南等轴测按钮,将当前视图切换到西南等轴测视图。

(2)单击"常用"选项卡绘图面板中的螺旋按钮,绘制螺旋体。

命令行提示:

命令:HELIX

圈数=3.0000

扭曲=CCW

指定底面的中心点:0,0,0   (指定螺旋中心点)

指定底面半径或［直径(D)］<1.0000>:50   (输入底面半径或直径)

指定项面半径或［直径(D)］<30.0000>:35   (输入顶面半径或直径)

指定螺旋高度或［轴端点(A)/圈数(T)/圈高(H)/扭曲(W)］<1.0000>:T

                                               (指定圈数)

输入圈数<3.0000>:5

指定螺旋高度或［轴端点(A)/圈数(T)/圈高(H)/扭曲(W)］<1.0000>:H

                                              (指定圈间距)

指定圈间距<0.2500>:20

指定螺旋高度或［轴端点（A）/圈数（T）/圈高（H）/扭曲（W）］＜1.0000＞:W

（指定圈间距）

输入螺旋的扭曲方向［顺时针（CW）/逆时针（CCW）］＜CCW＞:

（默认逆时针方向,按 Enter 键结束）

命令:HELIX

圈数＝3.0000

扭曲＝CCW

指定底面的中心点:0,0,0　　　　　　　　（指定螺旋中心点）

指定底面半径或［直径（D）］＜1.0000＞:50　（输入底面半径或直径）

指定项面半径或［直径（D）］＜30.0000＞:50　（输入顶面半径或直径）

指定螺旋高度或［轴端点（A）/圈数（T）/圈高（H）/扭曲（W）］＜1.0000＞:T

（指定圈数）

输入圈数＜3.0000＞:10

指定螺旋高度或［轴端点（A）/圈数（T）/圈高（H）/扭曲（W）］＜1.0000＞:H

（指定圈间距）

指定圈间距＜0.2500＞:15

指定螺旋高度或［轴端点（A）/圈数（T）/圈高（H）/扭曲（W）］＜1.0000＞:W

（指定圈间距）

输入螺旋的扭曲方向［顺时针（CW）/逆时针（CCW）］＜CCW＞:CW

（指定顺时针方向,按 Enter 键结束）

螺旋体绘制结果图如图 10.51 所示。

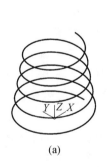

(a)　　　　　　　　　　　　　　　　(b)

图 10.51　螺旋体绘制结果图

命令行中主要选项的功能如下:

① 轴端点（A）。指定螺旋轴的端点位置。它定义螺旋的长度和方向。

② 圈数（T）。指定螺旋的圈（旋转）数。螺旋的圈数不能超过 500。

③ 圈高（H）。指定螺旋内一个完整圈的高度。指定圈高值时,螺旋中的圈数相应地自动更新。如果已指定螺旋的圈数,则不能输入圈高的值。

④ 扭曲（W）。指定是以顺时针（CW）方向,还是以逆时针方向（CCW）绘制螺旋。螺旋扭曲的默认值是逆时针。

10.7.2　创建实体拉伸

拉伸是指在平面图形的基础上沿一定路径生成三维实体的过程。使用拉伸命令可以通过拉伸选定的对象来创建实体。可以拉伸闭合的对象,例如多段线、多边形、矩形、圆、椭圆、闭合的样条曲线、圆环和面域。不能拉伸三维对象包括在块中的对象、有交叉或横断部分的多段线、非闭合多段线。可以沿路径或指定高度值和斜角拉伸对象。

使用拉伸命令可以从对象的公共轮廓创建实体,例如齿轮或链轮。如果对象包含圆角、倒角和其他不用轮廓很难重新制作的细部图,那么拉伸尤其有用。如果使用直线或圆弧创建轮廓,请使用 PEDIT 的合并选项将它们转换为单个多段线对象,或者在使拉伸命令之前将其转变为面域。

对于侧面成一定角度的零件来说,倾斜拉伸特别有用,例如铸造车间用来制造金属产品的铸模。避免使用太大的倾斜角度。如果角度过大,轮廓可能在达到所指定高度以前就倾斜为一个点。

实体拉伸的方法是创建三维实体最常用的一种方法,尤其对于创建厚度均匀的模型更为适用。拉伸实体时,首先在某一平面(如 XY 平面)内创建模型的底面(拉伸面)。然后,沿着指定方向(如 Z 方向)或者指定的拉伸路径将模型底面拉伸出一定的高度。

【执行方式】

①功能区:"常用"→"建模"→"拉伸"

②菜单栏:"绘图"→"建模"→"拉伸"

③命令行:EXTRUDE

命令行提示:

命令:EXTRUDE

当前线框密度:ISOLINES=8,闭合轮廓创建模式=实体

选择要拉伸的对象或 [模式(MO)]:(选择绘制好的二维对象)

选择要拉伸的对象或 [模式(MO)]:(可继续选择对象或按 Enter 键结束选择)

指定拉伸的高度或 [方向(D)/路径(P)/倾斜角(T)/表达式(E)]:

命令行中主要选项的功能如下:

①拉伸的高度。沿着指定方向拉伸对象,高度为正值时,沿着指定方向的正方向拉伸;高度为负值时,沿指定方向的负方向拉伸。通过设置拉伸角度可以控制拉伸方向和指定方向的夹角。拉伸倾斜角度在 90° 和 −90° 之间。如果指定的角度为 0°,AutoCAD 则把二维对象按指定高度拉伸成柱体,如果输入角度值,拉伸后实体截面沿拉伸方向按此角度变化,成为一个棱台或圆台体。如图 10.52 所示为按不同角度拉伸锥角的结果。

②方向(D)。通过指定两点确定拉伸的长度和方向。

③路径(P)。用现有的图形对象拉伸创建三维实体对象。图 10.53 所示为沿圆弧曲线路径拉伸圆的结果。

④倾斜角(T)。用于拉伸的倾斜角是指两个定点间的距离。

⑤表达式(E)。输入公式或方程式以指定拉伸高度。

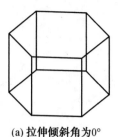
(a) 拉伸倾斜角为0°

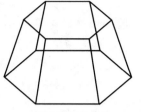
(b) 拉伸倾斜角为15°

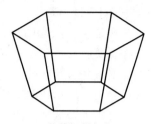
(c) 拉伸倾斜角为-15°

图 10.52   拉伸锥角的效果

(a) 拉伸前

(b) 拉伸后

图 10.53   沿圆弧曲线路径拉伸圆

注意：

(1)可以使用创建圆柱体的轴端点命令确定圆柱体的高度和方向。轴端点是圆柱体顶面的中心点，轴端点可以位于三维空间的任意位置。

(2)拉伸对象和拉伸路径必须是不在同一个平面上的两个对象，这里需要转换坐标平面，作图过程中如果发现无法拉伸的对象，很有可能就是因为拉伸对象与拉伸路径在同一个平面上。

10.7.3　创建旋转实体

旋转是指一个平面图形围绕某个轴转过一定角度形成实体的过程。使用旋转命令可以将一个闭合对象围绕当前 UCS 的 X 轴或 Y 轴旋转一定角度来创建实体。也可以围绕直线、多段线或两个指定的点旋转对象。与拉伸类似，如果对象包含圆角或其他使用普通轮廓很难制作的细部图，那么可以使用旋转命令。如果用与多段线相交的直线或圆弧创建轮廓，可用 PEDIT 的合并选项将它们转换为单个多段线对象，然后使用旋转命令。

可以对闭合对象(例如多段线、多边形、矩形、圆、椭圆和面域)使用旋转命令。不能对以下对象使用旋转命令：三维对象、包含在块中的对象、有交叉或横断部分的多段线、非闭合多段线，而且每次只能旋转一个对象。

【执行方式】

①功能区："常用"→"建模"→"旋转"

②菜单栏："绘图"→"建模"→"旋转"

③命令行：REVOLVE

命令行提示：

命令：REVOLVE

当前线框密度：ISOLINES＝4,闭合轮廓创建模式＝实体

选择要旋转的对象或［模式(MO)］:(选择绘制好的二维对象)

选择要旋转的对象或［模式(MO)］:(继续选择对象或按 Enter 键结束选择)

指定轴起点或根据以下选项之一定义轴［对象(O)/X/Y/Z］＜对象＞:

命令行中主要选项的功能如下：

①指定轴起点。通过两个点来定义旋转轴。AutoCAD 按指定的角度和旋转轴旋转二维对象。

②对象(O)。选择已经绘制好的直线或用多段线命令绘制的直线作为旋转轴线。

③X/Y。将二维对象绕当前坐标系(UCS)的 X(Y)轴旋转,图 10.54 所示图形为封闭多段线绕 Y 轴线旋转 280°后得到的实体。

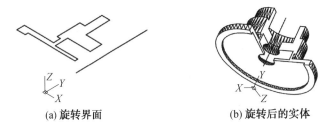

(a) 旋转界面   (b) 旋转后的实体

图 10.54 旋转体

10.7.4 创建扫掠实体

使用扫掠命令可以将开放或闭合的平面曲线(轮廓)沿开放或闭合的二维或三维路径扫掠来创建新的实体或网格面。如果要扫掠的对象是开放的图形,那么扫掠生成后得到的是网格面,否则生成的是三维实体。图 10.55 是以螺旋线为扫掠路径,以圆作为扫掠对象生成的扫掠实体。

扫掠命令用于沿指定路径以指定轮廓的形状(扫掠对象)绘制实体或曲面。可以同时扫掠多个对象,但是这些对象必须位于同一平面中。

【执行方式】

①功能区:"常用"→"建模"→"扫掠"

②菜单栏:"绘图"→"建模"→"扫掠"

③命令行:SWEEP

命令行提示：

命令：SWEEP

当前线框密度：ISOLINES＝4,闭合轮廓创建模式＝实体

选择要扫掠的对象或［模式(MO)］:

选择要扫掠的对象或［模式(MO)］:(选择对象,如图 10.55(a)中的圆)

选择要扫掠的对象或［模式(MO)］:

选择扫掠路径或［对齐(A)/基点(B)/比例(S)/扭曲(T)］:

(选择对象,如图 10.55(a)中螺旋线)

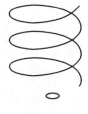 

(a) 对象和路径   (b) 扫掠结果

图 10.55   扫掠建模实例

命令行中主要选项的功能如下：

①模式（MO）。指定扫掠对象为实体还是曲面。

②对齐（A）。指定是否对齐轮廓以使其作为扫掠路径切向的法向。默认情况下，轮廓是对齐的。选择该项，命令行提示：

扫掠前对齐垂直于路径的扫掠对象 ［是（Y）/否（N）］＜是＞：

（输入 N 指定轮廓无须对齐；或按 Enter 键，指定轮廓将对齐）

注意：如果轮廓曲线不垂直于（法线指向）路径曲线起点的切向，则轮廓曲线将自动对齐。出现对齐提示时输入 N 以避免该情况的发生。

③基点（B）。指定要扫掠对象的基点。如果指定的点不在选定对象所在的平面上，则该点将被投影到该平面上。选择该项，命令行提示：

指定基点：（指定选择集的基点）

④比例（S）。指定比例因子以进行扫掠操作。从扫掠路径的开始到结束，比例因子将统一应用到扫掠的对象。选择该项，命令行提示：

输入比例因子或 ［参照（R）］＜1.0000＞：

（指定比例因子、输入 R，调用"参照（R）"选项，或按 Enter 键指定默认值）

⑤参照（R）。选项表示通过拾取点或输入值来根据参照的长度缩放选定的对象。

⑥扭曲（T）。设置正被扫掠的对象的扭曲角度。扭曲角度指定沿扫掠路径全部长度的旋转量。选择该项，命令行提示：

输入扭曲角度或允许非平面扫掠路径倾斜 ［倾斜（B）/表达式（EX）］＜n＞：

（指定小于 360°的角度值、输入 b 选择倾斜，或按 Enter 键指定默认角度值）

倾斜指定被扫掠的曲线是否沿三维扫掠路径（三维多段线、三维样条曲线或螺旋）自然倾斜（旋转）。图 10.56 所示为扭曲扫掠示意图。

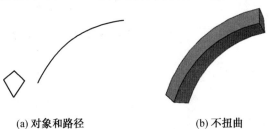

(a) 对象和路径   (b) 不扭曲   (c) 扭曲45°

图 10.56   扭曲扫掠示意图

10.7.5 创建放样实体

放样是指按指定的导向线生成实体的过程,使实体的某几个截面的形状正好是指定的平面图形形状。使用放样命令可以通过对包含两条或两条以上横截面曲线的一组曲线进行放样来创建三维实体。横截面曲线定义了实体的轮廓形状。横截面曲线可以是开放的,也可以是闭合的。但是,放样时使用的曲线必须全部开放或全部闭合。不能使用既包含开放曲线,又包含闭合曲线的选择集。放样时,必须至少指定两个横截面。如果对一组闭合的横截面曲线进行放样,则放样生成实体。

【执行方式】

①功能区:"常用"→"建模"→"放样"

②菜单栏:"绘图"→"建模"→"放样"

③命令行:LOFT

命令行提示:

命令:LOFT

当前线框密度:ISOLINES=4,闭合轮廓创建模式三实体

按放样次序选择横截面或[点(PO)/合并多条边(J)/模式(MO)]:找到1个

(依次选择图 10.57 中的 3 个截面)

按放样次序选择横截面或[点(PO)/合并多条边(J)/模式(MO)]:找到1个,总计2个

按放样次序选择横截面或[点(PO)/合并多条边(J)/模式(MO)]:找到1个,总计3个

按放样次序选择横截面或[点(PO)/合并多条边(J)/模式(MO)]:

选中 3 个横截面

输入选项[导向(G)/路径(P)/仅横截面(C)/设置(S)]<仅横截面>:

命令行中主要选项的功能如下:

①导向(G)。指定控制放样建模或曲面形状的导向曲线。

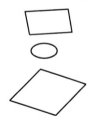

图 10.57 选择截面

导向曲线是直线或曲线,可通过将其他线框信息添加到对象来进一步定义建模或曲面的形状,导向放样如图 10.58 所示。选择该选项,命令行提示:

选择导向轮廓或[合并多条边(J)]:

(选择放样实体或曲面的导向曲线,然后按 Enter 键)

注意:

每条导向曲线必须满足以下条件才能正常工作。

a. 与每个横截面相交。

b. 从第一个横截面开始。

c. 到最后一个横截面结束。

可以为放样曲面或建模选择任意数量的导向曲线。

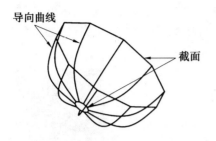

图 10.58   导向放样

②路径(P)。输入 P 指定放样建模或曲面的单一路径,路径曲线必须与横截面的所有平面相交。

③仅横截面(C)。选择该选项,系统弹出"放样设置"对话框,如图 10.59 所示。其中有 4 个单选按钮:图 10.60(a)为选中"直纹"单选按钮的放样结果示意图;图 10.60(b)为选中"平滑拟合"单选按钮的放样结果示意图;图 10.60(c)为选中"法线指向"单选按钮并选择"所有横截面"选项的放样结果示意图;图 10.60(d)为选中"拔模斜度"单选按钮并设置起点角度为 45°、起点幅值为 10、端点角度为 60°、端点幅值为 10 的放样结果示意图。

图 10.59   "放样设置"对话框

(a) 直纹   (b) 平滑拟合   (c) 法线指向   (d) 拔模斜度

图 10.60   放样结果示意图

10.8   编辑三维实体模型

就像在二维绘图中可以用修改命令对已经创建好的图形对象进行编辑和修改一样,已经创建的三维实体也可以编辑和修改,在此基础上创建出更复杂的三维实体模型。根据三维建模中将三维转化为二维的基本思路,可以借助 UCS 变换,使用已经学习过的二维图形的修改命令如平移、拷贝、镜像、旋转等,对三维实体进行修改。

除此之外,AutoCAD 还提供了一些专门针对三维实体修改的命令。使用这些命令修改三维实体,将大大提高建模的工作效率。这些命令集中在功能区的"实体"和"常用"选项卡中实体编辑面板,如图 10.61 所示,或修改菜单中"实体编辑"选项和"三维操作"选项,如图 10.62 所示。

(a) "常用"选项卡中实体编辑工具

(b) "常用"选项卡中修改工具

(c) "实体"选项卡中实体编辑工具

图 10.61 功能区实体编辑常用工具

图 10.62 菜单栏中实体编辑常用工具

10.8.1 对象编辑

1.倒角

三维造型中的倒角命令与二维绘图中倒角命令类似,但其执行方法略有不同。

【执行方式】

①功能区:"实体"→"实体编辑"→"倒角边"

②菜单栏:"修改"→"实体编辑"→"倒角边"

③命令行:CHAMFEREDGE

命令行提示:

命令:CHAMFEREDGE

距离 1=0.0000,距离 2=0.0000

选择一条边或 [环(L)/距离(D)]:

选择环边或 [边(E)/距离(D)]:(选择环边)

输入选项 [接受(A)/下一个(N)]<接受>:

选择环边或 [边(E)/距离(D)]:

按 Enter 键接受倒角或[距离(D)]:

命令行中主要选项的功能如下:

①选择一条边。选择建模的一条边,此选项为系统的默认选项。选择某一条边以后,该边就变成虚线。

②环(L)。如果选择"环(L)"选项,对一个面上的所有边建立倒角,命令行提示:

输入选项[接受(A)/下一个(N)]<接受>:

③距离(D)。如果选择"距离(D)"选项,则输入倒角距离。

图 10.63 为对长方体倒角的结果。

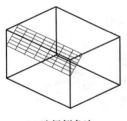
(a) 选择倒角边
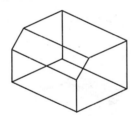
(b) 边倒角结果

(c) 环倒角结果

图 10.63 对长方体倒角

【例 10.8】将图 10.64(a)所示圆柱孔倒角,距离设为 2。

(1)命令:CHAMFEREDGE。

(2)选择同一面上的其他边或 [环(L)/距离(D)]:输入 D。

(3)指定距离 1 或 [表达式(E)]<1.0000>:输入 2。

(4)指定距离 2 或 [表达式(E)]<1.0000>:输入 2。

(5)选择同一面上的其他边或 [环(L)/距离(D)]:按 Enter 键。

(6)按 Enter 键接受倒角或[距离(D)]:按 Enter 键。

2. 圆角

三维造型中的圆角命令同样与二维绘图中倒角命令类似,但其执行方法也略有不同。

【执行方式】

①功能区:"实体"→"实体编辑"→"圆角边"

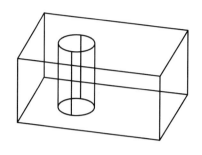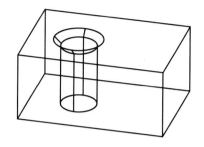

图 10.64　倒角实例

②菜单栏:"修改"→"实体编辑"→"圆角边"

③命令行:FILLETEDGE

命令行提示:

命令:FILLETEDGE

半径=1.0000

选择边或[链(C)/环(L)/半径(R)]:(选择建模上的一条边)

已选定一个边用于圆角。

按<Enter>键接受圆角或[半径(R)]:

链(C)。此选项表示选择一个边,其相邻边都将被选中,并进行倒圆角的操作。指定多条边相切。

图 10.65 为对模型棱边倒圆角的结果。

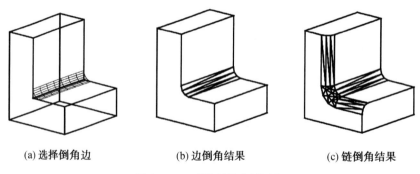

(a) 选择倒角边　　　　　(b) 边倒角结果　　　　　(c) 链倒角结果

图 10.65　对模型棱边倒圆角

【例 10.9】将图 10.66(a)所示零件的肩侧倒圆角 $r=3$,圆柱倒圆角 $r=1$。

(1)命令:FILLETEDGE。

(2)选择边或[链(C)/环(L)/半径(R)]:输入 R 指定半径。

(3)输入圆角半径或[表达式(E)]<1.0000>:输入半径 3,按 Enter 键确定。

(4)选择边或[链(C)/环(L)/半径(R)]:选择两条边,按 Enter 键确定。

(5)按<Enter>键接受圆角或[半径(R)]:按 Enter 键确定。

(6)命令:FILLETEDGE。

(7)选择边或[链(C)/环(L)/半径(R)]:输入 R 指定半径。

(8)输入圆角半径或[表达式(E)]<3.0000>:输入半径 1,按 Enter 键确定。

(9)选择边或［链(C)/环(L)/半径(R)］:选择圆柱底边边,按 Enter 键确定。

(10)按<Enter>键接受圆角或［半径(R)］:按 Enter 键确定。

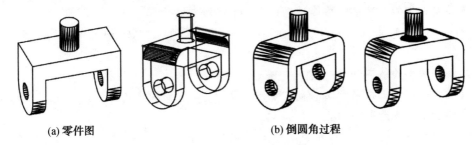

(a) 零件图　　　　　　　　　　(b) 倒圆角过程

图 10.66　倒圆角实例

3.加厚

【执行方式】

①功能区:"实体"→"实体编辑"→"加厚"

②菜单栏:"修改"→"三维操作"→"加厚"

③命令行:THICKEN

命令行提示:

命令:THICKEN

选择要加厚的曲面:　　　(选择图 10.67(a)所示的曲面,按 Enter 键确定,可以同时选择多个曲面)

指定厚度 <10.0000>:　　(输入指定厚度,按 Enter 键确定)

输入厚度数值 15,加厚的三维实体如图 10.67(b)所示。

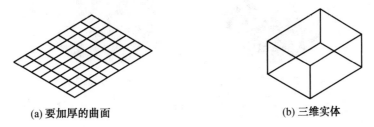

(a) 要加厚的曲面　　　　　　　　　(b) 三维实体

图 10.67　加厚命令操作

4.剖切

利用假想的平面对实体进行剖切是实体编辑的一种基本方法,剖切断面也是以用于了解三维造型内部结构的一种常用方法,不同于二维平面图中利用图案填充等命令人为地去绘制断面图,在三维造型设计中,系统可以根据已有的三维造型灵活地生成各种剖面图、断面图。

【执行方式】

①功能区:"实体"→"实体编辑"→"剖切"

②菜单栏:"修改"→"三维操作"→"剖切"

③命令行:SLICE

命令行提示:

命令:SLICE

选择要剖切的对象:(选择要剖切的实体)

选择要剖切的对象:(继续选择或按 Enter 键结束选择)

指定切面的起点或[平面对象(O)/曲面(S)/Z 轴(Z)/视图(V)/ XY(XY)/ YZ(YZ)/ZX(ZX)/三点(3)]<三点>:

指定平面上的第二个点:

在所需的侧面上指定点或[保留两个侧面(B)]<保留两个侧面>:

命令行中主要选项的功能如下:

①平面对象(O)。将所选对象所在平面作为剖切面。

②曲面(S)。将剪切平面与曲面对齐。

③Z 轴(Z)。通过平面指定一点与在平面的 Z 轴(法线)上指定另一点来定义剖切平面。

④视图(V)。以平行于当前视图的平面作为剖切面。

⑤XY(XY)/YZ(YZ)/ZX(ZX)。将剖切平面与当前用户坐标系(UCS)的 XY 平面/YZ 平面/ZX 平面对齐。

⑥三点(3)。根据空间的 3 个点确定的平面作为剖切面。确定剖切面后,系统会提示保留一侧或两侧。

图 10.68 所示为三维实体的剖切图。

(a) 剖切的三维实体　　　　(b) 剖切后的实体

图 10.68 剖切三维实体

5.抽壳

使用抽壳命令将一个三维实体对象的中心掏空,从而创建出具有一定厚度的壳体。在抽壳时,还可以删除三维实体的某些表面,以显示壳体的内部构造。

如果输入的抽壳厚度为正值,表示从三维实体表面处向实体内部抽壳;如果为负值,表示从实体中心向外抽壳。

【执行方式】

①功能区:"实体"→"实体编辑"→"抽壳"

②菜单栏:"修改"→"实体编辑"→"抽壳"

③命令行:SOLIDEDIT

命令行提示:

命令:SOLIDEDIT

实体编辑自动检查:SOLIDCHECK=1

输入实体编辑选项[面(F)/边(E)/体(B)/放弃(U)/退出(X)]<退出>:body

输入体编辑选项[压印(I)/分割实体(P)/抽壳(S)/清除(L)/检查(C)/放弃(U)/退出(X)]<退出>:shell

  选择三维实体: (选择三维实体)

  删除面或[放弃(U)/添加(A)/全部(ALL)]:(选择开口面)

  输入抽壳偏移距离: (指定壳体的厚度值)

注意:抽壳是用指定的厚度创建一个空的薄层,可以为所有面指定一个固定的薄层厚度,通过选择面可以将这些面排除在壳外。一个三维实体只能有一个壳,通过将现有面偏移出其原位置来创建新的面。

【例 10.10】如图 10.69(a)所示,将实体抽壳,创建出一个壁厚为 0.5 mm 的壳体,并且要求删除台体的上表面。

(1)命令:SOLIDEDIT。

(2)选择三维实体:选择三维实体。

(3)删除面或[放弃(U)/添加(A)/全部(ALL)]:(选择上表面开口面)。

(4)选择其他不抽壳的面或按 Enter 键。

(5)输入抽壳偏移距离:输入 0.5。

(6)按 Enter 键完成命令,如图 10.69(b)、(c)所示。

(a)被抽壳台体

(b)抽壳偏移值 0.5 mm

(c)抽壳后实体模型

图 10.69 抽壳实例

6.干涉

干涉检查常用于检查装配体立体图是否干涉,从而判断设计是否正确,在绘制三维实体装配图中有很大应用。干涉检查主要通过对比两组对象或一对一地检查所有实体来检查实体模型中的干涉(三维实体相交或重叠的区域)。同时,使用干涉命令还可以创建干涉实体。干涉实体是指用两个或两个以上的三维实体的公共部分创建的三维实体模型。

【执行方式】

①功能区:"实体"→"实体编辑"→"干涉"

②菜单栏:"修改"→"三维操作"→"干涉检查"

③命令行:INTERFERE

命令行提示:

命令:INTERFERE

选择第一组对象或［嵌套选择(N)/设置(S)］:

选择第二组对象或［嵌套选择(N)/检查第一组(K)］<检查>:

"干涉检查"对话框如图 10.70 所示。

命令行中主要选项的功能如下:

①嵌套选择(N)。选择该选项,用户可以选择嵌套在块和外部参照中的单个实体对象。

②设置(S)。选择该选项,系统打开"干涉设置"对话框,如图 10.71 所示,可以设置干涉的相关参数。

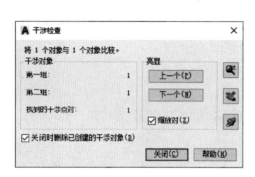

图 10.70　"干涉检查"对话框　　　　图 10.71　"干涉设置"对话框

在执行干涉命令的过程中,只需要选择两组参与干涉的实体对象,AutoCAD 就能检查这两组视图间相互干涉的情况,并生成由这两组实体的公共部分形成的干涉实体。

【例 10.11】创建图 10.72(a)中一个球体和一个立方体形成的干涉体。

(1)命令:INTERFERE。

(2)选择第一组对象或［嵌套选择(N)/设置(S)］:选择长方体,按 Enter 键确定。

(3)选择第二组对象或［嵌套选择(N)/检查第一组(K)］<检查>:选择球体,按 Enter键确定。

(4)取消勾选"关闭时删除已创建的干涉对象",关闭"干涉检查"对话框。

(5)将参与创建的三维实体移开,显示生成的干涉实体,结果如图 10.72(c)所示。

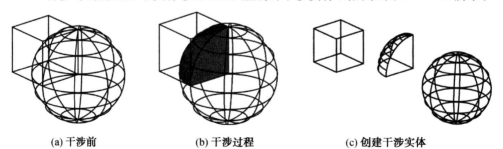

(a)干涉前　　　　(b)干涉过程　　　　(c)创建干涉实体

图 10.72　干涉实体实例

7. 清除

【执行方式】

①功能区:"实体"→"实体编辑"→"清除"

②菜单栏:"修改"→"实体编辑"→"清除"

③命令行:SOLIDEDIT

命令行提示:

命令:SOLIDEDIT

实体编辑自动检查:SOLIDCHECK＝1

输入实体编辑选项［面(F)/边(E)/体(B)/放弃(U)/退出(X)］＜退出＞:

输入体编辑选项［压印(I)/分割实体(P)/抽壳(S)/清除(L)/检查(C)/放弃(U)/退出(X)］＜退出＞:

选择三维实体:(选择要删除的对象)

8. 分割

【执行方式】

①功能区:"实体"→"实体编辑"→"分割"

②菜单栏:"修改"→"实体编辑"→"分割"

③命令行:SOLIDEDIT

命令行提示:

命令:SOLIDEDIT

实体编辑自动检查: SOLIDCHECK＝1

输入实体编辑选项［面(F) /边(E)/体(B) /放弃(U)/退出(X)］＜退出＞:

输入体编辑选项［压印(I)/分割实体(P)/抽壳(S)/清除(L)/检查(C)/放弃(U)/退出(X)］＜退出＞:

选择三维实体:(选择要分割的对象)

10.8.2 三维实体面编辑

一个实体造型绘制完成后,有时需要修改其中的错误或者在此基础上形成更复杂的造型,AutoCAD 实体编辑功能为用户提供了方便的手段。

1. 拉伸面

【执行方式】

①功能区:"常用"→"实体编辑"→"拉伸面"

②菜单栏:"修改"→"实体编辑"→"拉伸面"

③命令行:SOLIDEDIT

命令行提示:

命令:SOLIDEDIT

实体编辑自动检查:SOLIDCHECK＝1

输入实体编辑选项［面(F)/边(E)/体(B)/放弃(U)/退出(X)］＜退出＞:

输入面编辑选项［拉伸(E)/移动(M)/旋转(R)/偏移(O)/倾斜(T)/删除(D)/复制

(C) /颜色(L)/材质(A)/放弃(U)/退出(X)]＜退出＞:

　　选择面或［放弃(U)/删除(R)］:选择要进行拉伸的面

　　选择面或［放弃(U)/删除(R)/全部(ALL)］:

　　指定拉伸高度或［路径(P)］:

　　命令行中主要选项的功能如下:

　　①指定拉伸高度。按指定的高度值来拉伸面。指定拉伸的倾斜角度后,完成拉伸操作。

　　②路径(P)。沿指定的路径曲线拉伸面。如图 10.73 所示为拉伸长方体顶面和侧面的结果。

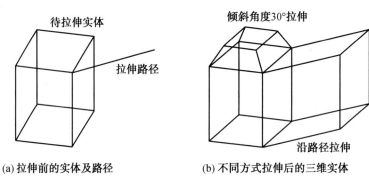

(a) 拉伸前的实体及路径　　　　(b) 不同方式拉伸后的三维实体

图 10.73　拉伸实体

2.移动面

【执行方式】

①功能区:"常用"→"实体编辑"→"移动面"

②菜单栏:"修改"→"实体编辑"→"移动面"

③命令行:SOLIDEDIT

命令行提示:

命令:SOLIDEDIT

实体编辑自动检查:SOLIDCHECK＝1

输入实体编辑选项［面(F)/边(E)/体(B)/放弃(U)/退出(X)］＜退出＞:

　　输入面编辑选项［拉伸(E)/移动(M)/旋转(R)/偏移(O)/倾斜(T)/删除(D)/复制

(C) /颜色(L)/材质(A)/放弃(U)/退出(X) ］＜退出＞:

　　选择面或［放弃(U)/删除(R)］:　　　　　　　(选择要移动的面)

　　选择面或［放弃(U)/删除(R) /全部(ALL)］:(继续选择要移动的面或按 Enter 键
　　　　　　　　　　　　　　　　　　　　　　　　结束选择)

　　指定基点或位移:　　　　　　　　　　　　　(输入具体的坐标值或选择关键点)

　　指定位移的第二点:　　　　　　　　　　　　(输入具体的坐标值或选择关键点)

　　如图 10.74 所示为移动三维实体的结果。

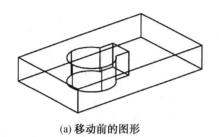 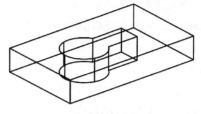

(a) 移动前的图形   (b) 移动后的图形

图 10.74　移动面

3. 偏移面

【执行方式】

①功能区:"常用"→"实体编辑"→"偏移面"

②菜单栏:"修改"→"实体编辑"→"偏移面"

③命令行:SOLIDEDIT

命令行提示:

命令:SOLIDEDIT

实体编辑自动检查:SOLIDCHECK=1

命令行:SOLIDEDIT

实体编辑自动检查:SOLIDCHECK=1

输入实体编辑选项[面(F)/边(E)/体(B)/放弃(U)/退出(X)]<退出>:

输入面编辑选项［拉伸(E)/移动(M)/旋转(R)/偏移(O)/倾斜(T)/删除(D)/复制(C)/颜色(L)/材质(A)/放弃(U)/退出(X)]<退出>:

选择面或［放弃(U)/删除(R)]:(选择要偏移的面)

选择面或［放弃(U)/删除(R)/全部(ALL)]:

指定偏移距离:　　　　　　　(输入要偏移的距离值)

如图 10.75 所示为通过偏移操作改变哑铃手柄大小的结果。

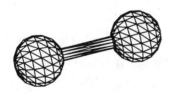 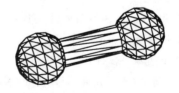

(a) 偏移前   (b) 偏移后

图 10.75　偏移对象

4. 旋转面

【执行方式】

①功能区:"常用"→"实体编辑"→"旋转面"

②菜单栏:"修改"→"实体编辑"→"旋转面"

③命令行:SOLIDEDIT

命令行提示:

命令：SOLIDEDIT

实体编辑自动检查：SOLIDCHECK＝1

输入实体编辑选项［面(F)/边(E)/体(B)/放弃(U)/退出(X)]＜退出＞：

输入面编辑选项［拉伸(E)/移动(M)/旋转(R)/偏移(O)/倾斜(T)/删除(D)/复制(C)/颜色(L)/材质(A)/放弃(U)/退出(X)]＜退出＞：

　　选择面或［放弃(U)/删除(R)]：　　　　　　　（选择要旋转的面）

　　选择面或［放弃(U)/删除(R)/全部(ALL)]：（继续选择或按 Enter 键结束选择）

　　指定轴点或［经过对象的轴(A)/视图(V)/X 轴(X)/Y 轴(Y)/Z 轴(Z)]＜两点＞：

　　　　　　　　　　　　　　　　　　　　　　　（选择确定轴线的方式）

　　指定旋转角度或［参照(R)]：　　　　　　　（输入旋转角度）

将图 10.76(a)中开口槽的方向旋转－90°后的结果如图 10.76(c)所示。

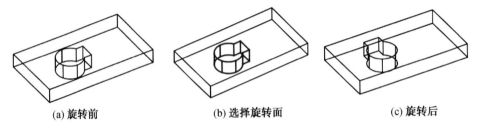

(a) 旋转前　　　　　　　　(b) 选择旋转面　　　　　　　　(c) 旋转后

图 10.76　开口槽旋转－90°前后的图形

5. 倾斜面

【执行方式】

①功能区："常用"→"实体编辑"→"倾斜面"

②菜单栏："修改"→"实体编辑"→"倾斜面"

③命令行：SOLIDEDIT

命令行提示：

命令：SOLIDEDIT

实体编辑自动检查：SOLIDCHECK＝1

　　输入实体编辑选项［面(F)/边(E)/体(B)/放弃(U)/退出(X)]＜退出＞：

　　输入面编辑选项［拉伸(E)/移动(M)/旋转(R)/偏移(O)/倾斜(T)/删除(D)/复制(C)/颜色(L)/材质(A)/放弃(U)/退出(X)]＜退出＞：

　　选择面或［放弃(U)/删除(R)]：　　　　　　　（选择要倾斜的面）

　　选择面或［放弃(U)/删除(R)/全部(ALL)]：（继续选择或按 Enter 键结束选择）

　　指定基点：　　　　　　　　　　　　　　　　（选择倾斜的基点（倾斜后不动的点））

　　指定沿倾斜轴的另一个点：　　　　　　　　　（选择另一点（倾斜后改变方向的点））

　　指定倾斜角度：　　　　　　　　　　　　　　（输入倾斜角度）

将图 10.77(a)所示正方体上表面倾斜 20°后的结果如图 10.77(c)所示。

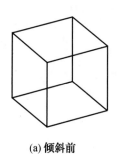 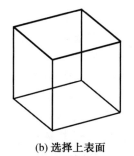 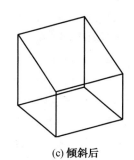

(a) 倾斜前 　　　　　 (b) 选择上表面 　　　　　 (c) 倾斜后

图 10.77　倾斜面

6. 复制面

【执行方式】

①功能区:"常用"→"实体编辑"→"复制面"

②菜单栏:"修改"→"实体编辑"→"复制面"

③命令行:SOLIDEDIT

命令行提示:

命令:SOLIDEDIT

输入实体编辑选项［面(F)/边(E)/体(B)/放弃(U)/退出(X)］<退出>:

输入面编辑选项［拉伸(E)/移动(M)/旋转(R)/偏移(O)/倾斜(T)/删除(D)/复制(C)/颜色(L)/材质(A)/放弃(U)/退出(X)］<退出>:

选择面或［放弃(U)/删除(R)］: 　　　　　　(选择要复制的面)

选择面或［放弃(U)/删除(R)/全部(ALL)］:(继续选择或按 Enter 键结束选择)

指定基点或位移: 　　　　　　　　　　　　(输入基点的坐标)

指定位移的第二点: 　　　　　　　　　　　(输入第二点的坐标)

将图 10.78(a)所示的组合实体上表面经复制后的结果如图 10.78(b)所示,需要注意的是,被复制的仅仅只是具有面的壳体,并非真正实体。

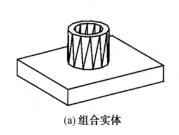 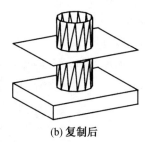

(a) 组合实体 　　　　　　　　　 (b) 复制后

图 10.78　复制面

7. 删除面

【执行方式】

①功能区:"常用"→"实体编辑"→"删除面"

②菜单栏:"修改"→"实体编辑"→"删除面"

③命令行:SOLIDEDIT

命令行提示：

命令：SOLIDEDIT

实体编辑自动检查：SOLIDCHECK=1

输入实体编辑选项 [面(F)/边(E)/体(B)/放弃(U)/退出(X)] <退出>：

输入面编辑选项[拉伸(E)/移动(M)/旋转(R)/偏移(O)/倾斜(T)/删除(D)/复制(C)/颜色(L)/材质(A)/放弃(U)/退出(X)] <退出>：

选择面或 [放弃(U)/删除(R)]：(选择要删除的面)

如图 10.79 所示为删除长方体的一个圆角面后的结果。

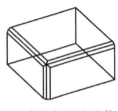 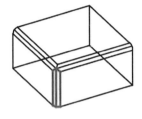 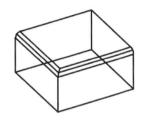

(a) 倒圆角后的长方体　　　　　(b) 选择要删除的面　　　　　(c) 删除倒角面后的图形

图 10.79　删除圆角面

10.8.3　三维操作

基本三维造型绘制完成后，为了进一步生成复杂的三维造型，有时需要用到一些三维编辑功能。这些功能的出现极大地丰富了 AutoCAD 三维造型设计能力。

1. 三维旋转

【执行方式】

①功能区："常用"→"修改"→"三维旋转"

②菜单栏："修改"→"三维操作"→"三维旋转"

③命令行：3DROTATE

命令行提示：

命令：3DROTATE

UCS 当前的正角方向：ANGDIR=逆时针 ANGBASE= 0

选择对象：　　　　　　　　(点取要旋转的对象)

选择对象：　　　　　　　　(选择下一个对象或按 Enter 键确定选择)

指定基点：　　　　　　　　(指定旋转基点)

拾取旋转轴：　　　　　　　(指定旋转轴)

指定角的起点或键入角度：(输入旋转角度)

命令行中主要选项的功能如下：

①基点。设定旋转中心点。

②对象。选择已经绘制好的对象作为旋转曲面。

③拾取旋转轴。在三维旋转小控件上指定旋转轴。

④指定角的起点或键入角度。设定旋转的相对起点，也可以输入角度值。

图 10.80 表示四棱锥绕 Y 轴顺时针旋转 30°的情形。

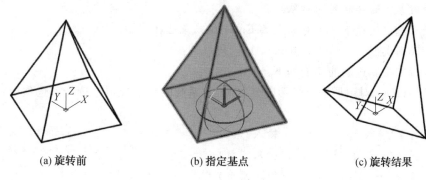

(a) 旋转前　　　　　　(b) 指定基点　　　　　　(c) 旋转结果

图 10.80　三维旋转

2.三维镜像

【执行方式】

①功能区:"常用"→"修改"→"三维镜像"

②菜单栏:"修改"→"三维操作"→"三维镜像"

③命令行:MIRROR3D

命令行提示:

命令:MIRROR3D

选择对象:(选择要镜像的对象)

选择对象:(选择下一个对象或按 Enter 键结束选择)

指定镜像平面(三点)的第一个点或[对象(O)/最近的(L)/Z 轴(Z)/视图(V)/XY 平面(XY)/YZ 平面(YZ)/ZX 平面(ZX)/三点(3)]<三点>:

是否删除源对象?[是(Y)/否(N)]:N

图 10.81 表示五棱柱体绕 YZ 平面镜像的过程图。

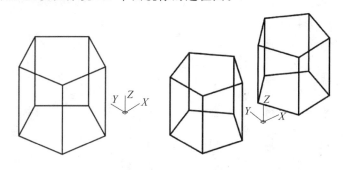

图 10.81　五棱柱绕 YZ 平面镜像示意图

3.三维阵列

【执行方式】

①菜单栏:"修改"→"三维操作"→"三维阵列"

②命令行:3DARRAY

命令行提示:

命令:3DARRAY

选择对象:(选择阵列的对象)

选择对象:(选择下一个对象或按 Enter 键结束选择)

输入阵列类型［矩形(R)/环形(P)］＜矩形＞:

命令行中主要选项的功能如下:

①矩形(R)。对图形进行矩形阵列复制,是系统的默认选项。选择该选项后,命令行提示:

　　输入行数(－－－)＜1＞:　　(输入行数)

　　输入列数(｜｜｜)＜1＞:　　(输入列数)

　　输入层数(⋯)＜1＞:　　(输入层数)

　　指定行间距(－－－):　　(输入行间距)

　　指定列间距(｜｜｜):　　(输入列间距)

　　指定层间距(⋯):　　(输入层间距)

②环形(P)。对图形进行环形阵列复制。选择该选项后,命令行提示:

　　输入阵列中的项目数目:　　　　　　　　　　(输入阵列的数目)

　　指定要填充的角度(＋＝逆时针,－－顺时针)＜360＞:(输入环形阵列的圆心角)

　　旋转阵列对象?［是(Y)/否(N)］＜是＞:　　(确定阵列上的每一个图形是否根据旋转轴线的位置进行旋转)

　　指定阵列的中心点:　　　　　　　　　　(输入旋转轴线上一点的坐标)

　　指定旋转轴上的第二点:　　　　　　　　(输入旋转轴上另一点的坐标)

图 10.82(a)所示为 3 层、3 行、3 列且间距分别为 100 的圆柱的矩形阵列;图 10.82(b)所示为圆柱的环形阵列。

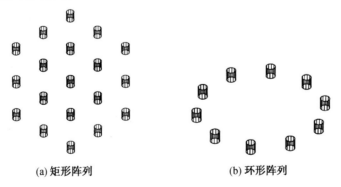

(a)矩形阵列　　　　　　　(b)环形阵列

图 10.82　三维图形阵列

4.三维对齐

【执行方式】

①功能区:"常用"→"修改"→"三维对齐"

②菜单栏："修改"→"三维操作"→"三维对齐"

③命令行:3DALIGN

命令行提示:

命令:3DALIGN

选择对象:　　　　　　　　　　　（选择对齐的对象）

选择对象:　　　　　　　　　　　（选择下一个对象或按 Enter 键结束选择）

指定源平面和方向...

指定基点或［复制(C)］:　　　　　（指定点 1）

指定第二点或［继续(C)］<C>:　　（指定点 2）

指定第三个点或［继续(C)］<C>:　（指定点 3）

指定目标平面和方向..

指定第一个目标点:　　　　　　　（指定点 4）

指定第二个目标点或［退出(X)］<X>:（指定点 5）

指定第三个目标点或［退出(X)］<X>:（指定点 6）

图 10.83 所示为楔体和立方体对齐的过程。

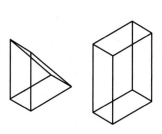 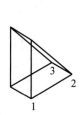

(a) 指定对齐目标　　　　　　　　　(b) 指定各目标点

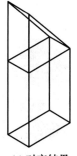

(c) 对齐结果

图 10.83　楔体与立方体对齐示意图

5.三维移动

【执行方式】

①功能区:"常用"→"修改"→"三维移动"

②菜单栏:"修改"→"三维操作"→"三维移动"

③命令行:3DMOVE

命令行提示：

命令：3DMOVE

选择对象：找到 1 个，按 Enter 键

指定基点或 [位移(D)]<位移>： （指定基点）

指定第二个点或<使用第一个点作为位移>：(指定第二点)

其操作方法与二维移动命令类似,图 10.84 所示为楔体沿 X 轴移动的过程。

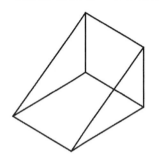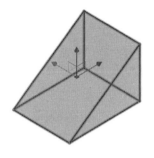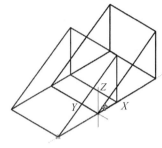

图 10.84 三维移动

10.8.4 三维实体的布尔运算

布尔运算在数学的集合运算中得到广泛应用,AutoCAD 也将该运算应用到实体的创建过程中。用户可以对三维实体对象进行下列布尔运算:并集、交集、差集。其基本思想和操作命令与面域对象的布尔运算相同。图 10.85 所示为 3 个圆柱体进行交集运算后的图形。

(a) 求交集前   (b) 求交集后   (c) 交集的立体图

图 10.85 三个圆柱体进行交集运算后的图形

1. 求并集

使用并集命令可以通过组合多个实体生成一个新实体。该命令主要用于将多个相交或相接触的对象组合在一起。当组合一些不相交的实体时,其显示效果看起来还是多个实体,但实际上却被当作一个对象。在使用该命令时,只需要依次选择待合并的对象即可。

【执行方式】

①功能区："常用"→"实体编辑"→"并集"

②菜单栏："修改"→"实体编辑"→"并集"

③命令行：UNION

命令行提示：

命令：UNION

选择对象：(点取绘制好的第 1 个对象，按住 Ctrl 键可同时选取其他对象)

选择对象：(点取绘制好的第 2 个对象)

按 Enter 键后，所有已经选择的对象合并成一个整体。如图 10.86 所示为两个实体并集后的图形。

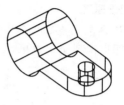

(a) 选择要并集的对象　　　　　　(b) 求并集结果

图 10.86　求并集

2. 求差集

使用差集命令可以从较大的实体中减去较小的实体。求差运算特别适合于实体的开槽、打孔等操作。

【执行方式】

①功能区："常用"→"实体编辑"→"差集"

②菜单栏："修改"→"实体编辑"→"差集"

③命令行：SUBTRACT

命令行提示：

命令：SUBTRACT

选择要从中减去的实体、曲面和面域：

选择对象：(选取绘制好的对象，按住 Ctrl 键选取其他对象)

选择对象：

选择要减去的实体、曲面和面域：

选择对象：(选取要减去的对象，按住 Ctrl 键选取其他对象)

选择对象：

按回车键后，得到的则是求差集后的实体。如图 10.87 所示为两实体求差集后的结果。

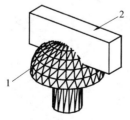

(a) 选择要差集的对象　　　　　　(b) 求差集结果

图 10.87　求差集实例

3.求交集

使用交集命令可以生成若干个相交三维实体的公共部分新实体。

【执行方式】

①功能区："常用"→"实体编辑"→"交集"

②菜单栏："修改"→"实体编辑"→"交集"

③命令行：INTERSECT

命令行提示：

命令：INTERSECT

选择对象：（选择求交集的两个实体对象）

按 Enter 键即可得到交集效果，如图 10.88 所示。

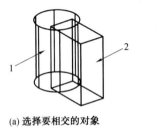 

(a) 选择要相交的对象　　　(b) 求交集结果

图 10.88　求交集实例

【本章训练】

练习一

目的：

1. 掌握长方体绘制方法。

2. 掌握截切体绘制方法。

3. 熟悉剖切命令的使用方法。

4. 熟悉坐标系的变换。

上机操作：完成图 10.89 所示的四棱台。

分析：AutoCAD 没有绘制四棱台的命令，应先绘制四棱柱，用平面截切得到四棱台，如图 10.90 所示。

 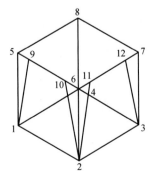

图 10.89　四棱台效果图　　　图 10.90　确定截切位置

练习二

目的：

1. 掌握圆柱体的绘制方法。

2. 掌握并集运算方法。

上机操作：完成图 10.91 所示的图形。

图 10.91　圆柱体与长方体的并集

练习三

目的：

1. 掌握差集运算的方法。

2. 熟悉阵列命令。

3. 掌握对三维模型倒圆角的方法。

上机操作：完成图 10.92 所示的底板图形。

分析：底板为长方体，底板上的孔可以用差集运算（减去圆柱孔）得到，然后对棱线倒圆角。

练习四

目的：

1. 掌握抽壳命令的使用方法。

2. 熟悉消隐命令的使用方法。

上机操作：完成图 10.93 所示图形。

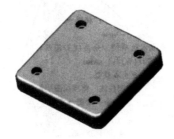

图 10.92　底板图形

图 10.93　长方体抽壳着色后的效果

练习五

目的：

1. 掌握创建面域的方法。

2. 熟悉拉伸命令的使用方法。

上机操作：完成图 10.94 所示的图形，其平面图如图 10.95 所示。

分析:先画出二维平面图形,并将平面图形创建为面域,然后拉伸厚度。

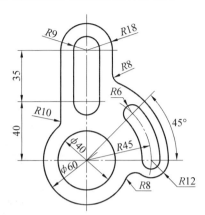

图 10.94 着色后的效果图

图 10.95 平面图形

练习六

1. 掌握二维图形的绘制。

2. 掌握多段线或面域的创建方法。

3. 掌握旋转命令的使用方法。

上机操作:完成图 10.96 所示的图形。

分析:手柄是回转体,可以画出截面图形,创建成面域,用旋转命令生成回转实体。

图 10.96 手柄

练习七

上机操作:将图 10.94 所示图形,用 R5 对边缘进行倒圆角。

练习八

上机操作:完成图 10.97 所示图形,厚度 20 mm,用半径 R3 对边缘进行倒圆角,其平面图如图 10.98 所示。

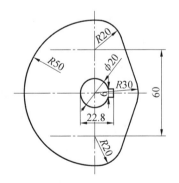

图 10.97 凸轮效果图

图 10.98 凸轮平面图

练习九

上机操作:完成图 10.99 所示图形,用 $R5$ 对边缘进行倒圆角,形体尺寸自己确定。

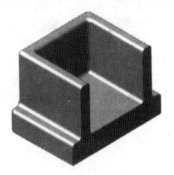

图 10.99　圆角

参 考 文 献

[1] CAD/CAM/CAE 技术联盟. AutoCAD 2020 中文版从入门到精通[M]. 北京:清华大学出版社，2020.

[2] 曹爱文,李鹏. AutoCAD 2020 中文版从入门到精通[M]. 北京:人民邮电出版社，2020.